动物疾病智能卡诊断丛书

牛病智能卡诊断与防治

主　编
张　信　肖定汉　崔治国

副主编
宋春青

编著者
祁生旺　王　宇　高　魁
苏建国　崔治国　肖定汉
宋春青　张　信

金盾出版社

内 容 提 要

本书为动物疾病智能卡诊断丛书的一个分册。内容包括:牛病智能诊断卡的结构和用法,45 组牛病症状智能诊断卡,102 种牛病防治方法,智能卡诊断疾病的基础理论概要,以及牛病症状的判定标准。应用“智能诊断卡”给家畜家禽诊断疾病,张信教授等业已做了历时 34 年的研究工作。本书可以依据病牛的主要症状对病名做出初步诊断,帮助广大养牛户和年轻的基层动物医生解决“遇到症状想不全病名,想起几个病名又不知如何鉴别”的困难,是养牛户和基层兽医人员必备的工具书之一。

图书在版编目(CIP)数据

牛病智能卡诊断与防治/张信,肖定汉,崔治国主编. -- 北京:金盾出版社,2012.12
(动物疾病智能卡诊断丛书)
ISBN 978-7-5082-7643-4

Ⅰ.①牛… Ⅱ.①张…②肖…③崔… Ⅲ.①牛病—诊疗 Ⅳ.①S858.23

中国版本图书馆 CIP 数据核字(2012)第 114361 号

金盾出版社出版、总发行
北京太平路 5 号(地铁万寿路站往南)
邮政编码:100036 电话:68214039 83219215
传真:68276683 网址:www.jdcbs.cn
封面印刷:北京蓝迪彩色印务有限公司
正文印刷:北京万博诚印刷有限公司
装订:北京万博诚印刷有限公司
各地新华书店经销

开本:850×1168 1/32 印张:11.5 字数:289 千字
2012 年 12 月第 1 版第 1 次印刷
印数:1～8000 册 定价:23.00 元

动物疾病智能卡诊断丛书编委会

前　言

凭症状判断疾病叫初诊。但遇到症状想不全病名，想起几个病名也不知如何鉴别，这是每位临床医生共同遇到的两个难题。1978年遇到一本新书《电子计算机在医学上的应用》，为解决“两难”提供了新思路。我们自1978年立题电脑诊疗系统至今已经34年了，取得如下成果：获联合国TIPS发明创新科技之星奖1项，获军队、天津市科技进步奖二等奖各1项，获天津市推广二等奖1项，获国家专利3项，研制两台电脑诊断仪，有了9点发现，求证了1个诊病原理，出版了10本书，研制人和动、植物万余病的电脑软盘，最后创立了数学诊断学，简称数诊学。本书是我们历时34年研究成果的结晶，可以帮助广大养牛户和部分基层动物医生解决遇到症状想不全病名，想起几个病名也不知如何鉴别的困难。

数学无处不在，科学必用数学　数学从量、关系和结构方面表示事物；“事物”二字，就把宇宙间全部的“事”和“物”都概括了。信息论产生之后，又把事物分为“物质、能量、信息”；人们都理解“物质、能量”都含有数学（其信息在电脑中也用0和1来处理），即所有的“信息”都必须用电脑的0和1处理。有了0和1，就引进了数学。所以，宇宙间全部事物，都要用数学和电脑的0，1处理。

数学是唯一被大家公认的真理体系。科学家的任务就是寻找自然现象背后的数学规律。数学的进入，意味着该门科学趋于成熟；任何一门科学，只有当它数学化之后，才能称得上是真正的科学。"所谓科学原理,就是要把规律用数学的形式表达出来,最后要能上计算机去算。"(钱学森《智慧的钥匙》30页)。因此,数学在自然科学和社会科学的各个部类和门类的科学之上。

由上推导证明,数学无处不在,科学必用数学。医学诊断是科学,必须用数学。不用数学,充其量,仅仅是经验总结。

现代科学是数学诊断学的基石 现代科学日新月异。其中的电脑、数据库、人工智能、"三论"、"五种数学"等是建立数学诊断学的基石。电脑是信息处理机;数据库是处理诊病知识的根本原理,不用数据库原理处理诊病知识,再丰富的诊病知识,也只是一堆材料,对诊断起不了多大作用;三论(信息论、系统论、控制论)是现代科学原理的核心;五种数学(初等数学、模糊数学、离散数学、布尔代数、计量医学)是处理诊病知识的重要工具,把症状的文字资料和经验数值化;人工智能是现代科学的热门话题;而哲学是所有能称得上科学的灵魂。

没有以上知识的学习和运用,就不会也不敢处理人类积累的宝贵的诊病知识;没有这些知识,尤其是数学和哲学做后盾,就不会也不敢拿出来让广大读者去使用。

检验真理的标准是实践 医学是诊断与治疗疾病的学问。诊断是前提,诊断不正确,治疗就无从谈起。

利用病症矩阵智能卡诊断疾病的特点:简易快速,准确可靠,减少误诊和漏诊,1症始诊,多症逼"是",得出数学诊断结果。

这一特点,年轻人,尤其是新毕业的大学生不会怀疑。相信教给他们几字用法,就会用电脑诊病;教给16字用法,就能用智能诊断卡诊病。较难理解的是缺乏电脑知识的部分中老年人,因为他们还认为必须先学习每种病的全部知识,才可以诊病。

伽利略说:"按照给定的方法与步骤,在同等实验条件下能得出同样结果的才能称之为科学。"我们认为这句话是鉴别真伪的试金石。一位就诊者就那么几项共识的症状。不应当外行不会诊断,内行结论不一。

我们是将人类积累的诊病知识,用现代科学原理把疾病与症状制成了具有经纬结构的矩阵表而已。打个比方,就相当于地球仪上的经纬线,在有经纬线的地球仪上,找地名不会出错。

几个具体问题

1. 关于数学诊断学定义 用就诊者提供的1或2个主症选"病组诊卡",用卡收集症状,再对症状做加法运算,得出数诊病名,为"辅检"提供根据。

2. 关于病名和症状 在智能诊断卡中,疾病的病名必须使用"简称","详称"请见防治;症状分类必须用"缩略语","平时书面用语"见附录。原因就是要在极小的空间,容纳下更多的内容。否则,难以保证疾病全和症状全。中国方块文字的优越性就表现在这里。比如,汉字"体温"只占4个字节,"高"占2个字节;而英文的体温"temperature"要占11个字节,高"high"要占4个字节。用英文很难表达矩阵上的那么多种疾病和症状。

3. 关于确诊与初诊 动物疾病的诊断包括临床症状观察、病理学诊断和实验室诊断,由症状观察入手,最后做出病原鉴定,得到确诊,才能有的放矢地进行防治。

对于动物医生而言,症状观察非常重要、必不可缺。症状观察给出初诊,缩小搜索范围,集中到可能性较大的少数几种疾病,以便做进一步检验,完成诊断,给出确诊。症状观察和初诊做得越好,诊断就越省事省力、效率高而成本低。所以,动物医生的水平,既要看其试验室检验和病原鉴定的技术高低,又要看其根据临床症状进行初诊的本领和经验。

对于农民和基层动物医生而言，他们希望根据症状观察就能识别一般常见的疾病；对于初见或罕见疾病，也希望根据症状能得出初诊结果，即可疑为哪几种疾病。他们没有条件，往往也没有必要去进行试验室工作。他们通常通过症状观察做出初诊，然后咨询技术人员。

所以，症状初诊，不论对生产者还是研究者，都是必要的和重要的，都需要充分发挥其作用。

4. 关于辅检 科技日新月异，也表现在医疗器械与实验手段上。但“辅检”是在初诊基础上加以确诊的。所以，我们定位智能诊断卡是为“辅检”提供根据的。

5. 关于防治和药物 新药与日俱增，我们编委开会决定，在疾病防治上要写出“新、特、全”，但不写剂量。因为农民或基层技术人员都是到药店买药的，厂家在药品的标签上注明了用量用法。

最后，应当申明，首创的东西没有完善的。希望广大读者和有关学者给以批评指正！

张 信

2012 年 9 月

目　录

第一章　牛病智能诊断卡结构和用法

一、智能诊断卡的结构

智能诊断卡结构：上表头为病名，左为症状，右为分值，病名下为各病的总判点数(ZPDS)。表中所有症状分别按“类”进行了区分；在上表头有“统”字，下方数值表达的意思是同种症状在几种疾病中出现；有的智能诊断卡(又称诊断卡或智卡)在表头“类”下有“资格”二字，是指该卡标题所对应的主要症状，有该症状可以选取该卡来进行诊断。表右病名下的分值，表示在此病中的重要程度。每一种病表现几个症状，其下就有几个分值，1 个分值为 1 个判点。该病有几个症状就有几个判点。

二、本书所用符号及其含义

见表 1-1。

表 1-1　本书所用符号和缩略语及其含义

符　号	含　义	符　号	含　义
∨	读“或”	Hb	血红蛋白
∧	读“和”“且”	kg	千克
PDS	判点数	g	克
ZPDS	总判点数	mg	毫克
≥	大于等于	mg/kg	每千克体重用毫克
≤	小于等于	m	米
→	变为	mm	毫米

续表 1-1

符　号	含　义	符　号	含　义
>	大于	cm	厘米
<	小于	%	百分号
↑	升高	[]	中括弧
↓	降低	u	单位
T	体温	pH	酸碱度
P	脉搏	呼系	呼吸系统
R	呼吸	运系	运动系统
d	天	消系	消化系统
h	小时	循系	循环系统

三、智能诊断卡的使用方法

智能诊断卡用法可归结为 16 个字:取卡,问诊,打点,统计,找大,逆诊,辅检,综判。

(一)取　卡

要以牛的主要症状取卡,如咳嗽为主,就取咳嗽卡。为提高初诊准确率,读者可依据症状取 2～3 卡复诊。

(二)问诊(或现场诊断)

建议您从所选智卡的第一项症状询问到最后一项症状,边问边检查。问诊时要求从头至尾问一遍症状,是针对该卡内的全部疾病和全部症状,这比空泛地要求"全面检查"要具体而有针对性。电脑诊疗系统和智卡,都是以症状为依据,这是能快速诊断和减少误诊的根本原因。

(三)打　点

所问症状,病牛有,就在该症状上划个钩或星做标记。

(四)统计(算点)

统计各病的判点数,就是纵向统计病牛症状在智卡中各病下出现的次数。统计时沿病名向下搜索,卡中各病要分别统计。数出病牛症状在每种病中出现的次数,该数为判点数。

(五)找　大

哪种病的判点数最多,且比第二种病的判点数大于2时,就可初步诊断为哪种病。如果第一、第二种病的判点数接近,二者的差数为0或1时,请做逆诊。

(六)逆　诊

智卡具有正向推理和逆向推理的功能。医者与就诊者初次接触的诊断活动,是正向推理(由症状推病名);有了病名,再问该病名的未打点的症状,就属于逆向推理。一起病例只有经过正逆双向推理才能使诊断更趋近正确。这符合人工智能的双向推理过程。

(七)辅　检

就是对一诊病名,开出“辅检”单,请化验室化验和仪器设备室做物理检查。

(八)综　判

有了数诊病名,再加上“辅检”的结果,就可以做综合判定了。

第二章　牛病诊断

一、45 组牛病智能诊断卡

1 组　鼻流液异常

序	类	症(信息)	统	2 牛流行热	4 牛传鼻气管炎	8 炭疽	10 结核病	12 牛肺疫	41 硒缺乏症	80 霉麦芽根中毒	81 霉烂甘薯中毒	82 霉稻草中毒	84 蕨中毒	85 栎树叶中毒	86 有机磷中毒	99 支气管肺炎
		ZPDS		28	39	30	37	22	33	29	40	18	41	23	23	14
1	鼻-流血	出血	1										15			
2		鲜红血	1									15				
3		血样泡沫Ⅴ混血丝	3			25			10		15					
4	鼻-流液	白沫Ⅴ泡沫状	2					5		10						
5		鼻液	7	5	10			10		5	5				10	10
6		灰黄	1				10									
7		黏液Ⅴ脓液	8	15	10		10	10	10		5			5		15
8	鼻孔	开张如喇叭状	1								15					
9	鼻膜	充血Ⅴ溃疡Ⅴ白色坏死斑	1		15											
10		灰黄色小豆粒大脓疱	1		10											
11		烂斑蚕豆大	1									10				
12	鼻翼	开张Ⅴ煽动	2					5								15
13	病程	常于数小时内死亡	1			15										
14		慢性Ⅴ较慢Ⅴ较长	2				5		10							
15	病发	突然	3	5		5			10							
16	病龄	犊牛	2				10		10							
17	病因-食	蕨类植物	1										15			
18		栎树幼叶Ⅴ新芽 1 周发病	1											15		
19	病因-食	霉稻草	1									15				
20		霉烂甘薯	1								15					

续表1组

序	类	症(信息)	统	2 牛流行热	4 牛传鼻气管炎	8 炭疽	10 结核病	12 牛肺疫	41 硒缺乏症	80 霉麦芽根中毒	81 霉烂甘薯中毒	82 霉稻草中毒	84 蕨中毒	85 栎树叶中毒	86 有机磷中毒	99 支气管肺炎
21		霉麦芽根	1							15						
22		喷洒有机磷农药的植物	1												15	
23	耳	出血	1										15			
24	耳尖	病健界明∨死皮干硬暗褐脱留耳基	1									25				
25		干性坏疽∨坏死∨脱落	1									15				
26	呼	啸鸣声	1										15			
27	呼出	腐臭味	2		15		15									
28	呼-咳嗽		4		10		5		5							10
29		短干咳	1				5									
30		痛性短咳	1													10
31		偶发间断性干性短咳	1					15								
32		频而无力	1					10								
33		湿咳∧长咳	1													10
34		痛∧顽固∧干咳	1				15									
35	呼吸	促迫∨急促∨加快∨浅表∨频速	10	15	10	10		10	5	5	5		5	5		10
36		道阻塞-炎性渗出物	1		10											
37		功能障碍	1						15							
38		声似"拉风箱"	3				15				25			10		
39		腹式	4	5				10	5	5						
40		吸气延长	1								15					
41	呼吸-难		7	15	10		15	5			15		5		5	
42		伸颈仰头状	1				15									
43		张口呼吸	2		10											15
44	精神	沉郁∨抑制(高度∨极度)	1			10										
45		冲撞他物∨攀登饲槽	1			10										
46		呆立不动∨离群呆立	2					10					5			
47		昏迷∨昏睡	2				10						10		5	

续表 1 组

序	类	症(信息)	统	2 牛流行热	4 牛传鼻气管炎	8 炭疽	10 结核病	12 牛肺疫	41 硒缺乏症	80 霉麦芽根中毒	81 霉烂甘薯中毒	82 霉稻草中毒	84 蕨中毒	85 栎树叶中毒	86 有机磷中毒	99 支气管肺炎
48		惊厥	2		15										5	
49		恐惧∨惊慌	3			10	10			15						
50		苦闷	1	15												
51		狂暴∨狂奔乱跑	2	5											15	
52		前冲后退	1											15		
53		神经症状	3	5	5		15									
54		委靡与兴奋交替-兴奋为主	1		15											
55		敏感(对刺激∨对声音)	2	5						15						
56	口	吐白沫	3		10					15	5					
57		有黄豆大溃疡	1											15		
58		张嘴∨张口伸舌	1								10					
59	口唇	黏膜出血斑点	1										15			
60	口-流涎	含泡沫∨黏液	5	15		15					5		10		10	
61	口-流血	泡沫样	1			25										
62	口色	出血	1										15			
63	口-舌	炎肿	1			15										
64	肋骨	外露∨显露	1				10									
65	淋巴结	结核因部位异而症状也异	1				10									
66		股后∨肩前淋-肿大-跛行	1				15									
67		乳房-淋-肿大	1				10									
68		咽喉-淋-肿大	1				15									
69		纵隔-淋-肿大-瘤胃鼓气	1				15									
70	尿色	血尿症∨血尿-间歇性	1										25			
71	皮坏死	破溃∨化脓∨坏死	1									15				
72	皮炭疽	痈:初硬固热→冷无痛坏溃	1			15										
73	皮血肿		1										15			
74	皮-黏膜	出血斑点∨黄染	1										15			
75		发绀	4			5					5				5	5

续表 1 组

序	类	症(信息)	统	2 牛流行热	4 牛传鼻气管炎	8 炭疽	10 结核病	12 牛肺疫	41 硒缺乏症	80 霉麦芽根中毒	81 霉烂甘薯中毒	82 霉稻草中毒	84 蕨中毒	85 栎树叶中毒	86 有机磷中毒	99 支气管肺炎
76	皮肿	蔓延前肢肩胛∨后肢股部	1									25				
77	乳房	血乳	1										15			
78		表面-凹凸不平	1				25									
79		发生炭疽痈	1			10										
80	乳-量	减少∨大减	8		5	5		5		5	10		5	10		5
81		停止∨丧失	4		5	5		5			10					
82	乳区	(局限∨弥散)硬结∧无热痛	1				25									
83		因病泌乳显著少∨停	1				10									
84	身-背	两侧皮下气肿触诊发捻发音	1								25					
85		两侧皮下气肿蔓延到头颈部两侧∨肩	1								25					
86	身-颤	抽搐-倒地	2	5						10						
87		颤抖∨战栗	3	15			5								10	
88		痉挛由头开始→周身	1												15	
89		肷部颤抖	1					5								
90	身-股内	出血斑点	1										15			
91	身-汗	出汗∨全身出汗∨大出汗	2						10						15	
92		血汗	1										15			
93	身后躯	全身麻痹	1						10							
94		运动障碍	1	15												
95	身脊柱	弯曲	1						15							
96	身-力	无力∨易疲∨乏力	3				10		10				5			
97	身生长	发育缓慢∨延迟∨不良	1						10							
98	身-瘦	消瘦(迅速∨明显∨高度)	4				5	15	10				5			
99	身-水肿	由后躯向腹下-胸前蔓延	1											15		
100	身-体表	出血	1										15			
101	身-臀肌	变硬∨肿胀	1						10							
102		战栗-间歇性	1								10					
103	身-卧	被迫躺卧-不能站起	2						10	10						
104		不自然	1										15			

续表1组

序	类	症(信息)	统	2 牛流行热	4 牛传鼻气管炎	8 炭疽	10 结核病	12 牛肺疫	41 硒缺乏症	80 霉麦芽根中毒	81 霉烂甘薯中毒	82 霉稻草中毒	84 蕨中毒	85 栎树叶中毒	86 有机磷中毒	99 支气管肺炎
105		喜卧-不愿意站	2						10			5				
106	身-胸廓	按压痛∨退避	1					10								
107	身-胸前	皮肤松软处发生炭疽痈	1			10										
108		水肿	2					5		10						
109	身-胸腔	水平浊音∨积液	1					15								
110	身-腰	皮松软处发生炭疽痈	1			10										
111	身-姿	角弓反张	3	5	10					5						
112	声	哞叫	1			10										
113	食欲	厌食青绿饲草	1											10		
114	头	抬不起来	1						15							
115	头-颌下	水肿∧不易消失	1							10						
116	头-喉	麻痹	1										15			
117	头-咽喉	发炎∨肿胀	4		10	15		5					15			
118	头颈	僵硬	1				10									
119		伸直∨伸展	5		10			5		5	5					5
120	头颈肌	变硬∨肿胀	1						10							
121	头颈下	皮肤松软处发生炭疽痈	1			10										
122	头-面肌	震颤	1												10	
123	尾尖	初变细∨不灵活∨肿烂	1									50				
124	尾梢	坏死 1/3～3/3 断离	1									50				
125	消-肠	发炎	1	15												
126		直检-肠系膜淋巴结肿大	1				15									
127		直肠检查-腹膜粗糙不光滑	1				15									
128	消-反刍	停止∨消失	7	5		5					5	5	5		5	5
129	消-粪附	黏液∨假膜∨脓物∨绳管物	5		5		5			15	15			5		
130	消-粪色	暗	2	15									5			
131		黑∨污黑∨黑红色∨褐红色	3								15		5	10		
132	消-粪味	恶臭∨腥臭	1											15		
133		腐臭	1								15					

续表1组

序	类	症(信息)	统	2 牛流行热	4 牛传鼻气管炎	8 炭疽	10 结核病	12 牛肺疫	41 硒缺乏症	80 霉麦芽根中毒	81 霉烂甘薯中毒	82 霉稻草中毒	84 蕨中毒	85 栎树叶中毒	86 有机磷中毒	99 支气管肺炎
134	消-粪稀	稀∨软∨糊∨泥∨粥∨痢∨泻∨稠	9		5		5		5	15	10		5	10	15	5
135		稀如水∨水样汤	1												15	
136		稀泻-顽固	1				10									
137	消-粪干	便秘	1	15												
138		干	2										5	10		
139		干如念珠∨鸽蛋大∨干硬少	4	15							15			15		10
140	消-粪血	黑血液	2										5	15		
141		血丝∨血凝块	5		5	5				15	15		5			
142	消-腹	紧缩∨缩腹∨下腹部卷缩	1												10	
143	消-腹痛		3										15	5	15	
144	消-肛门	流血样泡沫	1			15										
145	消化	紊乱∨异常	1					10								
146	消-瘤胃	触诊满干涸内容物∨坚硬	1								10					
147	循-心音	微弱∨心跳微弱	4					10	10		5			5		
148	循-血	(针孔∨虫叮∨外伤)出血不止	1										15			
149		贫血	2				5						15			
150		循环功能障碍	1						15							
151	牙	磨牙	5		10				5		5			5	5	
152	牙-齿龈	出血斑点	1										15			
153	眼	出血	1										15			
154		畏光流泪	5	15	10					15	5				10	
155	眼肌	麻痹	1				10									
156	眼睑	外翻	1		15											
157		震颤	1												10	
158		水肿	2	5	10											
159	眼-角膜	充血∨混浊∨白色坏死斑点	1		15											
160	眼-结膜	充血∨潮红	3	5	10						5					
161		淡黄色	1								5					

续表1组

序	类	症(信息)	统	2 牛流行热	4 牛传鼻气管炎	8 炭疽	10 结核病	12 牛肺疫	41 硒缺乏症	80 霉麦芽根中毒	81 霉烂甘薯中毒	82 霉稻草中毒	84 蕨中毒	85 栎树叶中毒	86 有机磷中毒	99 支气管肺炎
162		发绀	1			10										
163		黄染	1											10		
164		炎肿∨脓疱	1		10											
165		小出血点	1			10										
166	眼球	突出	2							10	5					
167	眼视力	减退∨视力障碍	2		10										5	
168	眼眵	黏脓性	1		10											
169	运	卧-不能站立	1						10							
170	运-步	跛行	2	5								10				
171		强拘∨僵硬	4	5					5	5					5	
172	运-关节	跗下发生干性坏疽-病健界限明显环形	1									15				
173		强拘(尤其跗关节)	1							10						
174	运-后肢	呈鸡跛	1							15						
175	运-肌	松弛	2				5			10						
176	运-前肢	八字叉开	1							15						
177	运-四肢	侧伸	1						15							
178		关节水肿∨疼痛∨僵硬	1	15												
179		划动∨游泳样	2		10					10						
180		肌肉发颤∨强直痉挛	1						10							
181		系部出血斑点	1										15			
182	运-蹄	红∨炎∨肿∨痛∨烂	1									10				
183	运-蹄匣	脱落	1									25				
184	运-异常	踉跄∨不稳∨共济失调∨蹒跚	8	5	10	10	5		10		15		5		5	
185		如醉酒摇晃间倒地	1			15										
186	运-站立	不稳	3				5			5	10					
187		不稳但不愿卧	1								15					
188	运-肢	间歇性提举	1									10				
189	运-肘肌	间歇性战栗	1								10					

续表1组

序	类	症(信息)	统	2 牛流行热	4 牛传鼻气管炎	8 炭疽	10 结核病	12 牛肺疫	41 硒缺乏症	80 霉麦芽根中毒	81 霉烂甘薯中毒	82 霉稻草中毒	84 蕨中毒	85 栎树叶中毒	86 有机磷中毒	99 支气管肺炎
190	运-肘肌	震颤	3	15				5		15						
191	殖	繁殖功能障碍∨降低	1						15							
192	殖-公牛	龟头包皮:肿胀∨脓疱	1		10											
193		阴囊皮肤干硬皱缩	1									15				
194	殖-会阴	出血斑点	1										15			
195	殖-母牛	流产	6		10	5			10		10		10	5		
196		努责招致胎动	1										15			
197		死胎	3		10				10					5		
198		早产	1								10					
199		木乃伊胎	1		10											
200		胎衣不下	1						10							
201	殖-外阴	皮肤松软处发生炭疽痈	1			10										
202	殖-阴门	分泌物条状黏液脓性	1		10											
203		流血样泡沫	1			15										
204	殖-子宫	内膜炎	2		10									5		

2组 耳异常

序	类	症(信息)	统	2 牛流行热	15 钩端螺旋体病	27 胃肠炎	30 卧倒不起征	31 血红蛋白尿	32 牧草抽搐	37 铁缺乏症	40 锌缺乏(症)	82 霉稻草中毒	83 麦角中毒	84 蕨中毒
		ZPDS		20	13	16	12	18	18	11	18	15	19	29
1	耳	出血	1											15
2		冷凉	4	5		5	5			5				
3	耳根	皮角化不全∨干燥∨肥厚∨弹性减	1								5			
4	耳肌肉	强直	1						5					
5	耳尖	病健界明∨死皮干硬暗褐脱留耳基	1									25		
6		干性坏死∨脱落	4		10			10				15	15	
7		黑紫∨红肿硬∨敏感∨无感觉	1										15	

续表 2 组

序	类	症(信息)	统	2 牛流行热	15 钩端螺旋体病	27 胃肠炎	30 卧倒不起征	31 血红蛋白尿	32 牧草抽搐	37 铁缺乏症	40 锌缺乏(症)	82 霉稻草中毒	83 麦角中毒	84 蕨中毒
8	耳聋	间歇性	1										10	
9	鼻膜	烂斑蚕豆大	1									10		
10	鼻流-血	出血	2									15		15
11	鼻流-液	黏液∨脓液	1	15										
12	病史	有急性钩端螺旋体病史	1		15									
13	病因	食发霉麦类	1										15	
14		食蕨类植物	1											15
15		食霉稻草	1									15		
16	病-中毒	碱中毒∨酸中毒	1			10								
17	呼	喘鸣声	1											15
18	精神	昏迷∨昏睡	2										10	10
19		惊厥	2						10				15	
20		苦闷	1	15										
21		麻痹(暂时性)	1										10	
22		意识丧失∨异常∨障碍	1						10					
23		中枢神经系统兴奋	1										15	
24		敏感(对触觉∨对刺激∨对声音)	3	5			10		35					
25	口	周环状坏死损伤∧不扩展到口	1										15	
26	口唇	黏膜出血斑点	1											15
27	口	流涎	3	15					5					10
28	口黏膜	出血	1											15
29	口	坏死	1			10								
30	尿	尿频	2					10	5					
31		尿少	2	5				10						
32	尿色	淡红∨暗红∨赤褐色∨咖啡色	1					15						
33		血红蛋白尿	1			15								
34		血尿症∨血尿-间歇性	1											25
35	尿性	泡沫状	1					15						
36	皮	病健分离脱落	1										15	
37	皮创伤	愈合延迟	1								15			

续表 2 组

序	类	症(信息)	统	2 牛流行热	15 钩端螺旋体病	27 胃肠炎	30 卧倒不起征	31 血红蛋白尿	32 牧草抽搐	37 铁缺乏症	40 锌缺乏(症)	82 霉稻草中毒	83 麦角中毒	84 蕨中毒
38	皮感觉	减退∨消失∨增强减弱交替	1										15	
39	皮	出血∨化脓∨坏死	1									15		
40	皮	角化不全似犊牛的	1								15			
41	皮温	不均∨不整	3	5		10	5							
42	皮-黏膜	苍白∨淡染	3		15			10		15				
43		出血斑点	2		15									15
44		发绀	2				5	10						
45		黄疸∨黄染	3		15			10						15
46	皮肿	蔓延前肢肩胛∨后肢股部	1									25		
47		消退后皮变干硬状如龟板	1									15		
48	乳	血乳	1											15
49	乳房色	苍白∨淡染∨贫血	2					5					10	
50	乳头	坏死∨糜烂	1					10						
51	乳头	色淡∨异常贫血	1										10	
52	乳汁色	红色-褐黄色	1		15									
53	身	脱水	1			10								
54	身-颤	颤抖∨战栗	2	15					15					
55	身-股内	出血斑点	1											15
56	身-汗	血汗	1											15
57	身后躯	乏力∨肌肉麻痹∨松弛	1				15							
58		运动障碍	1	15										
59	身-全身	惊厥癫痫发作	1										10	
60	身生长	发育缓慢∨延迟∨不良	1							5				
61	身-瘦	渐瘦	1		10									
62	身-体表	出血	1											15
63	身-体重	停增(持续 2 周)	1								15			
64	身-卧	不自然	1											15
65		横卧	1				15							
66	身-腋下	坏死	1		10									
67	身-姿	角弓反张	2	5					10					

续表 2 组

序	类	症(信息)	统	2 牛流行热	15 钩端螺旋体病	27 胃肠炎	30 卧倒不起征	31 血红蛋白尿	32 牧草抽搐	37 铁缺乏症	40 锌缺乏(症)	82 霉稻草中毒	83 麦角中毒	84 蕨中毒
68		犬坐姿势∨蛙腿姿势	1				15							
69	声	仰头哞叫	1						15					
70	食-饮欲	大增∨烦渴	1			10								
71	食欲	异食(泥∨粪∨褥草等)	1							15				
72	体温	偏低∨低于正常	2			5		10						
73	头-喉	麻痹∨水肿	1											15
74	头-角基	冷凉	3	5		5	5							
75	头颈	肌肉发颤∨强直痉挛	1						10					
76	尾	红肿硬∨黑紫∨坏死	1										15	
77	尾尖	初变细∨不灵活∨肿烂	1									50		
78	尾梢	坏死∨坏死达 1/3～3/3 断离	2					50						
79	消-反刍	紊乱∨异常∨不规律	2					5		5				
80	消-粪附	黏液∨假膜∨脓物∨绳管物	1			35								
81	消-粪色	暗	2	15										5
82	消-粪味	恶臭	1					15						
83		腥臭	1			35								
84	消-粪性	稀如水∨水样汤	2			35			5					
85	消-粪干	便秘-腹泻交替	1							5				
86		先便秘(干)后腹泻	3	15				15		10				
87	消-粪血	血丝∨血凝块	2			35								5
88	消-腹	踢腹	2			10								5
89		肌肉发颤∨强直痉挛	1						10					
90	消-腹痛	摇尾	2			10								15
91	消-肝	压诊敏感∨痛	1					15						
92	消-肛门	粪水浸渍	1			10								
93	消-胃	瘤胃-蠕动紊乱	1							5				
94	循-心音	杂音贫血杂音-缩期杂音	1							10				
95	循-血	(针孔∨虫叮∨外伤)出血不止	1											15
96		贫血	3		10					10				15
97	牙	牙关紧闭	1						15					

续表 2 组

序	类	症(信息)	统	2 牛流行热	15 钩端螺旋体病	27 胃肠炎	30 卧倒不起征	31 血红蛋白尿	32 牧草抽搐	37 铁缺乏症	40 锌缺乏(症)	82 霉稻草中毒	83 麦角中毒	84 蕨中毒
98	牙-齿龈	出血斑点	1											15
99	眼	出血	1											15
100		流泪	1	15										
101	眼-结膜	苍白	1							15				
102	眼-目光	无神	1	5										
103		目盲-间歇性	1										10	
104	眼瞬膜	露出	1						10					
105	运-步	跛行	3	5								10	5	
106		强拘∨僵硬	2	5							10			
107	运-动	盲目走动	1						10					
108	运骨	发育异常	1								10			
109	运-关节	蹄下发生干性坏疽-病健界限明显环形	1									15		
110		僵硬∨肿大	1								10			
111		膝皮角化不全∨干∨肥厚∨弹性减	1								10			
112	运-后肢	下端红肿硬∨黑紫∨干性坏疽	1										15	
113	运-后肢	弯曲	1								10			
114		向后移位	1				10							
115	运-肌	松弛	2			5			10					
116	运-四肢	乏力∨无力∨运步无力	3			5					10			5
117		关节水肿∨疼痛∨僵硬	1	15										
118		划动∨游泳样	1						10					
119		肌肉发颤∨强直痉挛	1						10					
120		系部出血斑点	1											15
121	运-蹄	环状坏死∨表面似口蹄疫	1										15	
122		皮-皲裂	1								10			
123		趾端坏死	1					10						
124	运-蹄冠	红∨炎∨肿∨痛∨烂	1									10		
125		系部皮凉∨环状裂隙∨渗出液体	1									10		
126	运-蹄匣	脱落	1									25		

续表 2 组

序	类	症(信息)	统	2 牛流行热	15 钩端螺旋体病	27 胃肠炎	30 卧倒不起征	31 血红蛋白尿	32 牧草抽搐	37 铁缺乏症	40 锌缺乏(症)	82 霉稻草中毒	83 麦角中毒	84 蕨中毒
127	运-站立	不起来∨不时企图站立	1				15							
128		困难	2	5			15							
129		无力负重帮站因球节球状屈曲也得卧	1				35							
130	运-肢	间歇性提举	1									10		
131	运-肘肌	震颤	1	15										
132	殖	繁殖功能障碍∨降低	1								15			
133	殖-发情	表现为本病前驱症状	1						15					
134		周期延长∨延迟∨肿大	1								15			
135	殖-公牛	性欲减退∨消失	1								15			
136		阴囊皮肤干硬皱缩	1									15		
137		阴囊皮炎	1								15			
138	殖-会阴	出血斑点	1											15
139	殖-流产	努责招致胎动	2		10									15
140	殖-娩后	1~4 周骤然发病	1					10						
141	殖-母牛	牛群性周期紊乱	1								15			
142		殖道黏膜坏死	1		10									
143	殖-阴门	皮角化不全∨干燥∨肥厚∨弹性减退	1								15			
144	殖-孕	屡配不孕	1								10			

3 组　呼出气丙酮味∨腐臭气

序	类	症(信息)	统	4 牛传鼻气管炎	10 结核病	28 酮病	29 妊娠毒血症	33 运输抽搐
		ZPDS		27	21	25	19	16
1	呼出气	丙酮味	3			15	15	15
2		腐臭味	2	15	15			
3	鼻膜	充血∨溃疡∨白色坏死斑	1	15				
4		灰黄色小豆粒大脓疱	1	10				
5	鼻流-液	鼻液	1	10				
6		灰黄	1		10			

续表 3 组

序	类	症(信息)	统	4 牛传鼻气管炎	10 结核病	28 酮病	29 妊娠毒血症	33 运输抽搐
7		黏液∨脓液	2	10	10			
8	病	酮病被(前胃弛缓∨乳房炎等)掩盖	1			10		
9	病伴发	产后病如酮病	1				10	
10	病发	运输∨驱赶∨到达后24～48小时内	1					15
11	病龄	犊牛	1		10			
12	病牛	泌乳盛期高产奶牛群	1			10		
13	病预后	4～5天症状减轻∨康复	1					10
14		多数牛经几小时病情加重	1					5
15		昏睡牛3～4小时死亡	1					10
16	肺部-叩	半浊音∨轻浊音	1		10			
17	呼	咳嗽	2	10	5			
18		痛∧顽固∧干咳	1		15			
19	呼吸	促迫∨加快∨浅表	2	10				5
20		道阻塞-炎性渗出物	1	10				
21		声似"拉风箱"	1		15			
22	呼吸	难伸颈仰头状	1		15			
23		张口	1	10				
24	精神	昏迷∨嗜睡	3		10		10	10
25		紧张	1			10		
26		惊厥	1	15				
27		狂暴∨狂奔乱跑	1			15		
28		委靡与兴奋交替-兴奋为主	1	15				
29		不安∨兴奋(不安∨增强)	3			5	5	10
30		兴奋-短期∨过度	1					15
31		不敏感∨感觉丧失∨反射减∨失	1				15	
32		敏感∨过敏-对触觉∨对刺激∨对声音	1			15		
33	口	吐白沫	1	10				
34	口-流涎	含泡沫∨黏液	2			15		5
35	肋骨	外露∨显露	1		10			
36	淋巴结	结核因部位异而症状也异	1		10			
37		(股后∨肩前∨乳房∨咽∨膈)淋肿	1		15			
38	尿	尿淋漓	1					5
39		少∨淡黄色水样∨泡沫状	1			15		

续表 3 组

序	类	症(信息)	统	4 牛传鼻气管炎	10 结核病	28 酮病	29 妊娠毒血症	33 运输抽搐
40		丙酮气味	1			50		
41	尿	酮反应强阳性	1				25	
42	皮-黏膜	黄疸∨黄染	1				10	
43	乳	水样∨灰白∨量少	1		10			
44	乳房	表面-凹凸不平	1		25			
45	乳区	(局限∨弥散)硬结∧无热痛	1		25			
46	乳汁味	挤出散发丙酮气味	1			15		
47	身-汗	带丙酮气味	1				15	
48	身-力	无力∨易疲∨乏力	1		10			
49	身-卧	横卧-地上被迫	2			15	15	
50		卧姿像产后瘫痪	1					25
51		以头屈曲置肩胛处呈昏睡状	2			35	35	
52	身-腰	弓腰	1			10		
53	身-姿	角弓反张	1	10				
54	食-饮欲	废绝∨失∨大减	1			10		
55	食欲	吃些饲草→拒青干草	1			15		
56	食-咽下	障碍-饮水料渣从鼻孔逆出	1	15				
57	食欲	厌食精料	1			15		
58	死时	病 2～3 天	1				25	
59	头	抬姿∨抬头望天	1				10	
60	头-咽喉	发炎∨肿胀	1	10				
61	头颈	僵硬	1		10			
62		伸直∨伸展	1	10				
63	尾	举尾	1			10		
64	消-肠	直肠检查-肠系膜淋巴结肿大	1		15			
65		直肠检查-腹膜粗糙不光滑	1		15			
66	消-粪色	黑∨污黑∨黑红色∨褐红色	1				15	
67	消-粪味	恶臭	1				15	
68	消-粪性	停滞∨排球状少量干粪附黏液	1			15		
69	牙	磨牙	4	10		5	5	5
70		牙关紧闭	1					10
71	眼	畏光流泪	1	10				
72	眼肌	麻痹	1		10			

续表3组

序	类	症(信息)	统	4 牛传鼻气管炎	10 结核病	28 酮病	29 妊娠毒血症	33 运输抽搐
73	眼睑	外翻∨水肿	1	15				
74	眼-角膜	充血∨混浊∨白色坏死斑点	1	15				
75	眼-结膜	充血∨炎肿∨脓疱	1	10				
76	眼-目光	凝视	1				15	
77	眼视力	减退∨视力障碍	1	10				
78	运-关节	趾关节:强直∨痉挛-间歇性	1					10
79	运-肌	乏力	1			10		
80	运-前肢	屈曲卧地起不来	1			15		
81	运-四肢	划动∨游泳样	1	10				
82	运-异常	冲撞墙壁∨障碍物∨前奔∨后退∨转圈	1			15		
83	运-站立	不能∨四肢叉开∨相互交叉	1			15		
84	殖-产道	恶露多量褐色腐臭	1				10	
85	殖-公牛	外生殖器红肿∨脓疱∨溃疡	1	15				
86	殖-流产	死胎	1	10				
87	殖-娩后	3天内发病	1				10	
88		几天-数周	1			10		
89	殖-胎儿	木乃伊胎	1	10				
90	殖-外阴	白膜∨溃疡∨肿胀∨脓疱	1	15				

4组 咳 嗽

序	类	症(信息)	统	4 牛传鼻气管炎	10 结核病	12 牛肺疫	41 硒缺乏症	78 尿素中毒	97 弓形虫病	99 支气管肺炎	100 创伤性心包炎
		ZPDS		33	26	22	23	21	18	17	16
1	呼	咳嗽	6	10	5		5		10	10	5
2		长咳痛减轻	1							10	
3		短干咳	1		5						
4		短咳痛性	1							10	
5		偶发间断性干性短咳	1			15					
6		频而无力	1			10					
7		频繁低弱∨湿性	1							15	
8		湿咳	1							10	
9		痛∧顽固∧干咳	1		15						

续表 4 组

序	类	症(信息)	统	4	10	12	41	78	97	99	100
				牛传鼻气管炎	结核病	牛肺疫	硒缺乏症	尿素中毒	弓形虫病	支气管肺炎	创伤性心包炎
10		阵发	1					5			
11	嗳气	减少∨消失∨功能紊乱	1					5			
12	鼻膜	充血∨溃疡∨白色干性坏死斑	1	15							
13		灰黄色小豆粒大脓疱	1	10							
14	鼻翼	开张∨煽动	2			5				15	
15	鼻流-血	血样泡沫∨混血丝	1				10				
16	鼻流-液	白沫∨泡沫状	1			5					
17		黏液∨脓液	5	10	10	10	10			15	
18	病发	突然	2				10		5		
19	病史	有急性肺疫史	1			35					
20	病因	食尿素和非蛋白氮	1					15			
21	病预后	低于常温1周内死	1			10					
22		给良护理和饲养可趋好转	1			15					
23	呼	气喘	1						15		
24		支气管炎	2	10						5	
25	呼出	腐臭味	2	15	15						
26	呼吸-道	促迫∨急促∨加快∨浅表	7	10		10	5	5	10	10	5
27		氨刺激症状	1					25			
28		阻塞-炎性渗出物	1	10							
29		功能障碍	1				15				
30		声似"拉风箱"	1		15						
31		腹式呼吸	3			10	5				5
32		异常	1		5						
33	呼吸-难	困难	5	10	15	5		25			10
34		伸颈仰头状	1		15						
35		张口	2	10						15	
36	精神	呆立不动∨离群呆立	1			10					
37		反射功能亢进	1					10			
38		昏迷∨昏睡	2						5		
39		惊厥	1	15							
40		恐惧∨惊恐∨惊慌	1		10						
41		神经症状	2	5	15						

续表 4 组

序	类	症(信息)	统	4	10	12	41	78	97	99	100
				牛传鼻气管炎	结核病	牛肺疫	硒缺乏症	尿素中毒	弓形虫病	支气管肺炎	创伤性心包炎
42		委靡与兴奋交替-兴奋为主	1	15							
43		不安∨兴奋(不安∨增强)	2					5	5		
44		不敏感∨感觉丧失∨反射减∨失	1					15			
45	口-流涎	含泡沫∨黏液	2					5	5		
46	肋骨	外露∨显露	1		10						
47	淋巴结	肿大	1		15						
48	乳房	表面-凹凸不平	1		25						
49	身-颤	震颤∨颤抖∨战栗∨抽搐	3		5	5		25			
50	身-汗	出汗∨全身出汗∨大出汗	1				10				
51	身后躯	全身麻痹∨脊柱弯曲	1				15				
52	身-瘦	消瘦含迅速∨明显等∨高度	3		5	15	10				
53		消瘦-极度∨严重	1								10
54	身-体表	下部水肿	1						15		
55	身-臀肌	变硬∨肿胀	1				10				
56	身-卧	被迫躺卧-不能站起	1				10				
57		不愿走动∨卧习改变多站立	1								15
58		喜卧-不愿意站	1				10				
59	身-胸廓	按压痛∨退避	1			10					
60	身-胸腔	水平浊音∨积液	1			15					
61	身-姿	角弓反张	2	10				10			
62	声	呻吟	2					5			5
63	食	障碍-饮水料渣从鼻孔逆出	1	15							
64	体温	40℃	4	15	5					5	10
65		41℃	3	15		10				5	
66		升高∨发热	6	5	5			5	10	5	5
67		弛张热型	2		5					15	
68		稽留热型	2			15			10		
69		间歇热型	2		5					15	
70	头	抬不起来	1				15				
71	头-咽喉	发炎∨肿胀	1	10							
72	头颈	僵硬	1		10						
73		静脉波动∨怒张如条索状	1								15

续表 4 组

序	类	症(信息)	统	4	10	12	41	78	97	99	100
				牛传鼻气管炎	结核病	牛肺疫	硒缺乏症	尿素中毒	弓形虫病	支气管肺炎	创伤性心包炎
74		伸直∨伸展	3	10		5				5	
75	头颈肌	变硬∨肿胀	1				10				
76	消-肠	直检-肠系膜淋肿∨腹膜粗糙	1		15						
77	消-粪附	黏液∨假膜∨脓物∨蛋清∨绳管物	3	5	5				15		
78	消-粪色	黑∨黑红色∨褐红色	1						15		
79	消-粪稀	稀泻-顽固	1		10						
80	消-粪干	便秘-腹泻交替	1			5					
81		干∨干硬少	3						15	10	10
82	牙	磨牙	4	10			5	5			5
83		牙关紧闭	1					10			
84	眼	畏光流泪	2	10					5		
85	眼睑	外翻∨水肿	1	15							
86	眼-角膜	白色坏死斑点	1	15							
87		充血∨发炎∨混浊	2	10				5			
88	眼-结膜	充血∨潮红∨脓疱	1	10							
89		混浊	1					5			
90		炎肿	3	10				5	10		
91	眼视力	减退∨视力障碍	1	10							
92	眼瞳孔	散大	1					5			
93	眼眵	黏脓性	1	10							
94	运	摔倒在地不能站	1					10			
95		卧-不能站立	1				10				
96	运-肌	松弛	2		5				10		
97	运-四肢	侧伸	1				15				
98		水肿	1			5					
99		划动∨游泳样	1	10							
100		肌肉发颤∨强直痉挛	1				10				
101		僵硬	1						5		
102	运-腿	发抖	1								5
103	运-异常	失调∨功能障碍∨失衡	1				15				
104		走上坡灵活不愿下坡∨斜走	1								25

续表 4 组

序	类	症(信息)	统	4 牛传鼻气管炎	10 结核病	12 牛肺疫	41 硒缺乏症	78 尿素中毒	97 弓形虫病	99 支气管肺炎	100 创伤性心包炎
105	运-站立	困难	1				5				
106		姿-前高后低后腿踏在尿粪沟内	1								15
107	运-肘	外展	1								15
108	运-肘肌	震颤	1			5					
109	殖	功能障碍∨降低	2	10			15				
110	殖	流产死胎	3	10			10		10		

5 组　呼吸腹式∨吸气延长

序	类	症(信息)	统	2 牛流行热	12 牛肺疫	34 佝偻病	41 硒缺乏症	45 维E缺乏症	80 霉麦芽根中毒	81 霉烂甘薯中毒	100 创伤性心包炎
		ZPDS		21	18	17	23	9	22	26	17
1	**呼吸**	**式-腹式**	6	5	10		5	5	5		5
2		**式-吸气延长**	2			5				15	
3	鼻孔	开张如喇叭状	1							15	
4	鼻腔	狭窄	1			5					
5	鼻流-血	血样泡沫∨混血丝	2				10			15	
6	鼻流-液	白沫∨泡沫状	2		5				10		
7		黏液∨脓液	4	15	10		10			5	
8	病史	有急性肺疫史	1		35						
9	病因-食	霉烂甘薯	1							15	
10		霉麦芽根	1						15		
11	病预后	低于常温1周内死	1		10						
12		多牛能耐过,个别牛轻瘫	1	5							
13		给良护理和饲养可趋好转	1		15						
14	呼吸-难	困难	5	15	5			5		15	10
15		伴吭吭声如拉风箱	1							25	
16	精神	呆立不动∨离群呆立	1		10						
17		恐惧∨惊慌	1						15		
18		苦闷	1	15							
19		敏感(对触觉∨对刺激∨对声音)	3	5		5			15		

续表 5 组

序	类	症(信息)	统	2	12	34	41	45	80	81	100
				牛流行热	牛肺疫	佝偻病	硒缺乏症	维E缺乏症	霉麦芽根中毒	霉烂甘薯中毒	创伤性心包炎
20	口	吐白沫	2						15	5	
21		张嘴∨张口伸舌	1							10	
22	口裂	不能完全闭合	1			10					
23	口-流涎	含泡沫∨黏液	2	15						5	
24	肋骨	念珠状肿-肋软骨连接处	1			35					
25	毛	粗乱∨褪色∨逆立∨脆	3		5	5	10				
26	乳-量	减少∨大减	4		5				5	10	5
27		停止∨丧失	3		5					10	5
28	身-背	弓腰	2						5		10
29		两侧皮下气肿∧触诊发捻发音	1							25	
30		捏压疼痛躲闪	1								5
31	身-颤	抽搐-倒地	3	5		5			10		
32		颤抖∨战栗	2	15		5					
33	身-汗	出汗∨全身出汗∨大出汗	1				10				
34	身后躯	全身麻痹	2				10	10			
35		运动障碍	1	15							
36	身脊背	凸起	1			10					
37	身-力	无力∨易疲∨乏力	3				10	5			5
38	身生长	发育缓慢∨延迟∨不良	2			5	10				
39	身-瘦	消瘦迅速∨明显等∨高度	2		15		10				
40		消瘦-极度∨严重	1								10
41	身-臀肌	变硬∨肿胀	1				10				
42		战栗-间歇性	1							10	
43	身-卧	被迫躺卧-不能站起	2				10		10		
44		不愿走动	1								15
45		卧习改变多站立	1								15
46		喜卧-不愿意站	1				10				
47		易跌倒极难站起	1						10		
48	身-胸廓	按压痛∨退避	1		10						
49		变形∨隆起∨扁平	1			35					
50	身-胸前	水肿	2		5				10		
51	身-胸腔	水平浊音∨积液	1		15						

续表 5 组

序	类	症(信息)	统	2	12	34	41	45	80	81	100
				牛流行热	牛肺疫	佝偻病	硒缺乏症	维E缺乏症	霉麦芽根中毒	霉烂甘薯中毒	创伤性心包炎
52	食-采食	困难∨不能	2				5	10			
53	食欲	异食(泥∨粪∨褥草等)	1			15					
54	体温	稽留 2～3 天	1	10							
55		稽留热型	2	5	15						
56	头	抬不起来	1				15				
57	头-咽喉	肌变性坏死	1					15			
58	头颈	静脉-波动明显	1								15
59		静脉-怒张如条索状	2							5	15
60	头颈肌	变硬∨肿胀	1				10				
61	头-颜面	隆起增宽	1			10					
62	消-肠	发炎	1	15							
63	消-粪附	黏液∨假膜∨脓物∨蛋清∨绳管物	2						15	15	
64	消-粪色	暗腐臭∨黑∨褐红色∨珠状(硬)	2	15						15	
65	消-粪干	便秘∨如念珠∨→稀软→水样	1	15							
66		干少∨干硬少	3	5						15	10
67	消-粪血	血丝∨血凝块	2						15	15	
68	消-肝	压诊敏感∨痛∨叩诊界缩小	1					15			
69	消化	紊乱∨异常	1		10						
70	消-胃	瘤胃-触诊满干涸内容物∨坚硬	1							10	
71	循-心脏	听诊心包摩擦音-随呼吸运动	1								15
72	牙	咬合不全	1			10					
73	眼	流泪	3	15					15	5	
74	眼-结膜	黄染	1					15			
75	运	卧-不能站立	1				10				
76	运-骨	变形∨弯曲∨脆软∨骨折	1			15					
77	运-关节	强拘尤其跗关节	1						10		
78	运-后肢	呈鸡跛	1						15		
79	运-肌	深骨骼肌束营养变性∨坏死	1					15			
80	运-前肢	八字叉开∨肌松弛	1						15		
81	运-四肢	侧伸	1				15				
82		长骨弯腕关节 O 形跗关节 X 形姿势	1			35					
83		关节近端肿大	1			10					

续表 5 组

序	类	症(信息)	统	2 牛流行热	12 牛肺疫	34 佝偻病	41 硒缺乏症	45 维E缺乏症	80 霉麦芽根中毒	81 霉烂甘薯中毒	100 创伤性心包炎
84		关节水肿∨疼痛∨僵硬	1	15							
85		划动∨游泳样	1						10		
86		肌肉发颤∨强直痉挛	1				10				
87	运-异常	踉跄∨不稳∨共济失调∨蹒跚	3	5			10			15	
88		失调∨功能障碍∨失衡	2	5			15				
89		走上坡灵活不愿下坡∨斜走	1								25
90	运-站立	不稳	2						5	10	
91		不稳但不愿卧	1							15	
92		姿-前高后低后腿踏在尿粪沟内	1								15
93		姿势异常	1						10		
94	运-肘	外展	1								15
95	运-肘肌	震颤∨战栗	4	15	5				15	10	
96	殖	繁殖功能障碍∨降低	1				15				
97	殖-流产	死胎	1				10				
98		早产	1							10	
99	殖-胎衣	不下	1				10				

6 组　昏迷∨昏睡∨嗜睡

序	类	症(信息)	统	10 结核病	21 瘤胃酸中毒	29 妊娠毒血症	33 运输抽搐	57 产后瘫痪	83 麦角中毒	84 蕨中毒	86 有机磷中毒	88 有机氟中毒	97 弓形虫病	101 中暑
		ZPDS		23	25	21	15	27	23	29	18	18	13	18
1	**精神**	昏迷	4	10					10		5			15
2		昏睡∨嗜睡	8		5	10	10	35	10	10		5	5	
3	鼻孔	开张如喇叭状	1											10
4	鼻流-血	出血	1							15				
5	鼻流-液	灰黄∨黏液∨脓液	1	10										
6	病伴发	产后病如酮病	1			10								
7	病发	突然	1										5	
8		在运输∨驱赶中∨到达后24～48小时内	1				15							
9	病龄	犊牛	1	10										

续表 6 组

序	类	症(信息)	统	10	21	29	33	57	83	84	86	88	97	101
				结核病	瘤胃酸中毒	妊娠毒血症	运输抽搐	产后瘫痪	麦角中毒	蕨中毒	有机磷中毒	有机氟中毒	弓形虫病	中暑
10	病势	发展较迅速	1		10									
11	病因-食	发霉麦类	1						15					
12		蕨类植物	1							15				
13		喷洒有机磷农药的植物	1								15			
14		有机氟杀虫剂保管不当	1									15		
15	病预后	经 4～5 天治疗症状减轻∨康复	1				10							
16		昏睡牛 3～4 小时后死亡	1				10							
17		临产从速人工流产-症状大减-康复	1				15							
18	耳	出血	1							15				
19	耳尖	干性坏疽∨坏死∨脱落	1						15					
20		黑紫∨红肿硬∨敏感∨无感觉	1						15					
21	耳聋	间歇性	1						10					
22	呼	喘鸣声	1							15				
23		气喘	1										15	
24	呼出气	丙酮味	2			15	15							
25		腐臭味	1	15										
26	呼-咳嗽	痛∧干咳∨声似“拉风箱”	1	15										
27	呼吸-难	伸颈仰头状	1	15										
28	精神	烦躁不安	1											10
29		惊厥限一肢∨无规则阵发	1						15					
30		恐惧∨惊慌	2	10								15		
31		狂暴∨狂奔乱跑	2								15	15		
32		麻痹暂时性	1						10					
33		不安∨兴奋(不安∨增强)	5			5	10	10				15	5	
34		兴奋-短期∨过度	2				15							10
35		意识(丧失∨异常∨障碍)	1											15
36		中枢神经系统兴奋型	1						15					
37		不敏感∨反射减∨失	1			15								
38		敏感(对触觉∨对刺激∨对声音)	1					10						
39	口	张嘴∨张口伸舌	1											10

续表 6 组

序	类	症(信息)	统	10 结核病	21 瘤胃酸中毒	29 妊娠毒血症	33 运输抽搐	57 产后瘫痪	83 麦角中毒	84 蕨中毒	86 有机磷中毒	88 有机氟中毒	97 弓形虫病	101 中暑
40		周环状坏死∧不扩展到口	1						15					
41	口唇	出血∨黏膜出血斑点	1							15				
42	肋骨	外露∨显露	1	10										
43	淋巴结	结核因部位异而症状也异	1	10										
44		(肩前∨股后∨纵隔∨咽喉∨乳房)淋巴结肿	1	15										
45	尿-膀胱	壁增生	1							25				
46		括约肌麻痹∨尿淋漓	1				5							
47		黏膜肿瘤	1							25				
48	尿色	血尿症∨血尿-间歇性	1							25				
49	尿性	酮反应强阳性	1			25								
50	皮病健	分离脱落	1						15					
51	皮弹性	降低∨丧失	1											15
52	皮感觉	减退∨消失∨增强减弱交替	2					5	10					
53	皮血肿	黏膜出血斑点∨针尖大-粟粒大	1							15				
54	皮-黏膜	黄疸∨黄染	2			10				15				
55	乳	水样∨灰白	1	10										
56		血乳	1							15				
57	乳房	表面-凹凸不平	1	25										
58	乳房色	苍白∨淡染∨贫血	1						10					
59	乳区	(局限∨弥散)硬结∧无热痛	1	25										
60		泌乳显著少∨停	1	10										
61	乳头	色淡∨异常贫血	1						10					
62	身∨运	倒地站不起	1											15
63	身-颤	抽搐∨抽搐倒地	1									10		
64		痉挛抽搐-濒危期	1											15
65		震颤∨颤抖∨战栗	4	5							10	5		15
66		痉挛由头开始→周身	1								15			
67	身-股内	出血斑点	1							15				
68	身-汗	出汗∨全身出汗∨大出汗	2		5						15			
69		带丙酮气味	1			15								
70		血汗	1							15				

续表 6 组

序	类	症(信息)	统	10	21	29	33	57	83	84	86	88	97	101
				结核病	瘤胃酸中毒	妊娠毒血症	运输抽搐	产后瘫痪	麦角中毒	蕨中毒	有机磷中毒	有机氟中毒	弓形虫病	中暑
71	身后躯	肌肉麻痹	1				5							
72	身-力	四肢无力左右摇晃摔倒	1					15						
73		无力∨易疲∨乏力	3	10				10		5				
74	身末梢	坏疽	1						15					
75	身-全身	惊厥癫痫发作	1						10					
76	身-体表	出血	1							15				
77		下部水肿	1										15	
78	身-卧	安然静卧几次挣扎而不能站后	1					15						
79		不自然	1							15				
80		横卧-地上被迫	2		10	15								
81		瘫痪被迫躺卧地上∧企图站起	1					35						
82		卧姿像产后瘫痪	1				25							
83		卧地不起∨躺卧姿势	5					10	5	5		5	5	
84		以头屈曲置肩胛处呈昏睡状	1			35								
85	身-姿	角弓反张	1									10		
86		犬坐姿势卧地后前肢直立后肢无力	1					15						
87		乳热症(产后瘫痪)	1		35									
88	声	尖叫	1									15		
89		呻吟	4		10	5					5	5		
90	食-采食	偷食谷类精料后 12～24 小时现症	1		15									
91	食-饮欲	大增∨烦渴∨增加	2		15		5							
92	食欲	厌食∨废绝∨停止	1					10						
93	死	假死倒地-濒危期	1											15
94	死时	病数分钟	1									10		
95		病 12 小时死亡	1		10									
96		病 2～3 天	1			25								
97	死样	痉挛(反复)＋口吐白沫＋瞳孔散大	1									15		
98	死因	心力衰竭∨心脏停搏∨循环衰竭	3								5	15		5

续表 6 组

序	类	症(信息)	统	10	21	29	33	57	83	84	86	88	97	101
				结核病	瘤胃酸中毒	妊娠毒血症	运输抽搐	产后瘫痪	麦角中毒	蕨中毒	有机磷中毒	有机氟中毒	弓形虫病	中暑
99	体温	下降∨降低∨偏低∨低于正常	2		5			10						
100		体温下降	1											15
101		37℃	2		5			10						
102		38℃	1		15									
103		39℃	2		15	10								
104		43℃～44℃	1											15
105		稽留热型	1										10	
106	头	偏于体躯一侧	1					15						
107		仰姿∨抬头望天	1			10								
108		弯曲在肩	1		15									
109	头-喉	麻痹	1							15				
110		水肿	1							15				
111	头颈	肌群痉挛性震颤	1					10						
112		僵硬	1	10										
113		静脉压降低∨凹陷	1					10						
114		弯曲S状	1					15						
115	头-面肌	震颤	1								10			
116	尾	红肿硬∨敏感∨无感觉∨黑紫	1						15					
117		坏死脱落∨干性坏疽	1						15					
118	消-肠	直检粗糙∨肠系膜淋巴结肿大	1	15										
119	消-粪附	黏液∨假膜∨脓物∨蛋清∨绳管物	2	5									15	
120	消-粪色	黑∨污黑∨黑红色∨褐红色	3			15				5			15	
121	消-粪味	恶臭	1			15								
122	消-粪性	泡沫∨附气泡	1		10									
123	消-粪稀	稀如水∨水样汤	1								15			
124		稀泻-顽固	1	10										
125	消-粪干	干	2							5			15	
126	消-粪血	血丝∨血凝块∨黑血液	2		10					5				
127	消-腹	蹴腹∨踢腹	2		10					5				
128		紧缩∨缩腹∨下腹部卷缩	2		10						10			

续表6组

序	类	症(信息)	统	10	21	29	33	57	83	84	86	88	97	101
				结核病	瘤胃酸中毒	妊娠毒血症	运输抽搐	产后瘫痪	麦角中毒	蕨中毒	有机磷中毒	有机氟中毒	弓形虫病	中暑
129	消-腹	腹痛	4		10					15	15	10		
130	消-肛门	反射消失	2					10						5
131		松弛	1					10						
132	消-胃肠	发炎	1			15								
133	牙	磨牙	6		10	5	5	5			5	5		
134		牙关紧闭	1				10							
135	牙龈	出血斑点∨眼出血	1							15				
136	眼	流泪	2								10		5	
137	眼肌	麻痹	1	10										
138	眼睑	震颤	1								10			
139	眼-结膜	炎肿	1										10	
140	眼-目光	目盲-间歇性	1						10					
141		凝视	1			15								
142	眼视力	减退∨视力障碍	2		15						5			
143		失明	2		15						5			
144	眼瞳孔	初散大后缩小	1											5
145		对光反射消失	1					15						
146		散大	3		5			15				5		
147	运-步	强拘∨僵硬	2					10			5			
148	运-关节	球关节:弯曲	1					15						
149		趾关节:强直∨痉挛-间歇性	1				10							
150	运-后肢	下端红肿硬∨敏感∨无感觉∨黑紫∨干性坏疽	1						15					
151	运-肌	松弛	3	5	10								10	
152	运-四肢	乏力∨无力∨运步无力	3							5		5		5
153		划动∨游泳样	1											15
154		肌肉发颤∨强直痉挛∨末端冷	1					10						
155		伸直无力平卧于地∨缩于腹下	1					10						
156		系部出血斑点	1							15				
157	运-蹄	环状坏死∨表面似口蹄疫	1						15					

续表 6 组

序	类	症(信息)	统	10	21	29	33	57	83	84	86	88	97	101
				结核病	瘤胃酸中毒	妊娠毒血症	运输抽搐	产后瘫痪	麦角中毒	蕨中毒	有机磷中毒	有机氟中毒	弓形虫病	中暑
158	运-站立	不安	1		10									
159		不稳	3	5				10	5					
160	殖-产道	恶露多量褐色腐臭	1			10								
161	殖-会阴	出血斑点∨努责招致胎动	1							15				
162	殖-娩后	3 天内发病	1			10								

7 组　惊厥∨惊慌∨狂暴∨乱跑∨神经症状

序	类	症(信息)	统	2	4	5	8	10	13	28	32	33	35	43	79	80	83	86	88	91
				牛流行热	牛传鼻气管炎	牛黏膜病	炭疽	结核病	疯牛病	酮病	牧草抽搐	运输抽搐	骨软症	维A缺乏症	黄曲霉中毒	霉麦芽根中毒	麦角中毒	有机磷中毒	有机氟中毒	铅中毒
		ZPDS		19	21	13	17	19	15	24	22	13	17	13	15	17	21	17	12	27
1	精神	惊厥	6		15				5		10			5			15	5		
2	精神	惊厥 1～2 分钟→安静-遇刺激再惊	1								15									
3	精神	惊厥限一肢∨局部∨无规则阵发性	1														15			
4	精神	恐惧∨惊恐∨惊慌	6				10	10							10	15			15	15
5	精神	狂暴∨狂奔乱跑	5	5						15								15	15	15
6	精神	神经症状	10	5	5	5		15	15		5	5	5		5					5
7	鼻镜	干∨皲裂	2	5											5					
8	鼻镜	糜烂	1			10														
9	鼻流-血	血样泡沫∨混血丝	1				25													
10	鼻流-液	白沫∨泡沫状	1													10				
11	病发	在运输∨驱赶中∨到达后 24～48 小时内	1									15								
12	病牛	高产奶牛	1								10									
13	病牛	泌乳盛期高产奶牛群	1							10										
14	病因-食	被霉菌污染的饲料	1												15					
15	病因-食	发霉麦类	1														15			

续表 7 组

序	类	症(信息)	统	2 牛流行热	4 牛传鼻气管炎	5 牛黏膜病	8 炭疽	10 结核病	13 疯牛病	28 酮病	32 牧草抽搐	33 运输抽搐	35 骨软症	43 维A缺乏症	79 黄曲霉中毒	80 霉麦芽根中毒	83 麦角中毒	86 有机磷中毒	88 有机氟中毒	91 铅中毒
16	病因-食	被铅污染的饲料饮水	1																	15
17	病因-食	霉麦芽根	1													15				
18	病因-食	食含有机磷农药植物	1															15		
19	病因-食	痛∧顽固∧干咳	1					15												
20	病因-食	食含有机氟杀虫剂植物	1																15	
21	病预后	经 4～5 天治疗症状减轻∨康复	1									10								
22	病预后	持久躺卧发生褥疮被迫淘汰	1										10							
23	病预后	昏睡牛 3～4 小时死亡	1									10								
24	病预后	临产从速人工流产-症状大减-康复	1									15								
25	耳尖	干性坏疽∨脱落	1														15			
26	耳聋	间歇性	1														10			
27	呼出气	丙酮味	2							15		15								
28	呼出气	腐臭味	2		15			15												
29	精神	不安∨兴奋	6	5			10			5	5	10							15	
30	精神	沉郁∨冲撞他物∨攀登饲槽	1				10													
31	精神	呆立不动∨离群呆立	3						5					10						10
32	精神	对人追击	1																	25
33	精神	发疯样	1						15											
34	精神	烦躁不安	1						5											
35	精神	反应迟钝	1	5																
36	精神	感觉过敏对触摸∨音响(犊)	1																	15
37	精神	横冲直撞(犊)	1																	15
38	精神	昏迷	3					10									10	5		
39	精神	昏睡∨嗜睡	2									10					10			
40	精神	紧张	2	5						10										

续表 7 组

序	类	症(信息)	统	2 牛流行热	4 牛传鼻气管炎	5 牛黏膜病	8 炭疽	10 结核病	13 疯牛病	28 酮病	32 牧草抽搐	33 运输抽搐	35 骨软症	43 维A缺乏症	79 黄曲霉中毒	80 霉麦芽根中毒	83 麦角中毒	86 有机磷中毒	88 有机氟中毒	91 铅中毒
41	精神	惊厥1～2分钟→安静-遇刺激再惊	1								15									
42	精神	苦闷	1	15																
43	精神	麻痹暂时性	1														10			
44	精神	盲目徘徊(犊)	1												10					
45	精神	爬越围栏(犊)	1																	15
46	精神	神经质	1						15											
47	精神	委靡与兴奋交替-兴奋为主	1		15															
48	精神	兴奋-短期∨过度	1									15								
49	精神	性情改变	1						5											
50	精神	眩晕∨晕厥	2											5				5		
51	精神	意识丧失∨异常	2						5		10									
52	精神	中枢神经系统兴奋型	1														15			
53	口	周环状坏死损伤∧不扩展到口	3													15	15		5	
54	口-流涎	含泡沫∨黏液	4				15			15	5	5								
55	口-流血	泡沫样	1				25													
56	口-舌	糜烂∨溃疡	1			10														
57	口-舌	炎肿	1				15													
58	口-硬腭	糜烂∨溃疡	1			10														
59	肋骨	外露∨显露	1					10												
60	淋结	结核因部位异而症状也异	1					10												
61	淋结肿	(股后∨乳房∨咽喉∨纵隔)淋肿	1					15												
62	流-传源	朊病毒污染的饲料	1						10											
63	流-传源	牛羊肉骨粉添加剂-新工艺制作的	1						15											

续表 7 组

序	类	症(信息)	统	2 牛流行热	4 牛传鼻气管炎	5 牛黏膜病	8 炭疽	10 结核病	13 疯牛病	28 酮病	32 牧草抽搐	33 运输抽搐	35 骨软症	43 维A缺乏症	79 黄曲霉中毒	80 霉麦芽根中毒	83 麦角中毒	86 有机磷中毒	88 有机氟中毒	91 铅中毒
64	尿淡黄	色水样∨丙酮气味∨含泡沫状	1							35										
65	尿量	少	2	5						15										
66	皮:病健	分离脱落	1														15			
67	皮感觉	减退∨消失∨增强减弱交替	1														15			
68	皮炭疽	痈:初硬固热→冷无痛坏溃	1				15													
69	皮-黏膜	黄疸∨黄染	1												15					
70	乳	水样∨灰白∨凹凸不平	1					25												
71	乳房色	苍白∨淡染∨贫血	1														10			
72	乳-量	停止∨无奶∨丧失	2		5										5					
73	乳房	(局限∨弥散)硬结∧无热痛	1					25												
74	乳头	色淡∨异常贫血	1														10			
75	乳汁味	挤出散发丙酮气味	1							15										
76	身-背	弓腰	1													5				
77	身-颤	痉挛由头开始→周身	1															15		
78	身-颤	震颤∨颤抖∨战栗	3								15			5				10		
79	身-汗	出汗∨大出汗	2							5								15		
80	身后躯	不全麻痹	1							10										
81	身后躯	摇摆	1										10							
82	身后躯	运动障碍	1	15																
83	身-力	无力∨易疲∨乏力	1					10												
84	身末梢	坏疽	1														15			
85	身-全身	惊厥癫痫发作	1														10			
86	身生长	慢长期吃低含铅草料	1																	10
87	身-卧	被迫躺卧-不能站起	1													10				

续表 7 组

序	类	症(信息)	统	2 牛流行热	4 牛传鼻气管炎	5 牛黏膜病	8 炭疽	10 结核病	13 疯牛病	28 酮病	32 牧草抽搐	33 运输抽搐	35 骨软症	43 维A缺乏症	79 黄曲霉中毒	80 霉麦芽根中毒	83 麦角中毒	86 有机磷中毒	88 有机氟中毒	91 铅中毒
88	身-卧	横卧	1							15										
89	身-卧	卧姿像产后瘫痪	1									25								
90	身-卧	以头屈曲置肩胛处呈昏睡状	1							35										
91	身-卧	易跌倒极难站起	1													10				
92	身-胸廓	变形∨隆起∨扁平	1										10							
93	身-胸前	皮肤松软处发生炭疽痈	1				10													
94	身-胸前	水肿	1													10				
95	身-腰	背腰凹下	1										15							
96	身-腰	皮松软处发生炭疽痈	1				10													
97	身-姿	畸形长期吃低含铅草料-新犊	1																	15
98	声	吼叫	2						15											10
99	声	尖叫	1																15	
100	声	哞叫	2				10				15									
101	食-咽下	障碍-饮水料渣从鼻孔逆出	1		15															
102	食欲	吃些饲草→拒青干草∨厌食精料	1							15										
103	食欲	异食(泥∨粪∨舔∨褥草∨铁∨木∨石)	1										15							
104	死时	病 0.5～1 小时	1								10									
105	死时	病数分钟	1																10	
106	死样	痉挛(反复)＋口吐白沫＋瞳孔散大	1																15	
107	死因	症状治疗不及时∧呼吸中枢衰竭	1								15									
108	死因	心力衰竭∨心脏停搏∨循环衰竭	2															5	15	

续表 7 组

序	类	症(信息)	统	2 牛流行热	4 牛传鼻气管炎	5 牛黏膜病	8 炭疽	10 结核病	13 疯牛病	28 酮病	32 牧草抽搐	33 运输抽搐	35 骨软症	43 维A缺乏症	79 黄曲霉中毒	80 霉麦芽根中毒	83 麦角中毒	86 有机磷中毒	88 有机氟中毒	91 铅中毒
109	体温	弛张热型	1					5												
110	体温	稽留 2～3 天	1	10																
111	头	抵物∨抵碰障物(墙∨槽)不动	1																	25
112	头-颌下	水肿∧不易消失	1													10				
113	头肌	震颤	1																	15
114	头颈	肌肉发颤∨强直痉挛	1								10									
115	头颈	僵硬	1					10												
116	头颈	伸直∨伸展	2		10								15							
117	头颈肌	强直∨震颤	2							5										15
118	头颈下	皮肤松软处发生炭疽痈	1				10													
119	头-面肌	震颤	1															10		
120	头-咽喉	发炎∨肿胀	2		10		15													
121	尾	红肿硬∨敏感∨无感觉∨黑紫	1														15			
122	尾	坏死脱落∨干性坏疽	1														15			
123	尾	举尾	1							10										
124	尾椎骨	转位∨变软∨萎缩∨最末椎体消失	1										15							
125	消-肠	发炎	1	15																
126	消-肠	直肠检查-肠系膜淋巴结肿大	1					15												
127	消-肠	直肠检查-腹膜粗糙不光滑	1					15												
128	消-粪干	干球→稀软→水样	1	15																
129	消-粪干	干如念珠∨干球小∨鸽蛋大	1	15																
130	消-粪干	先便秘(干)后腹泻	1																	15
131	消-粪色	暗	1	15																

续表 7 组

序	类	症(信息)	统	2 牛流行热	4 牛传鼻气管炎	5 牛黏膜病	8 炭疽	10 结核病	13 疯牛病	28 酮病	32 牧草抽搐	33 运输抽搐	35 骨软症	43 维A缺乏症	79 黄曲霉中毒	80 霉麦芽根中毒	83 麦角中毒	86 有机磷中毒	88 有机氟中毒	91 铅中毒
132	消-粪色	浅灰色	1			15														
133	消-粪味	恶臭	2			10														15
134	消-粪稀	如水∨水样汤	1															15		
135	消-粪稀	稀如水∨水样汤	3			15					5							15		
136	消-粪稀	稀泻-顽固	1					10												
137	消-粪性	里急后重	1												15					
138	消-粪性	喷射状	1			15														
139	消-粪性	停滞∨排球状少量干粪附黏液	1							15										
140	消-腹	蹴腹∨踢腹	3						5						10					10
141	消-腹	肌肉发颤∨强直痉挛	1								10									
142	消-腹	紧缩∨缩腹∨下腹部卷缩	1															10		
143	消-腹痛		4												5			15	10	15
144	消-肛门	流血样泡沫	1				15													
145	消-胃肠	炎∨瘤胃-蠕动减弱∨稍弱∨次数少∨慢	1																	10
146	循-心律	心律失常∨异常	3					5									5		10	
147	牙	牙关紧闭	2								15	10								
148	牙-齿龈	糜烂∨溃疡	1			10														
149	眼	干病∨对光反射减弱-消失	1											15						
150	眼	夜盲∨减弱-目盲	1											50						
151	眼	眨眼	1																	15
152	眼红畏光	眼睑肿∨水肿	2	5	10															
153	眼肌	麻痹	1					10												
154	眼-检查	视网膜淡蓝色∨粉红色	1											15						
155	眼睑	反射减弱∨消失	1																	15

续表 7 组

序	类	症(信息)	统	2 牛流行热	4 牛传鼻气管炎	5 牛黏膜病	8 炭疽	10 结核病	13 疯牛病	28 酮病	32 牧草抽搐	33 运输抽搐	35 骨软症	43 维A缺乏症	79 黄曲霉中毒	80 霉麦芽根中毒	83 麦角中毒	86 有机磷中毒	88 有机氟中毒	91 铅中毒
156	眼睑	外翻	1		15															
157	眼睑	震颤	1															10		
158	眼-角膜	充血Ⅴ白色坏死斑点1～2.5毫米	1		15															
159	眼-角膜	发炎Ⅴ肥厚Ⅴ干燥Ⅴ损伤	1											10						
160	眼-角膜	混浊	3		10	5								10						
161	眼-结膜	发绀Ⅴ小出血点	1				10													
162	眼-结膜	脓疱Ⅴ炎肿	1		10															
163	眼-目光	目盲-间歇性	1														10			
164	眼球	突出	2											10		10				
165	眼球	转动(犊)	1																	15
166	眼视力	减退Ⅴ视力障碍	2		10													5		
167	眼视力	失明	3												5			5		15
168	眼瞬膜	露出	1								10									
169	眼眵	黏脓性	1		10															
170	运-步	跛行	3	5		5							5							
171	运-步	步幅短缩	1										10							
172	运-动	不爱走Ⅴ不愿走	1																5	
173	运-动	盲目走动	2								10									10
174	运-关节	强拘尤其跗关节	1													10				
175	运-关节	肢腿关节:发出爆裂音响	1										15							
176	运-关节	趾关节:强直Ⅴ痉挛-间歇性	1									10								
177	运-后肢	八字形	1										15							
178	运-后肢	呈鸡跛	1													15				
179	运-后肢	下端红肿硬Ⅴ敏感Ⅴ无感觉Ⅴ黑紫Ⅴ干性坏疽	1														15			

续表 7组

序	类	症(信息)	统	2 牛流行热	4 牛传鼻气管炎	5 牛黏膜病	8 炭疽	10 结核病	13 疯牛病	28 酮病	32 牧草抽搐	33 运输抽搐	35 骨软症	43 维A缺乏症	79 黄曲霉中毒	80 霉麦芽根中毒	83 麦角中毒	86 有机磷中毒	88 有机氟中毒	91 铅中毒
180	运-肌	松弛	4					5			10					10				5
181	运-前肢	八字叉开	1													15				
182	运-前肢	不时交互负重∨膝着地	1										15							
183	运-前肢	屈曲卧地起不来	1							15										
184	运-四肢	骨骼变形	1										10							
185	运-四肢	关节水肿∨疼痛∨僵硬	1	15																
186	运-四肢	划动∨游泳样	3		10						10					10				
187	运-四肢	肌肉发颤∨强直痉挛	1								10									
188	运-四肢	伸展过度	1						15											
189	运-蹄	环状坏死∨表面似口蹄疫	1														15			
190	运-蹄尖	着地	1										10							
191	运-异常	冲撞墙壁∨障碍物	1							15										
192	运-异常	前奔∨后退	1							15										
193	运-异常	如醉酒摇晃间倒地	1				15													
194	运-异常	失调∨功能障碍∨失衡	1	5																
195	运-异常	无方向小心移步	1											10						
196	运-异常	转圈	4						10	15					10					10
197	运-站立	不安-犊	1												10					
198	运-站立	不能	1							10										
199	运-站立	不能持久强迫站现全身颤抖	1										10							
200	运-站立	时四肢叉开∨相互交叉	1							15										
201	运-站立	姿势异常	1						10											
202	运-肢	飞节内肿	1										10							
203	运-肘肌	震颤	2	15												15				

续表 7 组

序	类	症(信息)	统	2 牛流行热	4 牛传鼻气管炎	5 牛黏膜病	8 炭疽	10 结核病	13 疯牛病	28 酮病	32 牧草抽搐	33 运输抽搐	35 骨软症	43 维A缺乏症	79 黄曲霉中毒	80 霉麦芽根中毒	83 麦角中毒	86 有机磷中毒	88 有机氯中毒	91 铅中毒
204	症	成牛比犊轻	1												15					
205	殖-发情	表现为本病前驱症状	1								15									
206	殖-公牛	(包皮∨龟头∨包皮∨龟头∨阴茎)炎	1		15															
207	殖-公牛	性欲减退∨消失	1											5						
208	殖-流产	死胎∨子宫内膜炎	2		10									5						
209	殖-娩后	几天-数周	1							10										
210	殖-母牛	早产	1												5					
211	殖-胎儿	木乃伊胎	1		10															
212	殖-外阴	白膜∨溃疡∨脓疱∨充血∨肿胀	1		15															
213	殖-新犊	先天畸形∨缺陷:小脑不良∨瞎眼	1			15														
214	殖-新犊	眼球震颤∨运动失调	1			15														
215	殖-阴门	流:分泌物条状黏液脓性	1		10															
216	殖-阴门	流:血样泡沫	1				15													

8 组 精神敏感∨过敏

序	类	症(信息)	统	2 牛流行热	13 疯牛病	28 酮病	30 卧倒不起征	32 牧草抽搐	34 佝偻病	43 维A缺乏症	44 维D缺乏症	57 产后瘫痪	80 霉麦芽根中毒	87 有机氯中毒
		ZPDS		23	16	30	15	27	18	19	16	27	26	18
1	精神	敏感∨过敏-对触觉∨对刺激∨对声音	11	5	15	15	10	35	5	5	5	10	15	10
2	鼻流-液	白沫∨泡沫状	1										10	
3		黏液∨脓液	1	15										
4	病牛	高产奶牛	1					10						
5	病牛	泌乳盛期高产奶牛群	1			10								
6	病情	加重随氯毒物蓄积	1											15

续表 8 组

序	类	症(信息)	统	2 牛流行热	13 疯牛病	28 酮病	30 卧倒不起征	32 牧草抽搐	34 佝偻病	43 维A缺乏症	44 维D缺乏症	57 产后瘫痪	80 霉麦芽根中毒	87 有机氯中毒
7	病因	食霉麦芽根	1										15	
8		食含有机氯农药的植物	1											15
9	病预后	全身失衡被迫卧地	1											15
10	耳	冷凉∨厥冷	2	5			5							
11	呼出	丙酮气味	1			15								
12	精神	沉郁∨抑制(高度∨极度)	1									10		
13		呆立不动∨离群呆立	2							10	5			
14		发疯样	1		15									
15		昏睡∨嗜睡	1									35		
16		紧张∨狂暴∨狂奔乱跑	2	5		10								
17		惊厥	3		5			10		5				
18		惊厥1～2分钟→安静-遇刺激再惊	1					15						
19		恐惧∨惊恐∨惊慌	1										15	
20		苦闷	1	15										
21		神经症状	3	5	15			5						
22		神经质	1		15									
23		不安∨兴奋(不安∨增强)	5	5		5		5				10		15
24	口	吐白沫	3					5					15	5
25	口裂	不能完全闭合	1						10					
26	口-流涎	含泡沫∨黏液	2			15		5						
27			4	15		15		5						5
28	肋骨	念珠状肿-肋软骨连接处	1						35					
29	流-传源	感染朊病毒污染的饲料	1		10									
30		牛羊肉骨粉添加剂-新工艺制作的	1		15									
31	毛	粗乱∨干∨无光∨褪色∨逆立∨脆	4			5			5	5	10			
32	毛	换毛延迟	1						5					
33	尿量	少	2	5		15								
34	尿	淡黄色水样∨丙酮气味∨泡沫状	1			25								
35	乳汁味	挤出散发丙酮气味	1			15								

续表 8 组

序	类	症(信息)	统	2 牛流行热	13 疯牛病	28 酮病	30 卧倒不起征	32 牧草抽搐	34 佝偻病	43 维A缺乏症	44 维D缺乏症	57 产后瘫痪	80 霉麦芽根中毒	87 有机氯中毒
36	身-背	弓腰	2								15		5	
37	身-颤	抽搐∨抽搐-倒地	6	5				10	5	5	10		10	
38		震颤∨颤抖∨战栗	7	15		10		15	5	5	10			10
39	身后躯	不全麻痹	1			10								
40		乏力∨肌肉麻痹∨松弛	1				15							
41		运动障碍	1	15										
42	身脊背	凸起	1						10					
43	身-力	四肢无力左右摇晃摔倒	1									15		
44	身-体重	减轻	2		5	10								
45	身-卧	安然静卧几次挣扎而不能站起	1									15		
46		被迫躺卧-不能站起	2								15		10	
47		横卧-地上被迫	2			15	15							
48		横卧-附肘和髋关节褥疮溃疡	1				15							
49		横卧-继发乳房炎∨子宫炎∨心肌炎	1				10							
50		后腿抽搐	1				10							
51		瘫痪被迫躺卧地上∧企图站起	1									35		
52		卧地不起∨躺卧姿势	3				10	5				10		
53		以头屈曲置肩胛处呈昏睡状	1			35								
54		易跌倒极难站起	1										10	
55	身-胸廓	变形∨隆起∨扁平	2						35		15			
56		水肿	1										10	
57	身-腰	弓腰姿势	1			10								
58	身-姿	角弓反张	5	5				10		5			5	10
59		犬坐姿势∨蛙腿姿势	1				15							
60		犬坐姿势卧地后前肢直立后肢无力	1									15		
61		异常	1								15			
62	声	对声过敏	1							5				
63		吼叫	1		15									
64		仰头哞叫	1					15						
65	食-饮欲	废绝∨失∨大减	2			10					5			

续表 8 组

序	类	症(信息)	统	2	13	28	30	32	34	43	44	57	80	87
				牛流行热	疯牛病	酮病	卧倒不起征	牧草抽搐	佝偻病	维A缺乏症	维D缺乏症	产后瘫痪	霉麦芽根中毒	有机氯中毒
66	食欲	吃些饲草→拒青干草∨厌食精料	1			15								
67		异食(泥∨粪∨舔∨褥草∨铁∨木∨石)	3			5			15	5				
68		厌食∨废绝∨停止	1									10		
69	死时	病 0.5～1 小时	1					10						
70	死因	败血症∨脓毒血症	1				10							
71		治疗不及时∧呼吸中枢衰竭	1					15						
72	头	偏于体躯一侧	1									15		
73	头-颌下	水肿∧不易消失	1										10	
74	头颈	肌群痉挛性震颤	1									10		
75		肌肉发颤∨强直痉挛	1					10						
76		弯曲 S 状∨静脉压降低∨凹陷	1									15		
77	头-颜面	隆起增宽	1						10					
78	尾	举尾	1			10								
79	消-肠	发炎	1	15										
80	消-粪附	黏液∨假膜∨脓物∨蛋清∨绳管物	1										15	
81	消-粪色	暗	1	15										
82	消-粪性	停滞∨排球状少量干粪附黏液	1			15								
83	消-粪稀	稀∨软∨糊∨泥∨粥∨痢∨泻∨稠	5			5	5	5					15	5
84	消-粪干	便秘如念珠→稀软→水样	1	15										
85	消-粪血	血丝∨血凝块	1										15	
86	消-腹	肌肉发颤∨强直痉挛	1					10						
87	消-肛门	松弛∨反射消失	1									10		
88	消-胃	瘤胃-臌气	2								5	10		
89	循-血	贫血	2						5	5				
90	牙	磨牙	5		5	5		5				5		5
91		牙关紧闭	1					15						
92		咬合不全	1						10					
93	眼	对光反射减弱-消失	2							10		5		

续表 8 组

序	类	症(信息)	统	2	13	28	30	32	34	43	44	57	80	87
				牛流行热	疯牛病	酮病	卧倒不起征	牧草抽搐	佝偻病	维A缺乏症	维D缺乏症	产后瘫痪	霉麦芽根中毒	有机氯中毒
94		干病(泪腺细胞萎缩∨坏死∨鳞片化)	1							15				
95		视觉功能减弱-目盲	1							15				
96		畏光流泪	2	15									15	
97		夜盲	1							50				
98	眼睑	闪动	1											15
99	眼-角膜	发炎∨肥厚∨干燥∨混浊∨损伤	1							10				
100	眼球	突出	2							10			10	
101	眼瞬膜	露出	1					10						
102	眼瞳孔	对光反射消失	1									15		
103		散大	2							5		15		
104	运-步	跛行	3	5					5		15			
105		强拘∨僵硬	5	5					5		15	10	5	
106	运-动	盲目走动	1					10						
107	运骨	变形∨弯曲∨硬度降低∨脆软∨骨折	1						15					
108		掌骨∨跖骨肿大	1								15			
109	运-关节	强拘尤其跗关节	1										10	
110		球关节:弯曲	1									15		
111		膝关节:肿大	1								15			
112	运-后肢	呈鸡跛	1										15	
113		麻痹	2		5									10
114		向后移位	1				10							
115	运-肌	松弛	3					10					10	15
116	运-前肢	八字叉开	1										15	
117		屈曲卧地起不来	1			15								
118		弯曲向前方∨侧方	1								35			
119	运-四肢	长骨弯腕关节O形跗关节X形姿势	1						35					
120		关节近端肿大	1						10					
121		关节水肿∨疼痛∨僵硬	1	15										
122		划动∨游泳样	2					10					10	

续表 8 组

序	类	症(信息)	统	2	13	28	30	32	34	43	44	57	80	87
				牛流行热	疯牛病	酮病	卧倒不起征	牧草抽搐	佝偻病	维A缺乏症	维D缺乏症	产后瘫痪	霉麦芽根中毒	有机氯中毒
123		肌肉发颤∨强直痉挛	2					10				10		
124		乱蹬	1											10
125		末端冷凉∨厥冷	1									10		
126		伸展过度	1		15									
127		伸直无力平卧于地	1									10		
128		缩于腹下	1									10		
129	运-异常	冲撞墙壁∨障碍物	1			15								
130		踉跄∨不稳∨共济失调∨蹒跚	7	5	5	10		5		5		10		10
131		前奔∨后退	1			15								
132		无方向小心移步	1							10				
133		转圈	2		10	15								
134	运-站立	不起来∨不时企图站立	1				15							
135		不稳	4		10							10	5	10
136		困难	2	5			15							
137		时四肢叉开∨相互交叉	1			15								
138		无力负重∨球节呈突球状屈曲	1				35							
139		姿势异常	2		10								10	
140	运-肘肌	震颤	3	15									15	15

9 组　口吐白沫∨张口伸舌

序	类	症(信息)	统	4	16	32	78	80	81	87	88	91	101
				牛传鼻气管炎	食管梗塞	牧草抽搐	尿素中毒	霉麦芽根中毒	霉烂甘薯中毒	有机氯中毒	有机氟中毒	铅中毒	中暑
		ZPDS		21	10	20	12	19	24	12	10	23	17
1	口	吐白沫	7	10		5		15	5	5	5	10	
2	口	吐白沫持续1~2分钟	1			5							
3	口	张嘴∨张口伸舌	4		15		10		10				10
4	鼻孔	开张如喇叭状	2						15				10
5	鼻流-血	血样泡沫∨混血丝	1						15				
6	鼻流-液	白沫∨泡沫状	1					10					

续表 9 组

序	类	症(信息)	统	4 牛传鼻气管炎	16 食管梗塞	32 牧草抽搐	78 尿素中毒	80 霉麦芽根中毒	81 霉烂甘薯中毒	87 有机氯中毒	88 有机氟中毒	91 铅中毒	101 中暑
7	鼻流-液	鼻液	3	10				5	5				
8	鼻膜	高度充血∨溃疡∨白色干性坏死斑	1	15									
9	鼻膜	灰黄色小豆粒大脓疱	1	10									
10	病牛	高产奶牛	1			10							
11	病情	加重随氯毒物蓄积	1							15			
12	病因	食含铅物或被铅污染的饲料饮水	1									15	
13		食霉烂甘薯	1						15				
14		食霉麦芽根	1					15					
15		食尿素或其他非蛋白氮	1				15						
16		食含有机氟杀虫剂的植物	1								15		
17		食含有机氯农药的植物	1							15			
18	病预后	全身失衡被迫躺地	1							15			
19	呼出	腐臭味	1	15									
20	呼-咳嗽		1	10									
21	呼吸道	氨刺激症状	1				25						
22	呼吸道	阻塞-炎性渗出物	1	10									
23	呼吸	节律失调	1										10
24	呼吸	式-腹式	1					5					
25	呼吸	式-吸气延长	1						15				
26	呼吸-难	伴吭吭声如拉风箱	1						25				
27	呼吸-难	张口	1	10									
28	呼吸-难		3		10		25		15				
29	精神	不敏感∨感觉丧失∨反射减∨失	1				15						
30	精神	呆立不动∨离群呆立	1									10	
31	精神	对人追击∨横冲直撞∨过敏	1									25	
32	精神	烦躁不安	1										10
33	精神	反射功能亢进	1				10						
34	精神	昏迷	1										15
35	精神	昏睡∨嗜睡	1								5		
36	精神	惊厥	2	15		10							
37	精神	惊厥 1～2 分钟→安静-遇刺激再惊	1			15							
38	精神	恐惧∨惊恐∨惊慌	3					15			15	15	

续表 9 组

序	类	症(信息)	统	4 牛传鼻气管炎	16 食管梗塞	32 牧草抽搐	78 尿素中毒	80 霉麦芽根中毒	81 霉烂甘薯中毒	87 有机氯中毒	88 有机氟中毒	91 铅中毒	101 中暑
39	精神	狂暴Ⅴ狂奔乱跑	2								15	15	
40	精神	敏感Ⅴ对触觉Ⅴ对刺激Ⅴ对声音	3			35		15		10			
41	精神	爬越围栏-犊	1									15	
42	精神	神经症状	3	5		5						5	
43	精神	委靡与兴奋交替-兴奋为主	1	15									
44	精神	兴奋-短期Ⅴ过度	1										10
45	精神	意识丧失Ⅴ异常Ⅴ障碍	2			10							15
46	精神	挣扎易动	1										10
47	口	呃逆	1		15								
48	口唇	周围沾满唾液泡沫	1				10						
49	口-空嚼	持续1～2分钟	1			5							
50	皮弹性	降低Ⅴ丧失	1										15
51	身Ⅴ运	倒地站不起	1										15
52	身-背	两侧皮下气肿触诊发捻发音蔓延	1						25				
53	身-颤	抽搐Ⅴ抽搐倒地	3			10		10			10		
54	身-颤	痉挛抽搐-濒危期	1										15
55	身-颤	震颤Ⅴ颤抖Ⅴ战栗	5			15	25			10	5		15
56	身平衡	失去倒地	1							10			
57	身生长	慢长期吃低含铅草料	1									10	
58	身-臀肌	战栗-间歇性	1						10				
59	身-卧	被迫躺卧Ⅴ易跌倒-不能站起	1					10					
60	身-胸前	水肿	1					10					
61	身-姿	畸形长期吃低含铅草料-新犊	1									15	
62	声	吼叫	1									10	
63	声	尖叫	1								15		
64	声	仰头哞叫	1			15							
65	食管	半阻能咽唾液Ⅴ嗳气Ⅴ食水逆出	1		15								
66	食管	阻塞物上触有液体波动感	1		35								
67	食-咽下	障碍-饮水料渣从鼻孔逆出	1	15									
68	死	假死倒地-濒危期	1										15
69	死时	病0.5～1小时	1			10							
70	死时	病数分钟	1								10		

续表 9 组

序	类	症(信息)	统	4 牛传鼻气管炎	16 食管梗塞	32 牧草抽搐	78 尿素中毒	80 霉麦芽根中毒	81 霉烂甘薯中毒	87 有机氯中毒	88 有机氟中毒	91 铅中毒	101 中暑
71	体温	38℃~40℃	1						5				
72	体温	41℃~44℃	1										15
73	体温	体温下降	1										15
74	头	抵物∨抵碰障物(墙∨槽)不动	1									25	
75	头	仰姿∨抬头望天	1		15								
76	头-颌下	水肿∧不易消失	1					10					
77	头肌	震颤	1									15	
78	头颈	肌肉发颤∨强直痉挛	1			10							
79	头颈	伸直∨伸展	2		15				5				
80	头颈	食管摸到梗塞物	1		35								
81	头颈肌	强直∨震颤	1									15	
82	头-咽喉	发炎∨肿胀	1	10									
83	消-粪附	黏液∨假膜∨脓物∨蛋清∨绳管物	3	5				15	15				
84	消-粪干	干硬少∨血丝∨血凝块∨黑红色	1						15				
85	消-粪干	先便秘(干)后腹泻	1									15	
86	消-粪味	恶臭	1									15	
87	消-粪性	腐臭∨黑算盘珠状(硬)	1						15				
88	消-粪血	血丝∨血凝块	3	5				15	15				
89	消-腹	蹴腹∨踢腹	1									10	
90	消-腹	肌肉发颤∨强直痉挛	1			10							
91	消-腹痛		2								10	15	
92	消-瘤胃	触诊满干涸内容物∨坚硬	1						10				
93	消-胃	瘤胃-臌气	2		15		5						
94	消-胃肠	发炎	1									10	
95	消-胃管	探诊受阻-可知阻部	1		35								
96	循-脉	静脉塌陷	1										15
97	牙	牙关紧闭	2			15	10						
98	眼	畏光流泪	3	10				15	5				
99	眼	眨眼∨反射减弱∨消失	1									15	
100	眼睑	闪动	1							15			
101	眼睑	外翻∨肿∨水肿	1	15									
102	眼-角膜	充血∨浊∨白色坏死斑点 1~2.5 毫米	1	15									
103	眼-结膜	炎肿∨脓疱	1	10									

续表 9 组

序	类	症(信息)	统	4 牛传鼻气管炎	16 食管梗塞	32 牧草抽搐	78 尿素中毒	80 霉麦芽根中毒	81 霉烂甘薯中毒	87 有机氯中毒	88 有机氟中毒	91 铅中毒	101 中暑
104	眼球	突出	2					10	5				
105	眼球	转动-铚∨失明	1									15	
106	眼视力	减退∨视力障碍	1	10									
107	眼瞬膜	露出	1			10							
108	眼眵	黏脓性	1	10									
109	运	摔倒在地不能站	1				10						
110	运-动	盲目走动	2			10						10	
111	运-关节	强拘尤其跗关节∨后肢呈鸡跛	1					15					
112	运-后肢	麻痹	1							10			
113	运-踉跄	不稳∨共济失调∨蹒跚	3				10		15				5
114	运-前肢	八字叉开	1					15					
115	运-四肢	肌肉发颤∨强直痉挛	1			10							
116	运-四肢	乱蹬	1							10			
117	运-异常	转圈	1									10	
118	运-站立	不稳但不愿卧	1						15				
119	运-站立	姿势异常	1					10					
120	运-肘肌	间歇性战栗	1						10				
121	运-肘肌	震颤	2					15		15			
122	症反复	间歇期由长变短∧病情渐重	1							10			
123	殖-发情	表现为本病前驱症状	1			15							
124	殖-流产	早产	1						10				

10 组　口咀嚼不灵活∨空嚼

序	类	症(信息)	统	16 食管梗塞	24 瓣胃阻塞	32 牧草抽搐	34 佝偻病	35 骨软症	57 产后瘫痪	87 有机氯中毒	91 铅中毒
		ZPDS		13	18	28	20	23	27	19	29
1	口-咀嚼	不灵活	1				5				
2	口-咀嚼	空嚼持续 1～2 分钟	1			5					
3	口-咀嚼	空嚼	7	10	5	5		5	5	5	5
4	鼻镜	干∨皲裂	1		5						
5	鼻腔	狭窄	1				5				
6	病牛	高产奶牛	1			10					

续表 10 组

序	类	症(信息)	统	16	24	32	34	35	57	87	91
				食管梗塞	瓣胃阻塞	牧草抽搐	佝偻病	骨软症	产后瘫痪	有机氯中毒	铅中毒
7	病因	食含铅物或被铅污染的饲料饮水	1								15
8		食含有机氯农药的植物	1							15	
9	病预后	持久躺卧发生褥疮被迫淘汰	1					10			
10	身	全身失衡被迫躺地	1							15	
11	精神	不振∨委靡	4		5	5	5				5
12		沉郁∨抑制(高度∨极度)	2						10	5	
13		呆立不动∨离群呆立	1								10
14		冲撞∨追人∨感觉过敏(触摸∨音响)	1								15
15		昏睡∨嗜睡	1						35		
16		惊厥	1			10					
17		惊厥 1～2 分钟→安静-遇刺激再惊	1			15					
18		恐惊恐∨狂暴∨狂奔乱跑∨爬栏	1								15
19		不安∨兴奋(不安∨增强)	4	10		5			10	15	
20		意识丧失∨异常∨障碍	1			10					
21		敏感∨过敏-对触觉∨对刺激∨对声音	4			35	5		10	10	
22	口	采食不灵活	1				5				
23		呃逆	1	15							
24		吐白沫	3			5				5	10
25		张嘴∨张口伸舌	1	15							
26	口裂	不能完全闭合	1				10				
27	口	流涎	4	10		5				5	5
28	肋骨	念珠状肿-肋软骨连接处	1				35				
29	身-颤	抽搐∨抽搐-倒地	2			10	5				
30		震颤∨颤抖∨战栗	4		5	15	5			10	
31	身后躯	变形	1					10			
32		摇摆	1					10			
33	身脊背	凸起	1				10				
34	身-力	四肢无力左右摇晃摔倒	1						15		
35		无力∨易疲∨乏力	2						10	5	
36	身平衡	失去-倒地	1							10	
37	身生长	慢(长期吃低含铅草料)	1								10
38	身-卧	安然静卧几次挣扎而不能站起	1						15		

续表 10 组

序	类	症(信息)	统	16 食管梗塞	24 瓣胃阻塞	32 牧草抽搐	34 佝偻病	35 骨软症	57 产后瘫痪	87 有机氯中毒	91 铅中毒
39		瘫痪被迫躺卧地上∧企图站起	1						35		
40		卧地不起∨躺卧姿势	4		5	5			10		5
41	身-胸廓	变形∨隆起∨扁平	2				35	10			
42	身-腰	背腰凹下	1					15			
43	身-姿	畸形(长期吃低含铅草料)	1								15
44		角弓反张	3			10				10	5
45		犬坐姿势卧地后前肢直立后肢无力	1						15		
46	声	吼叫	1								10
47		仰头哞叫	1			15					
48		呻吟	2		5			5			
49	食管	半阻能咽唾液∨嗳气-故瘤胃臌气轻	1	15							
50		全阻饮水-从口流;采食从口逆出	1	15							
51		塞物上触有液体波动感	1	35							
52	食欲	异食(泥∨粪∨舔∨褥草∨铁∨木∨石)	2				15	15			
53		厌食∨废绝∨停止	1						10		
54	死因	治疗不及时∧呼吸中枢衰竭	1			15					
55		脱水衰竭	1		10						
56	头	抵物∨抵碰障物(墙∨槽)不动	1								25
57		偏于体躯一侧	1						15		
58		仰姿∨抬头望天	1	15							
59	头肌	震颤	1								15
60	头颈	肌群痉挛性震颤	1						10		
61		肌肉发颤∨强直痉挛	1			10					
62		静脉压降低∨凹陷	1						10		
63		伸直∨伸展	2	15				15			
64		食管摸到梗塞物	1	35							
65		弯曲S状	1						15		
66	头颈肌	强直∨震颤	1								15
67	头-颜面	隆起增宽	1				10				
68	尾椎骨	转位∨变软∨萎缩∨最末椎体消失	1					15			
69	消-粪附	白色黏液	1		35						
70	消-粪味	恶臭	2		10						15

续表 10 组

序	类	症(信息)	统	16 食管梗塞	24 瓣胃阻塞	32 牧草抽搐	34 佝偻病	35 骨软症	57 产后瘫痪	87 有机氯中毒	91 铅中毒
71	消-粪性	减少呈胶冻状∨黏浆状	1		15						
72	消-粪干	先便秘(干)后腹泻	1								15
73		便秘	3		35			5			5
74		干球-顽固粪状∨扁硬块状	1		35						
75	消-腹	蹴腹∨踢腹	1								10
76		肌肉发颤∨强直痉挛	1			10					
77	消-腹	腹痛	1								15
78	消-肛门	反射消失	1						10		
79		松弛	1						10		
80		直检紧缩∨空虚∨壁干涩	1		10						
81	消-胃	瓣胃-触诊∨叩诊显痛∧浊音区扩大	1		35						
82		瓣胃-蠕动听诊弱→消失	1		15						
83		瘤胃-臌气	2	15					10		
84	消-胃肠	发炎	1								10
85	消-胃管	探诊受阻-可知阻部	1	35							
86	消-直肠	直检紧缩∨空虚∨壁干涩	1		10						
87		直肠紧缩∨空虚∨壁干涩	1		10						
88	循-血	贫血	2				5	5			
89	牙	磨牙	6		5	5		5	5	5	5
90		牙关紧闭	1			15					
91		咬合不全	1				10				
92	眼	眨眼∨反射减弱∨消失∨转动∨失明	1								15
93	眼睑	闪动	1							15	
94	眼瞬膜	露出	1			10					
95	眼瞳孔	对光反射消失	1						15		
96		散大	1						15		
97	运-步	跛行	2				5	5			
98		幅短缩	1					10			
99		强拘∨僵硬	4				5	10	10		5
100	运-动	盲目走动	2			10					10
101	运骨	变形∨弯曲∨硬度降低∨脆软∨骨折	1				15				
102	运-关节	球关节:弯曲	1						15		

续表 10 组

序	类	症(信息)	统	16 食管梗塞	24 瓣胃阻塞	32 牧草抽搐	34 佝偻病	35 骨软症	57 产后瘫痪	87 有机氯中毒	91 铅中毒
103		肢腿关节:发出爆裂音响	1					15			
104	运-后肢	八字形	1					15			
105		麻痹	1							10	
106	运-肌	松弛	3			10				15	5
107	运-前肢	不时交互负重∨膝着地	1					15			
108	运-四肢	长骨弯腕关节O形跗关节X形姿势	1				35				
109		骨骼变形	1					10			
110		关节近端肿大	1				10				
111		划动∨游泳样	1			10					
112		肌肉发颤∨强直痉挛	2			10			10		
113		乱蹬	1							10	
114		伸直无力平卧于地∨缩于腹下∨端冷	1						10		
115	运-蹄尖	着地	1					10			
116	运-异常	踉跄∨不稳∨共济失调∨蹒跚	4			5			10	10	15
117	运-异常	转圈	1								10
118	运-站立	不能持久强迫站现全身颤抖	1					10			
119	运-肢	飞节内肿	1					10			
120	运-肘肌	震颤	1							15	
121	殖-发情	表现为本病前驱症状	1			15					

11 组　舌 异 常

序	类	症(信息)	统	1 口蹄疫	3 蓝舌病	5 牛黏膜病	8 炭疽	20 瘤胃臌气	41 硒缺乏症	57 产后瘫痪
		ZPDS		17	18	19	26	18	25	24
1	口-舌	豆大-核桃大水疱	1	15						
2		肌-变性吸乳	1						5	
3		糜烂∨溃疡	1			10				
4		伸舌∨吐舌	2					10		5
5		炎肿	1				15			
6		黏膜-潮红∨绀	1		10					

续表 11 组

序	类	症(信息)	统	1	3	5	8	20	41	57
				口蹄疫	蓝舌病	牛黏膜病	炭疽	瘤胃臌气	硒缺乏症	产后瘫痪
7	嗳气	减少∨消失∨功能紊乱	1					5		
8	鼻镜	糜烂	1			10				
9	鼻孔	附着黏性浓稠鼻液	1		5					
10	鼻膜	溃疡炎症	1		15					
11	鼻流-血	血样泡沫∨混血丝	2				25		10	
12	鼻流-液	黏液∨脓液	1						10	
13	病程	常于数小时	1				15			
14		1～3 周	1		5					
15		慢性∨较慢∨较长	1						10	
16	病发	突然	2				5		10	
17	病龄	幼龄	1			10				
18		青年牛	1			10				
19		犊牛	1						10	
20	病势	发病后 2～3 小时陷入虚脱态	1					15		
21	呼吸	功能障碍	1						15	
22	呼吸-难		1							10
23	精神	沉郁∨抑制(高度∨极度)	2				10			10
24		冲撞他物∨攀登饲槽	1				10			
25		昏睡∨嗜睡	1							35
26		恐惧∨惊恐∨惊慌	1				10			
27		不安∨兴奋(不安∨增强)	3				10	5		10
28		敏感∨过敏-对触觉∨对刺激∨对声音	1							10
29	口	溃疡炎症	1		15					
30		灼热	1	10						
31	口边	白色泡沫	1	10						
32	口唇	豆大-核桃大水疱	1	15						
33		糜烂∨溃疡	1			10				
34	口-颊	豆大-核桃大水疱	1	15						
35	口-流涎	含泡沫∨黏液	1				15			
36	口-流涎		4	15	5	5		10		
37	口-流血	泡沫样	1				25			
38	口色	潮红	2	10	10					
39		发绀	1		10					

续表 11 组

序	类	症(信息)	统	1	3	5	8	20	41	57
				口蹄疫	蓝舌病	牛黏膜病	炭疽	瘤胃臌气	硒缺乏症	产后瘫痪
40	口-硬腭	糜烂∨溃疡	1			10				
41		黏膜潮红∨绀	1		10					
42	毛	粗乱∨干∨无光∨褪色∨逆立∨脆	2			5			10	
43	皮-水疱	经 3 天破溃烂→愈合留瘢痕	1	15						
44	皮炭疽	痈:初硬固热→冷无痛坏溃	1				15			
45	乳房	水疱∨烂斑	1	15						
46	乳头	坏死∨糜烂∨水疱∨肿胀	1	15						
47	乳汁色	发红∨粉红	1	15						
48	身-汗	出汗∨全身出汗∨大出汗	2					5	10	
49	身后躯	全身麻痹∨脊柱弯曲	1						15	
50	身-力	无力∨易疲∨乏力	3		5				10	10
51	身生长	发育缓慢∨延迟∨不良	1						10	
52	身-臀肌	变硬∨肿胀	1						10	
53	身-卧	安然静卧几次挣扎而不能站后	1							15
54		被迫躺卧-不能站起	1						10	
55		瘫痪被迫躺卧地上∧企图站起	1							35
56		卧地不起∨躺卧姿势	3	5	5					10
57		喜卧-不愿意站	1						10	
58	身-胸前	皮肤松软处发生炭疽痈	1				10			
59	身-姿	犬坐姿势卧地后前肢直立后肢无力	1							15
60	身-左肷	臌气与腰椎横突齐平	1					35		
61	声	哞叫	1				10			
62	死因	休克含(虚脱∨低血容量)	1				5			
63		窒息	1					10		
64	体温 j	升高∨发热	2		5		10			
65	头	偏于体躯一侧	1							15
66		抬不起来	1						15	
67	头-咽	黏膜潮红∨绀	1		10					
68	头-咽喉	发炎∨肿胀	1				15			
69	头颈	弯曲 S 状肌群震颤∨静脉(压低∨凹陷)	1							10
70		伸直∨伸展	1					10		
71	头颈肌	变硬∨肿胀	1						10	
72	头颈下	皮肤松软处发生炭疽痈	1				10			

续表 11 组

序	类	症(信息)	统	1 口蹄疫	3 蓝舌病	5 牛黏膜病	8 炭疽	20 瘤胃臌气	41 硒缺乏症	57 产后瘫痪
73	消-反刍	停止 V 消失	5	5		5	5	5		10
74	消-粪附	黏液 V 假膜 V 脓物 V 蛋清 V 绳管物	1			15				
75	消-粪	浅灰色 V 恶臭 V 喷射状	1			15				
76	消-粪稀	稀 V 软 V 糊 V 泥 V 粥 V 痢 V 泻 V 稠	3		5	10			5	
77		稀如水 V 水样汤	1			15				
78	消-粪血	血丝 V 血凝块	3		10	15	5			
79	消-腹	蹴腹 V 踢腹	1					15		
80	消-腹痛		1					10		
81	消-腹围	膨大采食后 2～3 小时突发	1					15		
82	消-肛门	流血样泡沫	1				15			
83		松弛	1							10
84	消-胃	瘤胃-臌气	2				5			10
85		瘤胃-蠕动减弱 V 稍弱 V 次数少 V 慢	2					10		5
86		瘤胃-蠕动停止 V 消失	1					10		
87		瘤胃-听诊气泡破裂音	1					35		
88	牙-齿龈	豆大-核桃大水疱	1	15						
89		烂斑	1		10					
90		糜烂 V 溃疡	1			10				
91	眼-结膜	发绀	2				10	5		
92		小出血点	1				10			
93	眼瞳孔	散大 V 对光反射消失	1							15
94	运	卧-不能站立	1						10	
95	运-步	强拘 V 僵硬	2						5	10
96	运-关节	球关节:弯曲	1							15
97	运-四肢	侧伸	1						15	
98		肌肉发颤 V 强直痉挛	2						10	10
99		伸直无力平卧于地 V 缩于腹下 V 端冷	1							10
100	运-蹄	趾间:红肿热痛水疱-溃烂→脓	1	15						
101	运-蹄冠	红 V 炎 V 肿 V 痛 V 烂	3	15	5	5				
102	运-蹄匣	脱落	1	15						
103	运-异常	踉跄 V 不稳 V 共济失调 V 蹒跚	4				10	5	10	10
104		失调 V 功能障碍 V 失衡	1						15	
105		如醉酒摇晃间倒地	1				15			

续表 11 组

序	类	症(信息)	统	1 口蹄疫	3 蓝舌病	5 牛黏膜病	8 炭疽	20 瘤胃臌气	41 硒缺乏症	57 产后瘫痪
106	运-站立	不稳	1							10
107	殖	繁殖功能障碍∨降低	1						15	
108	殖-新犊	先天畸形∨缺陷:小脑不良∨瞎眼	1			15				
109		眼球震颤	1			15				
110		运动失调	2		5	15				
111	殖-阴门	流:血样泡沫	1				15			

12 组 (尿色∨尿性)异常∨尿难

序	类	症(信息)	统	2 牛流行热	4 牛传鼻气管炎	6 牛白血病	12 牛肺疫	15 钩端螺旋体病	28 酮病	29 妊娠毒血症	31 血红蛋白尿	35 骨软症	45 维E缺乏症	76 棉籽饼中毒	77 酒糟中毒	84 蕨中毒	85 栎树叶中毒	90 铜中毒
		ZPDS		17	26	17	14	12	24	20	13	20	14	20	13	24	18	9
1	尿色	暗褐	1	5														
2		淡红∨暗红∨赤褐色∨咖啡色	1								15							
3		淡黄色水样	1						15									
4		红-公牛	1											5				
5		红褐色	1										5					
6		黄	1				5											
7		清淡透明	1														5	
8		血红蛋白尿	3					15				5						10
9		血尿症∨血尿-间歇性	2												15	25		
10	尿性	排尿困难	1			10												
11		排尿姿势-屡屡做	1		5													
12		酸性反应	1							5								
13		酮反应强阳性	1							25								
14	鼻流-血	出血	1													15		
15	鼻流-液	鼻液∨黏液∨脓液	1		10													
16		黏液∨脓液	3	15			10										5	
17	鼻膜	充血∨溃疡∨白色干性坏死斑	1		15													
18		灰黄色小豆粒大脓疱	1		10													

续表 12 组

序	类	症(信息)	统	2 牛流行热	4 牛传鼻气管炎	6 牛白血病	12 牛肺疫	15 钩端螺旋体病	28 酮病	29 妊娠毒血症	31 血红蛋白尿	35 骨软症	45 维E缺乏症	76 棉籽饼中毒	77 酒糟中毒	84 蕨中毒	85 栎树叶中毒	90 铜中毒
19	病	酮病被(前胃弛缓∨乳房炎等)掩盖	1						10									
20	病伴发	产后病如酮病	1							10								
21	病牛	泌乳盛期高产奶牛群	1						10									
22	病史	有急性肺疫史	1				35											
23		有急性钩端病史	1					15										
24	病因-食	酒糟	1												15			
25		蕨类植物	1													15		
26		栎树叶幼叶∨新芽1周发病	1														15	
27		棉籽饼	1											15				
28		铜盐∨铜添加剂	1															15
29	病预后	持久躺卧发生褥疮被迫淘汰	1									10						
30		低于常温1周内死	1				10											
31		良好护理和饲养可趋好转	1				15											
32	耳	出血	1													15		
33	肺音-听	肺泡呼吸音粗粝∨呼吸音粗粝	1		10													
34		胸膜摩擦音∨支气管呼吸音	1				10											
35	呼	喘鸣声	1													15		
36		发吭吭声	1														10	
37		支气管炎	1		10													
38	呼出气	丙酮味	2						15	15								
39		腐臭味	1		15													
40	呼-咳嗽	频而无力∨间断性干性短咳	1				15											
41	精神	不安∨兴奋(不安∨增强)	1							5								
42		不敏感∨感觉丧失∨反射减∨失	1							15								
43		昏睡∨嗜睡	2							10						10		
44		惊厥	1		15													
45		苦闷	1	15														
46		狂暴∨狂奔∨乱跑∨敏感对(触∨刺激∨声)	2	5					15									
47		前冲后退	1														15	

续表 12 组

序	类	症(信息)	统	2 牛流行热	4 牛传鼻气管炎	6 牛白血病	12 牛肺疫	15 钩端螺旋体病	28 酮病	29 妊娠毒血症	31 血红蛋白尿	35 骨软症	45 维E缺乏症	76 棉籽饼中毒	77 酒糟中毒	84 蕨中毒	85 栎树叶中毒	90 铜中毒
48		委靡与兴奋交替-兴奋为主	1		15													
49	口	吐白沫	1		10													
50		有黄豆大溃疡	1														15	
51	口唇	出血	1													15		
52	口-流涎		3	15					15							10		
53	口黏膜	坏死	1					10										
54	淋巴结	(颈浅∨内脏∨体表)淋巴结肿大	1			15												
55		肿瘤	1			25												
56	尿-膀胱	壁增生∨黏膜肿瘤	1													25		
57	尿	频尿∨尿少	2								10		5					
58		频尿	2		5	10												
59	尿味	丙酮气味	1						50									
60	尿性	结石-公牛	1											10				
61		泡沫状	2						15		15							
62	皮坏死	破溃∨化脓∨坏死-久不愈合	1												10			
63	皮瘤	真皮层为主形成肉瘤-幼龄牛	1			35												
64	皮-黏膜	苍白∨淡染	4					15			10			10				10
65		潮红	1												5			
66		出血斑点∨针尖大-粟粒大	2					15								15		
67		发绀	2								10			10				
68		黄疸∨黄染	2			10				10								
69	乳	血乳	1													15		
70	乳房	发炎	1					10										
71	乳头	坏死∨糜烂	1								10							
72	乳汁色	红色-褐黄色	1					15										
73	乳汁味	挤出散发丙酮气味	1						15									
74	身	脱水	4						10					5	15			5
75	身-颤	站立时肌颤	1										5					
76		震颤∨颤抖∨战栗	2	15					10									
77	身-股内	出血斑点	1													15		

续表 12 组

序	类	症(信息)	统	2 牛流行热	4 牛传鼻气管炎	6 牛白血病	12 牛肺疫	15 钩端螺旋体病	28 酮病	29 妊娠毒血症	31 血红蛋白尿	35 骨软症	45 维E缺乏症	76 棉籽饼中毒	77 酒糟中毒	84 蕨中毒	85 栎树叶中毒	90 铜中毒
78	身-汗	带丙酮气味	1							15								
79	身-汗	血汗	1													15		
80	身后躯	全身麻痹	1										10					
81		变形	1									10						
82		不全麻痹	1						10									
83		运动障碍	1	15														
84	身-力	极虚俯卧不能站起	1				5											
85	身生长	发育缓慢∨延迟∨不良	1											10				
86	身-瘦	渐瘦	1					10										
87	身-水肿	无热痛由后躯向腹下-胸前蔓延	1														15	
88		有波动感针刺流出淡黄透明液体	1														15	
89	身-体表	出血	1													15		
90	身-体重	减轻	1						10									
91	身-卧	不自然	1													15		
92		横卧-地上被迫	2						15	15								
93		以头屈曲置肩胛处呈昏睡状	2						35	35								
94	身-胸廓	按压痛∨退避∨敏感	1				10											
95		变形∨隆起∨扁平	1									10						
96	身-胸腔	水平浊音∨积液	1				15											
97	身-胸腺	块状肿大∨邻近淋巴结肿大	1			15												
98	身-腰	背腰凹下	1									15						
99		拱腰姿势	1						10									
100	身-腋下	坏死	1					10										
101	身-站立	不安∨姿佝偻病	1											15				
102	身-姿	角弓反张	1		10													
103	声	呻吟	1							5								
104	食-采食	困难∨不能	1										10					
105	食-咽下	障碍-饮水料渣从鼻孔逆出	1		15													
106	食-饮欲	大增∨烦渴∨增加	1															10
107	食欲	厌食精料∨吃些饲草→拒青干草	1						15									

续表 12 组

序	类	症(信息)	统	2 牛流行热	4 牛传鼻气管炎	6 牛白血病	12 牛肺疫	15 钩端螺旋体病	28 酮病	29 妊娠毒血症	31 血红蛋白尿	35 骨软症	45 维E缺乏症	76 棉籽饼中毒	77 酒糟中毒	84 蕨中毒	85 栎树叶中毒	90 铜中毒
108		厌食青绿饲草	1														10	
109		异食(泥∨粪∨舔∨褥草∨铁∨木∨石)	2						5			15						
110	死因	心力衰竭∨心脏停搏∨循环衰竭	1										15					
111	体温	稽留热 2～3天	1	10														
112		间歇热型	1					10										
113	头	仰姿∨抬头望天	1							10								
114	头-喉	麻痹∨水肿	1													15		
115	头颈	伸直∨伸展	2				5					15						
116		伸直∨伸展	1		10													
117	头颈肌	变硬∨肿胀	1			10												
118	头-咽喉	发炎∨肿胀	1		10													
119		肌变性坏死	1										15					
120	尾	举尾做排尿姿势-公牛	1											15				
121	尾梢	坏死	1								10							
122	尾椎骨	转位∨变软∨萎缩∨最末椎体消失	1									15						
123	消-肠	发炎	1	15														
124	消-粪附	黏液∨假膜∨脓物∨蛋清∨绳管物	4											10	15		5	15
125	消-粪干	便秘	2	15								5						
126		干极少念珠状粪球	1														15	
127		干球→稀软→水样	1	15														
128		先便秘(干)后腹泻	2								15			10				
129	消-粪色	暗	2	15												5		
130		黑∨污黑∨黑红色∨褐红色	1							15								
131		绿色∨蓝色	1															15
132	消-粪味	恶臭	4								15			15	15		15	
133		腐臭	2			5				15								
134		腥臭	1														10	
135	消-粪稀	稀∨软∨糊∨泥∨粥∨痢∨泻∨稠	3		5	5				15								
136	消-粪性	多天不排粪	1														15	
137		停滞∨排球状少量干粪附黏液	1						15									

续表 12 组

序	类	症(信息)	统	2 牛流行热	4 牛传鼻气管炎	6 牛白血病	12 牛肺疫	15 钩端螺旋体病	28 酮病	29 妊娠毒血症	31 血红蛋白尿	35 骨软症	45 维E缺乏症	76 棉籽饼中毒	77 酒糟中毒	84 蕨中毒	85 栎树叶中毒	90 铜中毒
138	消-粪血	黑血液	2													5	15	
139	消-腹痛		4												10	15	5	15
140	消-肝	变性∨坏死	1										15					
141		叩诊界扩大	2								5		5					
142		叩诊界缩小	1										15					
143		压诊敏感∨痛	2								15		15					
144	消-肝炎	慢性增生	1											10				
145	消化	紊乱∨异常	2				10							10				
146	消-胃	瘤胃-臌气	1			10												
147		前胃-弛缓	2									10			5			
148	消-胃肠	发炎	3							15					10			15
149		可摸到肿大的内脏淋巴结	1			25												
150	循-心音	微弱∨心跳微弱	4				10						15	5			5	
151	循-血	出血素质(针孔∨虫叮∨外伤)出血不止	1													15		
152		贫血	4					10				5		10		15		
153	牙	松动∨脱落	1												15			
154	牙-齿龈	出血斑点	1													15		
155	眼	流泪	1	15														
156	眼	畏光	1	5														
157		畏光流泪	1		10													
158		夜盲	1											15				
159	眼睑	外翻∨肿∨水肿	1		15													
160	眼-角膜	充血∨混浊∨白色坏死斑点 1～2.5 毫米	1		15													
161	眼-结膜	黄染	2										15				10	
162		炎肿∨脓疱∨充血∨潮红	1		10													
163	眼-目光	凝视	1							15								
164	眼球	突出	1			10												
165	眼视力	减退∨视力障碍	1											15				
166		减退∨视力障碍	1		10													

续表 12 组

序	类	症(信息)	统	2 牛流行热	4 牛传鼻气管炎	6 牛白血病	12 牛肺疫	15 钩端螺旋体病	28 酮病	29 妊娠毒血症	31 血红蛋白尿	35 骨软症	45 维E缺乏症	76 棉籽饼中毒	77 酒糟中毒	84 蕨中毒	85 栎树叶中毒	90 铜中毒
167	眼眵	黏脓性	1		10													
168	运	卧-被迫横卧地上	1			10												
169	运-步	跛行	1			10												
170		幅短缩	1									10						
171	运骨	松∨脆∨裂∨折见(肋∨肢∨骨盆)	2									5			15			
172	运-关节	肢腿关节:发出爆裂音响	1									15						
173	运-后肢	八字形	1									15						
174		系部皮肤发红∨肿胀∨皮疹∨大疱∨溃疡∨痂皮	1												15			
175	运-肌	发抖	1											15				
176		深骨骼肌束营养变性∨坏死	1										15					
177	运-前肢	不时交互负重∨膝着地	1									15						
178		屈曲卧地起不来	1						15									
179	运-四肢	骨骼变形	1									10						
180		关节水肿∨疼痛∨僵硬	1	15														
181		划动∨游泳样	1		10													
182		系部出血斑点	1													15		
183	运-蹄	趾端坏死	1								10							
184	运-蹄尖	着地	1									10						
185	运-异常	失调∨功能障碍∨失衡	2	5										15				
186		转圈∨撞墙∨障碍物∨前奔∨后退	1						15									
187	运-站立	不能持久	2						10			10						
188		困难∨大腿肿块	1			10												
189		时四肢叉开∨相互交叉	1						15									
190	运-肢	飞节内肿	1									10						
191	运-肘肌	震颤	2	15			5											
192	殖-产道	恶露多量褐色腐臭	1							10								
193	殖-分娩	难产	1			15												

续表 12 组

序	类	症(信息)	统	2	4	6	12	15	28	29	31	35	45	76	77	84	85	90
				牛流行热	牛传鼻气管炎	牛白血病	牛肺疫	钩端螺旋体病	酮病	妊娠毒血症	血红蛋白尿	骨软症	维E缺乏症	棉籽饼中毒	酒糟中毒	蕨中毒	栎树叶中毒	铜中毒
194	殖-公牛	外生殖器异常	1		15													
195	殖-会阴	出血斑点	1													15		
196	殖-流产	死胎∨木乃伊胎	1		10													
197	殖-娩后	1～4 周骤然发病	1								10							
198		3 天内发病	1							10								
199		几天至数周	1						10									
200	殖-母牛	生殖道黏膜坏死	1					10										
201	殖-外阴	异常	1		15													

13 组　皮肤瘙痒

序	类	症(信息)	统	11	14	40	98	102
				牛副结核病	皮肤真菌病	锌缺乏症	皮蝇蛆病	荨麻疹
		ZPDS		17	17	19	16	13
1	皮瘙痒	不安局部疼痛(幼虫钻皮及移行致)	1				10	
2		粗糙	2	5		5		
3		剧烈-擦痒现出血糜烂	1		5			
4		突发(荨麻疹)	1					15
5	鼻端	干∨皲裂∨荨麻疹	1					5
6	鼻镜皮	角化不全∨肥厚∨弹性减退	1			5		
7	鼻-喷鼻	皮蝇骚扰致	1				15	
8	病季	全年	1	5				
9	耳根	皮角化不全∨干燥∨肥厚∨弹性减退	1			5		
10	精神	不安因皮蝇飞翔产卵致	1				35	
11		不安∨兴奋(不安∨增强)	2				10	5
12	口	舔吮自身	1					10
13	肋骨	塌陷	1	10				
14	流-传源	病牛待过的舍墙护栏饲槽床位	1		5			
15	毛	粗乱∨干∨无光∨褪色∨逆立∨脆	2	5				5

续表 13 组

序	类	症(信息)	统	11	14	40	98	102
				牛副结核病	皮肤真菌病	锌缺乏症	皮蝇蛆病	荨麻疹
16		脱毛	1			5		
17	皮瘢痕	虫寄生部位	1				10	
18	皮创伤	愈合延迟	1			15		
19	皮感觉	敏感-啃擦后	1					5
20	皮革	质量受损	1				10	
21	皮	石棉样∨增厚-苔藓样硬化	1		10			
22	皮痂	脱∨湿润血样糜烂直径 1～5 厘米秃斑	1		15			
23	皮角化	不全似犊牛的	1			15		
24	皮结节	豌豆大	1		5			
25	皮康复	病灶平坦痂皮脱落长出新毛永不感染	1		10			
26	皮鳞屑	鲜红∨暗红	1		5			
27	皮色	无色素处红色→色淡∧边缘仍红	1					5
28	皮下	瘘管经常流脓-直到幼虫移出愈合	1				15	
29		血肿∨化脓蜂窝织炎-见幼虫寄生	1				35	
30	皮疹块	触摸紧张无液体渗出也无损伤	1					15
31		瘙痒明显-此起彼落反复发作	1					10
32		顶部扁平∨突起于表面	1					15
33		消失几小时内至 4 天(不消失)	1					10
34		迅现 0.5～5 厘米形(圆形∨环形∨椭圆形)	1					15
35	乳房炎	厚隆∨脱毛∨灰屑∨痂	1		15			
36	乳房皮	钱癣:疹圆∨不整	1		15			
37	乳-量	减少∨无	2	10			5	
38	身-尻	狭尻屁股尖削	1	25				
39	身-全身	皮钱癣:疹圆∨不整	1		15			
40		皮炎∨厚隆∨脱毛∨灰屑∨痂	1		15			
41	身生长	发育缓慢∨延迟∨不良	1				5	
42	身-瘦	渐进性消瘦∨极度消瘦	1	15				
43	身-体重	停增-持续 2 周	1			15		
44	身臀胸背	皮钱癣:疹圆∨不整	1		15			
45		炎∨厚隆∨脱毛∨灰屑∨痂	1		15			

续表 13 组

序	类	症(信息)	统	11 牛副结核病	14 皮肤真菌病	40 锌缺乏症	98 皮蝇蛆病	102 荨麻疹
46	食-采食	受影响(皮蝇骚扰致)	1				15	
47	食-饮欲	大增Ⅴ烦渴Ⅴ增加	1	10				
48	头-咽	炎幼虫移行致	1				15	
49	头颈	疹圆Ⅴ不整:炎Ⅴ厚隆Ⅴ脱毛Ⅴ灰屑Ⅴ痂	1		15			
50	尾竖起	奔逃(皮蝇骚扰致)	1				15	
51	消-粪附	黏液Ⅴ假膜Ⅴ脓物Ⅴ蛋清Ⅴ绳管物	1	10				
52	消-粪味	恶臭	1	10				
53	消-粪性	喷射状Ⅴ泡沫Ⅴ附气泡	1	10				
54		污(后躯Ⅴ后肢Ⅴ尾Ⅴ乳房)	1	15				
55	消-粪稀	(持续性Ⅴ顽固性)腹泻	1	15				
56	消-粪干	便秘-腹泻交替	1	10				
57	消-粪血	血丝Ⅴ血凝块	1	10				
58	消-腹	蹴腹Ⅴ踢腹	2				5	5
59		蹴踢皮蝇骚扰致	1				15	
60	消-肛门	失禁	1	10				
61	循-血	贫血	3	5	5		5	
62	眼周	疹圆Ⅴ不整:炎Ⅴ厚隆Ⅴ脱毛Ⅴ灰屑Ⅴ痂	1		15			
63	运	强拘Ⅴ僵硬Ⅴ骨发育异常	1			10		
64	运-关节	僵硬Ⅴ肿大Ⅴ后肢弯曲	1			10		
65		膝皮角化不全Ⅴ干Ⅴ肥厚Ⅴ弹性减	1			10		
66	运-四肢	乏力	1			10		
67	运-蹄皮	皲裂	1			10		
68	殖	繁殖功能障碍Ⅴ降低	1			15		
69	殖-发情	不含长期Ⅴ周期延长Ⅴ延迟	1			15		
70	殖-公牛	性欲(减Ⅴ无)Ⅴ睾丸小Ⅴ阴囊皮炎	1			15		
71	殖-会阴	癣疹Ⅴ炎Ⅴ厚隆Ⅴ脱毛Ⅴ灰屑Ⅴ痂	1		15			
72	殖-母牛	牛群性周期紊乱	1			15		
73	殖-胎儿	畸形	1			5		
74	殖-阴门	皮角化不全Ⅴ干燥Ⅴ肥厚Ⅴ弹性减退	1			15		
75	殖-孕	屡配不孕	1			10		

14组　黏膜黄

序	类	症(信息)	统	6 牛白血病	15 钩端螺旋体病	22 瘤胃角化不全	29 妊娠毒血症	31 血红蛋白尿	76 棉籽饼中毒	77 酒糟中毒	79 黄曲霉中毒	90 铜中毒	95 泰勒虫病
		ZPDS		25	15	9	21	15	26	20	18	12	12
1	皮-黏膜	黄疸∨黄染	9	10	15	10	10	10	15	10	15	10	
2		黄红色	1										10
3	鼻镜	干∨皲裂	2								5		5
4	病伴发	产后病如酮病	1				10						
5	病程	慢性∨较慢∨较长	1			10							
6	病季	有蜱季	1										10
7	病牛	带虫免疫达2~6年	1										10
8	病情	加剧-虫体大量进入红细胞	1										10
9	病史	有急性钩端病史	1		15								
10	病因-食	被霉菌污染的饲料	1								15		
11		酒糟	1							15			
12		棉籽饼	1						15				
13		铜盐∨铜添加剂	1									15	
14	耳尖	干性坏疽∨坏死∨脱落	2		10			10					
15	呼出气	丙酮味	1				15						
16	呼吸	瘤块压迫性呼吸	1	15									
17		困难	2		5	5							
18	精神	昏睡∨嗜睡	1				10						
19		恐惧∨惊恐∨惊慌∨盲目徘徊	1								10		
20		不安∨兴奋(不安∨增强)	3				5		10	10			
21		不敏感∨感觉丧失∨反射减∨失	1				15						
22	口黏膜	坏死	1		10								
23	淋结肿	肿瘤∨(颈浅∨内脏∨体表)淋肿	1	15									
24	流行	在牧区∧身上叮有蜱	1										15
25	尿量	频	2	10				10					
26	尿少	淡红∨暗红∨赤褐色∨咖啡色	1					15					
27		血红蛋白尿	2		15							10	
28		血尿症∨血尿-间歇性	1							15			

续表 14 组

序	类	症(信息)	统	6 牛白血病	15 钩端螺旋体病	22 瘤胃角化不全	29 妊娠毒血症	31 血红蛋白尿	76 棉籽饼中毒	77 酒糟中毒	79 黄曲霉中毒	90 铜中毒	95 泰勒虫病
29	尿性	结石-公牛	1						10				
30		排尿困难	1	10									
31		泡沫状	1					15					
32		酮反应强阳性	1				25						
33	皮坏死	破溃V化脓V坏死-久不愈合	1							10			
34	皮瘤	真皮层为主形成肉瘤-幼龄牛	1	35									
35	皮-黏膜	出血斑点V针尖大-小米粒大	1		15								
36		发绀	3	10				10	10				
37	皮疹块	荨麻疹样皮疹(幼龄牛)	1	15									
38	乳房	发炎	1		10								
39	乳头	坏死V糜烂	1					10					
40	乳汁色	红色-褐黄色	1		15								
41	身	脱水	3						5	15		5	
42	身-背	肿块	1	10									
43	身-汗	带丙酮气味	1				15						
44	身-臀	肿块	1	10									
45		横卧-地上被迫	1				15						
46		以头屈曲置肩胛处-昏睡状	1				35						
47	身-胸腺	块状肿大	1	15									
48		邻近淋巴结被害肿大	1	15									
49	身-腋下	坏死	1		10								
50	身-站立	不安	1						15				
51	身-姿	佝偻病	1						10				
52	声	呻吟	3				5		5		5		
53	食-饮欲	大增V烦渴V增加	1									10	
54	食欲	时好时差	2			10				10			
55		偏嗜粗饲V异嗜,如舔舐自身V互舔	1			15							
56		厌食V废绝V停止	3						10		5	10	
57	头	仰姿V抬头望天	1				10						
58	头颈肌	变硬V肿胀	1	10									
59	尾	举尾	1						5				
60		举尾做排尿姿势-公牛	1						15				

续表 14 组

序	类	症(信息)	统	6 牛白血病	15 钩端螺旋体病	22 瘤胃角化不全	29 妊娠毒血症	31 血红蛋白尿	76 棉籽饼中毒	77 酒糟中毒	79 黄曲霉中毒	90 铜中毒	95 泰勒虫病
61	尾梢	坏死	1					10					
62	消-反刍	减少∨减弱∨弛缓	2		5						5		
63		停止∨消失	4		5				5		5		5
64	消-粪附	黏液∨假膜∨脓物∨蛋清∨绳管物	5						10	15	15	15	15
65	消-粪色	黑∨污黑∨黑红色∨褐红色	2				15					10	
66		绿色∨蓝色	1									15	
67	消-粪味	恶臭	5	5			15	15	15	15			
68	消-粪性	里急后重	1								15		
69	消-粪稀	稀∨软∨糊∨泥∨粥∨痢∨泻∨稠	7	5			15		10	15	10	10	5
70	消-粪	先便秘(干)后腹泻∨交替	4			5		15	10				5
71	消-粪血	血丝∨血凝块	3	5							15		15
72	消-腹	触诊敏感∨叩诊界扩大	2			15		5					
73	消-腹腔	穿刺液浑浊发腐败臭气∧含絮状物	1			25							
74	消-腹痛	蹴腹∨踢腹	3							10	10	15	
75	消-肝	压诊敏感∨痛	1					15					
76	消化	不良-顽固性的	2			15				5			
77		紊乱∨异常	1						10				
78	消-胃	瘤胃-臌气	1	10									
79	消-胃肠	发炎	3				15			10		15	
80		贫血	2		10				10				
81		稀薄不易凝固	1										15
82	牙	磨牙	3				5		5		5		
83		松动∨脱落	1							15			
84	眼	夜盲	1						15				
85	眼-目光	凝视	1				15						
86	眼球	突出	1	10									
87	眼视力	减退∨视力障碍	1						15				
88	眼窝	下陷	2						5	10			
89	运	卧-被迫横卧地上	1	10									
90	运-步	跛行	2	10						10			
91	运骨	松∨脆∨裂∨折见(肋∨肢∨骨盆)	1							15			

续表 14 组

序	类	症(信息)	统	6 牛白血病	15 钩端螺旋体病	22 瘤胃角化不全	29 妊娠毒血症	31 血红蛋白尿	76 棉籽饼中毒	77 酒糟中毒	79 黄曲霉中毒	90 铜中毒	95 泰勒虫病
92	运-后肢	系部皮肤发红∨肿胀∨皮疹∨大疱∨溃疡∨痂皮	1							15			
93	运-肌	发抖	1						15				
94	运-蹄	趾端坏死	1					10					
95	运-异常	踉跄∨不稳∨共济失调∨蹒跚	4	10			10	5		5			
96		失调∨功能障碍∨失衡	1						15				
97		转圈	1								10		
98	运-站立	不安(犊)	1								10		
99		困难	1	10									
100	运-肢	大腿肿块	1	10									
101	症	成牛比犊轻	1								15		
102	殖-产道	恶露多量褐色腐臭	1				10						
103	殖-分娩	难产	1	15									
104	殖-流产	(努责招致胎动)	4		10				5	5	5		
105	殖-子宫	子宫瘤	1	15									
106	殖-娩后	1~4 周骤然发病	1					10					
107		3 天内发病	1				10						
108	殖-母牛	生殖道黏膜坏死	1		10								

15 组　乳房异常∧泌乳异常

序	类	症	统	4 牛传鼻气管炎	11 牛副结核病	14 皮肤真菌病	15 钩端螺旋体病	18 前胃弛缓	23 创伤性网胃炎	29 妊娠毒血症	31 血红蛋白尿	43 维A缺乏症	50 乳头状瘤	61 子宫内膜炎	67 腐蹄病	74 亚硝酸盐中毒	81 霉烂甘薯中毒	83 麦角中毒
		ZPDS		22	17	21	18	13	15	19	20	14	8	8	10	13	19	20
1	**乳房**	**发炎**	4			15	10					5	10					
2	**奶-量**	**减少∨下降∨大减∨骤减**	8	5	10		5			5	5	5			10		10	
3		**停止∨无奶∨丧失**	8	5	10			5	5	5				5	10		10	
4	奶	稀薄黄色汤样∨脓样	1							5								
5	乳房	厚隆∨灰屑∨痂	1			15												
6		冷凉	1								5							

续表 15 组

序	类	症	统	4 牛传鼻气管炎	11 牛副结核病	14 皮肤真菌病	15 钩端螺旋体病	18 前胃弛缓	23 创伤性网胃炎	29 妊娠毒血症	31 血红蛋白尿	43 维A缺乏症	50 乳头状瘤	61 子宫内膜炎	67 腐蹄病	74 亚硝酸盐中毒	81 霉烂甘薯中毒	83 麦角中毒
7		瘤(多形)	1										10					
8		乳头瘤挤奶+环境污染	1										10					
9		松软	1				5											
10		脱毛	1			15												
11		肿-水肿	1		5													
12	乳房皮	钱癣:疹圆∨不整	1			15												
13	乳房色	淡紫	1													15		
14	乳中	混凝乳块	1				5											
15	乳-挤奶	困难(尤其机器挤奶-难放乳杯)	1										10					
16	乳头	苍白	1													15		
17		淡紫	1													15		
18		坏死∨糜烂	1								10							
19		色淡∨异常贫血	1															10
20	乳头瘤	不侵害乳管	1										5					
21		多形	1										10					
22		牛痛(外力+瘤损伤+扯掉)	1										15					
23	乳汁色	红色-褐黄色	1				15											
24	鼻端	冷凉	1					5										
25	鼻孔	开张如喇叭状∨流血混泡沫	1														15	
26	鼻膜	高度充血∨溃疡∨白色干性坏死斑	1	15														
27		灰黄色小豆粒大脓疱	1	10														
28	耳尖	干性坏疽∨坏死∨脱落	3				10				10							15
29	耳尖	黑紫∨红肿硬∨敏感∨无感觉	1															15
30	耳聋	间歇性	1															10
31	呼出气	丙酮味	1							15								
32		腐臭味∨呼吸道阻塞-炎	1	15														
33	呼吸式	吸气延长	1														15	
34	呼吸-难	伴吭吭声如拉风箱	1														25	

续表 15 组

序	类	症	统	4 牛传鼻气管炎	11 牛副结核病	14 皮肤真菌病	15 钩端螺旋体病	18 前胃弛缓	23 创伤性网胃炎	29 妊娠毒血症	31 血红蛋白尿	43 维A缺乏症	50 乳头状瘤	61 子宫内膜炎	67 腐蹄病	74 亚硝酸盐中毒	81 霉烂甘薯中毒	83 麦角中毒
35		张口	1	10														
36	精神	癫痫发作	1									5						
37		昏迷∨麻痹-暂时性	1															10
38		惊厥	3	15								5						15
39		委靡与兴奋交替-兴奋为主	1	15														
40		眩晕∨晕厥	1									5						
41		中枢神经系统兴奋型	1															15
42		不敏感∨感觉丧失∨反射减∨失	1							15								
43	口	不洁	1					15										
44		张嘴∨张口伸舌	1														10	
45		周环状坏死损伤∧不扩展到口	1															15
46	口-流涎	含泡沫∨黏液	2													10	5	
47	口味	恶臭	1					15										
48	口黏膜	坏死	1				10											
49	肋骨	塌陷	1		10													
50	流-传源	病牛	2	5		5												
51	尿量	少	2								10					5		
52	尿色	淡红∨暗红∨赤褐色∨咖啡色	1								15							
53		血红蛋白尿	1				15											
54	尿性	排尿姿势-屡屡做	1	5														
55		泡沫状	1								15							
56		酮反应强阳性	1							25								
57	皮-病健	分离脱落	1															15
58	皮感觉	减退∨消失∨增强减弱交替	1															10
59	皮痂皮	石棉样	1			10												
60		脱-糜烂面直径 1～5 厘米秃斑	1			15												
61	皮结节	豌豆大	1			5												
62	皮康复	痂皮脱落长出新毛	1			10												
63	皮鳞屑	鲜红∨暗红	1			5												
64	皮瘤	突起	1										10					

续表 15 组

序	类	症	统	4 牛传鼻气管炎	11 牛副结核病	14 皮肤真菌病	15 钩端螺旋体病	18 前胃弛缓	23 创伤性网胃炎	29 妊娠毒血症	31 血红蛋白尿	43 维A缺乏症	50 乳头状瘤	61 子宫内膜炎	67 腐蹄病	74 亚硝酸盐中毒	81 霉烂甘薯中毒	83 麦角中毒
65	皮瘙痒	粗糙	1		5													
66		剧烈-擦痒现出血糜烂	1			5												
67	皮-黏膜	苍白∨淡染	3		5		15				10							
68		出血斑点∨针尖大-小米粒大	1				15											
69		黄疸∨黄染	3				15			10	10							
70	乳房色	苍白∨淡染∨贫血	3								5					15		10
71	身-背	两侧皮下气肿触诊发捻发音∧蔓延	1														25	
72	身-汗	带丙酮气味	1							15								
73	身-尻	狭尻屁股尖削	1		25													
74	身末梢	坏疽	1															15
75	身-全身	惊厥癫痫发作	1															10
76		皮钱癣:疹圆∨不整	1			15												
77		皮炎∨厚隆∨脱毛∨灰屑∨痂	1			15												
78	身-瘦	渐瘦	3		15	5	10											
79	身-臀	皮钱癣:疹圆∨不整	1			15												
80		炎∨厚隆∨脱毛∨灰屑∨痂	1			15												
81	身-臀肌	战栗-间歇性	1														10	
82	身-卧	被迫躺卧-不能站起	1													10		
83		横卧-地上被迫	1							15								
84	身-卧	横卧-时苦闷不安呻吟磨牙	1						15									
85		以头屈曲置肩胛处呈昏睡状	1							35								
86	身-胸背	皮钱癣:疹圆∨不整	1			15												
87		炎∨厚隆∨脱毛∨灰屑∨痂	1			15												
88	身-腋下	淡染∨苍白	1								5							
89		坏死	1				10											
90	身-左肷	凹陷	1					15										
91	声	对声过敏	1									5						
92	食-咽下	障碍-饮水料渣从鼻孔逆出	1	15														
93	食-饮欲	大增∨烦渴∨增加	1		10													
94	食欲	时好时差	1					15										

续表 15 组

序	类	症	统	4 牛传鼻气管炎	11 牛副结核病	14 皮肤真菌病	15 钩端螺旋体病	18 前胃弛缓	23 创伤性网胃炎	29 妊娠毒血症	31 血红蛋白尿	43 维A缺乏症	50 乳头状瘤	61 子宫内膜炎	67 腐蹄病	74 亚硝酸盐中毒	81 霉烂甘薯中毒	83 麦角中毒
95	食欲-偏	仅偏嗜草料采食少许,随之食欲废绝	1					15										
96	体温	36℃以下	1								10							
97		热(短暂)	1		5													
98		间歇热型	1				10											
99	头	垂头∨低下∨低头耷耳	1														5	
100		抵物∨抵碰障物(墙∨槽)不动	1									5						
101		仰姿∨抬头望天	1							10								
102	头颈	静脉-怒张如条索状	2													5	5	
103		钱癣:疹圆∨不整:炎∨厚隆∨脱毛∨屑痂	1			15												
104	头颈肌	抽搐	1							5								
105	头-下颚	水肿	1		5													
106	尾	红肿硬∨敏感∨无感觉∨黑紫	1															15
107		坏死脱落∨干性坏疽	1															15
108		举尾	1											5				
109	尾梢	坏死	1								10							
110	消-肠	蠕动音减弱∨消失	1					10										
111	消-肠	音弱	1														5	
112	消反刍	减少∨减弱∨弛缓	3				5	10	10									
113		痛苦低头伸颈	1						15									
114		紊乱∨异常∨不规律	2						10		5							
115	消粪干	便秘	1						10									
116		干	1					15										
117	消粪干	先便秘(干)后腹泻	1								15							
118	消-粪色	暗	1					15										
119		黑∨污黑∨黑红色∨褐红色	3						35	15							15	
120	消-粪味	恶臭	3		10					15	15							
121		腐臭	1														15	
122	消-粪稀	(持续顽固)腹泻∨喷射状	1		15													
123	消-粪性	黑算盘珠状(硬)	1														15	

续表 15 组

序	类	症	统	4 牛传鼻气管炎	11 牛副结核病	14 皮肤真菌病	15 钩端螺旋体病	18 前胃弛缓	23 创伤性网胃炎	29 妊娠毒血症	31 血红蛋白尿	43 维A缺乏症	50 乳头状瘤	61 子宫内膜炎	67 腐蹄病	74 亚硝酸盐中毒	81 霉烂甘薯中毒	83 麦角中毒
124		泡沫∨附气泡	1		10													
125		时苦闷不安呻吟磨牙	1						15									
126		污(后躯∨后肢∨尾∨乳房)	1		15													
127	消-腹	腹痛	1													10		
128	消-肝	压诊敏感∨痛	1								15							
129	消-肛门	失禁	1		10													
130	消-胃	瘤胃-触诊满干涸内容物∨坚硬	1														10	
131		瘤胃-触诊硬度:稍软∨稍硬	1					15										
132		瘤胃-蠕动-时有时无	1					15										
133		异物退症减∨刺伤其他组织病加重	1						10									
134	循-脉	颈静脉-怒张	1								5							
135	眼	对光反射减弱-消失	1									10						
136		干病(泪腺细胞萎缩∨坏死∨鳞片化)	1									15						
137		视觉功能减弱-目盲	1									15						
138		畏光	1	10														
139		夜盲	1									50						
140	眼检	视网膜淡蓝色∨粉红色	1									15						
141	眼睑	外翻∨肿∨水肿∨充血	1	15														
142	眼-角膜	白色坏死斑点 1～2.5 毫米	1	15														
143		发炎∨损伤∨肥厚∨干燥	1									15						
144	眼-结膜	脓疱∨炎肿	1	10														
145	眼-目光	目盲-间歇性	1															10
146		凝视	1							15								
147	眼球	震颤	1							5								
148	眼视力	减退∨视力障碍	1	10														
149	眼窝	下陷	1		5													
150	眼周	皮钱癣:疹圆∨不整∨厚隆∨脱毛∨灰屑∨痂	1			15												
151	眼眵	黏脓性	1	10														
152	运	卧下时:小心翼翼	1						35									

续表 15 组

序	类	症	统	4 牛传鼻气管炎	11 牛副结核病	14 皮肤真菌病	15 钩端螺旋体病	18 前胃弛缓	23 创伤性网胃炎	29 妊娠毒血症	31 血红蛋白尿	43 维A缺乏症	50 乳头状瘤	61 子宫内膜炎	67 腐蹄病	74 亚硝酸盐中毒	81 霉烂甘薯中毒	83 麦角中毒
153	运-步	跛行	2												10			5
154		迟滞强迫运动	1						15									
155		痛感	1												10			
156		下坡时:小心翼翼	1						35									
157	运-后肢	下端红肿硬∨敏感∨无感觉∨黑紫∨干疽	1															15
158	运-肌	松弛	1													10		
159	运-四肢	乏力∨无力∨运步无力	1													10		
160		划动∨游泳样	1	10														
161	运-蹄	环状坏死∨表面似口蹄疫	1															15
162		深部病脓肿∨瘘管(流臭脓)	1												35			
163		趾端坏死	1								10							
164		趾间皮肤红∨肿∨敏感	1												15			
165	运-蹄冠	红∨炎∨肿∨痛∨烂	1												15			
166	运-蹄壳	脱落腐烂变形	1												35			
167	运-异	强迫运动蹒跚	1													5		
168		无方向小心移步	1									10						
169	运-站立	不稳但不愿卧	1														15	
170		不愿动	1						15									
171		时间短	1												10			
172	运-肢	病后频频提举∨敲打地面	1												10			
173	运-肘	外展	1						15									
174	运-肘肌	间歇性战栗	1														10	
175		震颤	1						15									
176	症	较轻	1				5											
177	殖-产道	恶露多量褐色腐臭	1							10								
178	殖-发情	不含长期	1											5				
179	殖-公牛	外生殖器红肿∨脓肿	1	10														

续表 15 组

序	类	症	统	4 牛传鼻气管炎	11 牛副结核病	14 皮肤真菌病	15 钩端螺旋体病	18 前胃弛缓	23 创伤性网胃炎	29 妊娠毒血症	31 血红蛋白尿	43 维A缺乏症	50 乳头状瘤	61 子宫内膜炎	67 腐蹄病	74 亚硝酸盐中毒	81 霉烂甘薯中毒	83 麦角中毒
180	殖-会阴	癣疹∨脱毛∨灰屑∨痂	1			15												
181	殖-娩后	1～4 周骤然发病	1								10							
182	殖-娩后	3 天内发病	1							10								
183	殖-母牛	生殖道黏膜坏死	1				10											
184	殖-胎儿	木乃伊胎	1	10														
185	殖-外阴	异常∨阴道异常	2	15										15				
186		宫颈口开张 1～2 指	1											15				
187	殖-阴检	阴道内有分泌物∨红	1											15				
188	殖-阴门	流:分泌物条状黏液脓性	1	10														
189	殖-孕	屡配不孕	1											10				
190	殖-子宫	异常	1											15				
191	病伴发	产后病如酮病	1							10								
192	病史	有钩端螺旋体病史	1				15											
193	病因-食	发霉麦类	1															15
194		烂菜类	1													10		
195		霉烂甘薯	1														15	

16 组 弓 腰

序	类	症(信息)	统	35 骨软症	44 维D缺乏症	61 子宫内膜炎	66 蹄变形	70 蹄叶炎	75 淀粉渣浆中毒	80 霉麦芽根中毒	82 霉稻草中毒	89 慢性氟中毒	100 创伤性心包炎
		ZPDS		21	17	7	12	16	19	26	19	17	15
1	身-背	弓腰	10	5	15	5	5	5	5	5	5	5	10
2	鼻膜	烂斑蚕豆大∨鼻流鲜红血—侧	1								10		
3	鼻流-液	白沫∨泡沫状	1							10			
4	病因-食	过量淀粉渣(浆)	1						10				
5		霉稻草	1								15		
6		霉麦芽根	1							15			

续表 16 组

序	类	症(信息)	统	35 骨软症	44 维D缺乏症	61 子宫内膜炎	66 蹄变形	70 蹄叶炎	75 淀粉渣浆中毒	80 霉麦芽根中毒	82 霉稻草中毒	89 慢性氟中毒	100 创伤性心包炎
7		饮用含氟高的草料和水	1									15	
8	病预后	持久躺卧发生褥疮被迫淘汰	1	10									
9	耳尖	病健界明Ⅴ死皮干硬暗褐脱留耳基	1								25		
10		干性坏疽Ⅴ坏死Ⅴ脱落	1								15		
11	呼吸	腹式呼吸	2							5			5
12		困难	2		5								10
13	精神	不振Ⅴ委靡	1						5				
14		沉郁	4		5	5			5		5		
15		沉郁Ⅴ抑制(高度Ⅴ极度)	1										10
16		呆立不动Ⅴ离群呆立	1		5								
17		恐惧Ⅴ惊恐Ⅴ惊慌	1							15			
18		敏感(对触觉Ⅴ对刺激Ⅴ对声音)	2		5					15			
19	口	吐白沫	1							15			
20	肋骨	两侧有鸡卵大的骨赘	1									15	
21	皮坏死	出血Ⅴ腥臭Ⅴ溃脓Ⅴ流黄色液	1								15		
22		皮紧箍骨干木棒状Ⅴ皮骨分离如靴	1								25		
23	皮肿	蔓延到(肩胛Ⅴ股部)肿消皮如龟板	1								25		
24	身-颤	抽搐Ⅴ抽搐-倒地	2		10					10			
25		震颤Ⅴ颤抖Ⅴ战栗	1		10								
26	身后躯	摇摆Ⅴ变形	2	10					5				
27	身-全身	僵直	1					10					
28	身生长	发育缓慢Ⅴ延迟Ⅴ不良	1		5								
29	身-卧	被迫躺卧-不能站起	2		15					10			
30		不愿走动	1										15
31		四肢伸直呈躺卧姿势	1					5					
32		卧地不起Ⅴ躺卧姿势	1						10				
33		卧习改变多站立	1										15
34		易跌倒极难站起	1							10			
35	身-胸垂	水肿	1										5

续表 16 组

序	类	症(信息)	统	35 骨软症	44 维D缺乏症	61 子宫内膜炎	66 蹄变形	70 蹄叶炎	75 淀粉渣浆中毒	80 霉麦芽根中毒	82 霉稻草中毒	89 慢性氟中毒	100 创伤性心包炎
36	身-胸廓	变形∨隆起∨扁平	2	10	15								
37	身-胸前	水肿	1							10			
38	身-腰	腰荐凹陷	1									15	
39		背腰凹下	1	15									
40	身-姿	异常	1		15								
41	身-坐骨	肿大向外突出	1									15	
42	食欲	异食(泥∨粪∨舔∨褥草等)	2	15					10				
43		只吃一些新鲜青绿饲草	1						15				
44		厌食∨废绝∨停止	2			5						5	
45	头骨	肿大	1									15	
46	头-颌下	水肿∧不易消失	1							10			
47	头颈	静脉波动∨怒张如条索状	1										15
48		伸直∨伸展	2	15						5			
49	尾骨	扭曲∨1～4 椎骨软化∨被吸收消失	1									15	
50	尾尖	初变细∨不灵活∨肿烂→干枯断离	1								50		
51	尾梢	坏死干性坏死达 1/3 甚至全部断离	1								50		
52	尾椎骨	变软变形	1						35				
53		转位∨变软∨萎缩∨最末椎体消失	1	15									
54	消-反刍	紊乱∨异常∨不规律	2						10				5
55	消-粪附	黏液∨假膜∨脓物∨蛋清∨绳管物	1							15			
56	消-粪量	时多时少∨时干时稀∨无粪	1						10				
57	消-粪色	黑∨污黑∨黑红色∨褐红色	1						15				
58	消-粪稀	稀∨软∨糊∨泥∨粥∨痢∨泻∨稠	5	5					15	15		5	5
59	消-粪干	干少∨干硬少	2						15				10
60	消-粪血	黑血液	1						15				
61		血丝∨血凝块	1							15			
62	消-胃	瘤胃-蠕动减弱∨稍弱∨次数少∨慢	3	5					10			5	
63		前胃弛缓	3	10	5				10				
64	循-心脏	听诊心包摩擦音-随呼吸运动	1										15

续表 16 组

序	类	症(信息)	统	35	44	61	66	70	75	80	82	89	100
				骨软症	维D缺乏症	子宫内膜炎	蹄变形	蹄叶炎	淀粉渣浆中毒	霉麦芽根中毒	霉稻草中毒	慢性氟中毒	创伤性心包炎
65	牙	斑釉对称∨氟斑牙氟骨症∨松脱	1									15	
66		大面积黄∨黑色锈斑	1									50	
67		淡黄黑斑点∨斑块∨白垩状	1									15	
68	眼	畏光流泪	2							15		5	
69	眼球	突出	1							10			
70	运-步	跛行	4	5	15				5		10		
71		幅短缩	1	10									
72		强拘∨僵硬	6	10	15			10	5	5		5	
73	运骨	掌骨∨跖骨肿大	1		15								
74	运-关节	跗下发生干性坏疽-病健界限明显环形	1								15		
75		髋关节:肿大向外突出	1									15	
76		强拘(尤其跗关节)	1							10			
77		膝关节:肿大	1		15								
78		肢腿关节:发出爆裂音响	1	15									
79	运-后肢	八字形	1	15									
80		呈鸡跛	1							15			
81		跗关节以下向外侧倾斜成X状	1				15						
82		稍向前伸前肢后踏	1					15					
83		向后方延伸	1				10						
84	运-肌	松弛	2					5		10			
85	运-前肢	八字叉开	1							15			
86		不时交互负重∨膝着地	1	15									
87		交叉负重	1					15					
88		弯曲向前方∨侧方	1		35								
89	运-四肢	变形肿胀	1									15	
90		骨骼变形	1	10									
91		划动∨游泳样	1							10			
92	运-蹄	背部翻卷变为蹄底∧负重不均	1				10						
93		壁叩诊痛∨壁延长	1					15					
94		变形分长∨宽∨翻卷	2				25	15					
95		长蹄角质伸延∨外观长形∨大脚板	1				15						
96		蹄踵低∨角质部较薄∨侧支长	1				15						

续表 16 组

序	类	症(信息)	统	35 骨软症	44 维D缺乏症	61 子宫内膜炎	66 蹄变形	70 蹄叶炎	75 淀粉渣浆中毒	80 霉麦芽根中毒	82 霉稻草中毒	89 慢性氟中毒	100 创伤性心包炎
97		蹄踵高∨系部及球节下沉	1					15					
98		站∨步蹄前缘负重不实向上翻返回难	1				10						
99		趾尖翘起∨指趾前缘弯曲	1					15					
100		肿由蹄底蔓延到腕跗关节	1								10		
101	运-蹄底	外侧缘过度磨灭	1				10						
102	运-蹄冠	红∨炎∨肿∨痛∨烂	2					15			10		
103		倾斜度变小	1					15					
104		系部皮凉∨环状裂隙∨渗出液体	1								10		
105	运-蹄尖	部细长向上翻卷	1				15						
106		着地	1	10									
107	运-蹄轮	向后延伸彼此分离	1					15					
108	运-蹄匣	脱落	1								25		
109	运-蹄支	翻卷变窄小呈翻卷状	1				10						
110	运-异常	困难拖拽式(翻蹄、亮掌、拉拉胯)	1				35						
111		喜走软地怕硬地	1					15					
112		走上坡灵活不愿下坡∨斜走	1										25
113	运-站立	不能持久强迫站现全身颤抖	1	10									
114		姿-前高后低后腿踏在尿粪沟内	1										15
115		姿势异常	1							10			
116	运-肢	飞节内肿	1	10									
117		间歇性提举	1								10		
118		交替负重常改变姿势	1					15					
119	运-肘	外展	1										15
120	运-肘肌	震颤	1							15			
121	殖-公牛	阴囊皮肤干硬皱缩	1								15		
122	殖-阴道	异常病态	1			15							
123	殖-阴检	子宫异常病态	1			15							
124	殖-孕	屡配不孕	1			10							
125	殖-子宫	(壁∨角)增厚∨痛感∨混胀	1			15							

17 组　身颤∨身抽搐

序	类	症	统	28 酮病	32 牧草抽搐	34 佝偻病	39 锰缺乏症	44 维D缺乏症	45 维E缺乏症	78 尿素中毒	80 霉麦芽根中毒	86 有机磷中毒	87 有机氯中毒	88 有机氟中毒	101 中暑
		ZPDS		27	24	21	16	15	19	16	25	18	15	14	21
1	身-抽搐	抽搐-倒地	5		10	5		10			10			10	
2		痉挛抽搐-濒危期	1												15
3	身-颤	震颤∨颤抖∨战栗	10	10	15	5	10	10		25		10	10	5	15
4		痉挛由头开始→周身	1									15			
5		站立时肌颤	1						5						
6		肷部震颤∨抽搐	1	5											
7	鼻孔	开张如喇叭状	1												10
8	鼻流-液	白沫∨泡沫状	1								10				
9		鼻液	2								5	10			
10	病	酮病被(前胃弛缓∨乳房炎等)掩盖	1	10											
11	病牛	成牛缺锰症似犊(幼稚型)	1				5								
12		高产奶牛	1		10										
13	病牛	泌乳盛期高产奶牛群	1	10											
14	病情	随氯毒物蓄积加重	1										15		
15	病因	食霉麦芽根	1								15				
16	病因	食尿素或其他非蛋白氮	1							15					
17		食喷洒有机磷农药的植物	1									15			
18		食喷洒有机氟杀虫剂保管不当	1											15	
19		食含有机氯农药的植物	1										15		
20	病预后	全身失衡被迫躺地	1										15		
21	精神	沉郁∨抑制(高度∨极度)	1												10
22		烦躁不安	1												10
23		反射功能亢进	1							10					
24		昏迷	2									5			15
25		昏睡∨嗜睡	1											5	
26		紧张	1	10											
27		惊厥	2		10							5			
28		惊厥1～2分钟→安静-遇刺激再惊	1		15										
29		恐惧∨惊恐∨惊慌	2								15			15	
30		狂暴∨狂奔乱跑	3	15								15		15	

续表 17 组

序	类	症	统	28 酮病	32 牧草抽搐	34 佝偻病	39 锰缺乏症	44 维D缺乏症	45 维E缺乏症	78 尿素中毒	80 霉麦芽根中毒	86 有机磷中毒	87 有机氯中毒	88 有机氟中毒	101 中暑
31		神经症状	1		5										
32		兴奋-短期V过度	1												10
33		意识丧失V异常V障碍	2		10										15
34		挣扎易动	1												10
35		不敏感V感觉丧失V反射减V失	1							15					
36	口	采食不灵活	1			5									
37		张嘴V张口伸舌	2							10					10
38	口唇	周围沾满唾液泡沫	1							10					
39	口-咀嚼	不灵活	1			5									
40	口-空嚼		2		5								5		
41	口裂	不能完全闭合	1			10									
42	肋骨	念珠状肿-肋软骨连接处	1			35									
43	毛	换毛延迟	1			5									
44	尿量	少	3	15					5						5
45	尿色	淡黄色水样	1	15											
46		红褐色	1						5						
47	尿味	丙酮气味	1	50											
48	尿性	泡沫状	1	15											
49	皮弹性	降低V丧失	2	5											15
50	皮温	不均V不整	1							5					
51	乳汁味	挤出散发丙酮气味	1	15											
52	身V运	倒地站不起	1												15
53	身-背	弓腰	2					15			5				
54	身-汗	背出汗	1							5					
55		出汗V全身出汗V大出汗	2	5								15			
56	身后躯	全身麻痹	1						10						
57		不全麻痹	1	10											
58	身脊背	凸起	1			10									
59	身平衡	失衡-倒地	1										10		
60	身生长	发育缓慢V延迟V不良	2			5		5							

续表 17 组

序	类	症	统	28 酮病	32 牧草抽搐	34 佝偻病	39 锰缺乏症	44 维D缺乏症	45 维E缺乏症	78 尿素中毒	80 霉麦芽根中毒	86 有机磷中毒	87 有机氯中毒	88 有机氟中毒	101 中暑
61	身-瘦	渐瘦	1										5		
62		营养不良	2			5		5							
63	身-衰	衰弱∨虚弱	1				5								
64	身-体重	减轻	2	10			5								
65	身-卧	被迫躺卧-不能站起	2					15			10				
66		横卧-地上被迫	1	15											
67		突然倒地	1												5
68		卧地不起∨躺卧姿势	2		5									5	
69		以头屈曲置肩胛处呈昏睡状	1	35											
70		易跌倒极难站起	1								10				
71	身-胸廓	变形∨隆起∨扁平	2			35		15							
72	身-胸前	水肿	1								10				
73	身-腰	拱腰姿势	1	10											
74	身-姿	佝偻病犊生前即肢腿弯曲	1				10								
75		异常	1					15							
76	声	尖叫	1											15	
77		哞叫	1				5								
78		仰头哞叫	1		15										
79	食-采食	困难∨不能	1						10						
80	食-饮欲	废绝∨失∨大减	2	10				5							
81	食欲	吃些饲草→拒青干草	1	15											
82		大减	2		5				5						
83		厌食精料	1	15											
84		异食(泥∨粪∨舔∨褥草∨铁∨木∨石)	2	5		15									
85	死亡	多数病例死亡	1		5										
86		假死倒地-濒危期	1												15
87	死率	15%～30%	1				10								
88	死时	病数分钟	1											10	
89		病0.5～1小时	1		10										

续表 17 组

序	类	症	统	28 酮病	32 牧草抽搐	34 佝偻病	39 锰缺乏症	44 维D缺乏症	45 维E缺乏症	78 尿素中毒	80 霉麦芽根中毒	86 有机磷中毒	87 有机氯中毒	88 有机氟中毒	101 中暑
90		急性死亡∨病不久	1						15						
91	死样	痉挛(反复)＋口吐白沫＋瞳孔散大	1											15	
92	死因	治疗不及时∧呼吸中枢衰竭	1		15										
93		呼吸麻痹∨衰竭	1										5		
94	体温	体温下降	1												15
95		42℃	2								5				5
96		43℃～44℃	1												15
97	头-颌下	水肿∧不易消失	1								10				
98	头颈	肌肉发颤∨强直痉挛	1		10										
99		伸直∨伸展	1								5				
100	头-面肌	震颤	1									10			
101	头-咽喉	肌变性坏死	1						15						
102	头-颜面	隆起增宽	1			10									
103	尾	举尾	1	10											
104	消反刍	减少∨减弱∨弛缓	2								5	5			
105	消-粪附	黏液∨假膜∨脓物∨蛋清∨绳管物	1								15				
106	消-粪稀	稀如水∨水样汤	2		5							15			
107	消-粪性	失禁	1							5					
108		停滞∨排球状少量干粪附黏液	1	15											
109	消-粪血	血丝∨血凝块	1								15				
110	消-腹	肌肉发颤∨强直痉挛	1		10										
111		紧缩∨缩腹∨下腹部卷缩	1									10			
112		下垂	1			5									
113	消-腹水	增多	1						5						
114	消-腹	腹痛	2									15		10	
115	消-肝	变性∨坏死	1						15						
116		叩诊界扩大	1						5						
117		叩诊界缩小	1						15						
118		压诊敏感∨痛	1						15						
119	消-肛门	反射消失	1												5

续表 17 组

序	类	症	统	28 酮病	32 牧草抽搐	34 佝偻病	39 锰缺乏症	44 维D缺乏症	45 维E缺乏症	78 尿素中毒	80 霉麦芽根中毒	86 有机磷中毒	87 有机氯中毒	88 有机氟中毒	101 中暑
120		松弛	1							5					
121	消-胃	瘤胃-蠕动减弱∨稍弱∨次数少∨慢	1							5					
122		前胃-弛缓	1					5							
123	循-脉	静脉塌陷	1												15
124	循-心搏	亢进(较突发-中度运动时)	1						25						
125	循-心肌	左心室肌凝固性坏死	1						25						
126	循-心室	纤维性颤动	1											10	
127	循-心音	微弱∨心跳微弱	1						15						
128	牙	牙关紧闭	2		15					10					
129		咬合不全	1			10									
130	眼	流泪-暂停	2								15	10			
131	眼睑	闪动	1										15		
132		震颤	1									10			
133	眼-角膜	发炎∨混浊	1							5					
134	眼-结膜	黄染	1						15						
135		炎肿∨混浊	1							5					
136	眼球	突出	1								10				
137	眼视力	减退∨视力障碍	1									5			
138	眼视力	失明	1									5			
139	眼瞬膜	露出	1		10										
140	眼瞳孔	散大	2							5				5	
141		缩小	1									5			
142	运	摔倒在地不能站	1							10					
143	运-步	跛行	2			5		15							
144	运-动	不爱走∨不愿走	3			5			5					5	
145		盲目走动	1		10										
146	运骨	变形∨弯曲∨硬度降低∨脆软∨骨折	1			15									
147		肱骨-异常重量∨长度∨抗断性	1				15								
148		掌骨肿大	1					15							
149		跖骨肿大	1					15							

续表 17 组

序	类	症	统	28 酮病	32 牧草抽搐	34 佝偻病	39 锰缺乏症	44 维D缺乏症	45 维E缺乏症	78 尿素中毒	80 霉麦芽根中毒	86 有机磷中毒	87 有机氯中毒	88 有机氟中毒	101 中暑
150	运关节	麻痹	1				5								
151		强拘尤其跗关节	1								10				
152		膝关节:肿大	1					15							
153	运-后肢	呈鸡跛	1								15				
154		麻痹	1										10		
155	运-肌	深骨骼肌束营养变性V坏死	1						15						
156		松弛	3		10						10		15		
157	运-肌腱	张力减退	1			5									
158	运-起立	困难	1				5								
159	运-前肢	八字叉开	1								15				
160		屈曲卧地起不来	1	15											
161		弯曲向前方V侧方	1					35							
162	运-四肢	长骨弯腕关节O形,跗关节X形姿势	1			35									
163		关节近端肿大	1			10									
164		划动V游泳样	3		10						10				15
165		肌肉发颤V强直痉挛	1		10										
166		立姿异常球节肿大突起扭转	1				25								
167		乱蹬	1										10		
168	运-异	转圈V冲撞墙壁V前奔V后退V站不能	1	15											
169	运-站立	不稳	2								5		10		
170		四肢叉开V相互交叉	1	15											
171		姿势异常	1								10				
172	运-肘肌	震颤	2								15		15		
173	症	反复发作间歇期由长变短∧病情渐重	1										10		
174	殖-发情	表现为本病前驱症状	1		15										
175	殖-发情	弱V周期延长V延迟	1				10								
176	殖-公牛	睾丸萎缩	1				10								
177		性欲减退V消失	1				10								
178	殖-流产	死胎V卵巢萎缩	1				10								
179	殖-受胎	率低V少V被吸收V不易受胎	1				10								

18组 汗异常

序	类	症(信息)	统	6	20	21	28	29	41	70	78	86
				牛白血病	瘤胃臌气	瘤胃酸中毒	酮病	妊娠毒血症	硒缺乏症	蹄叶炎	尿素中毒	有机磷中毒
		ZPDS		23	16	21	24	20	21	15	21	21
1	身-汗	出汗∨全身出汗∨大出汗	7	5	5	5	5		10	5		15
2		背出汗	1								5	
3		带丙酮气味	1					15				
4	嗳气	减少∨消失∨功能紊乱	3		5						5	5
5		血样泡沫∨混血丝	1						10			
6	鼻流-液	鼻液	1									10
7		黏液∨脓液	1						10			
8	病	酮病被(前胃弛缓∨乳房炎等)掩盖	1				10					
9	病伴发	产后病如酮病	1					10				
10	病势	发病后2～3小时陷入虚脱态	1		15							
11		发展较迅速	1			10						
12	病因	食尿素或其他非蛋白氮	1								15	
13		食喷洒有机磷农药的植物	1									15
14	肺音-听	湿罗音	1								10	
15	呼出气	丙酮味	2				15	15				
16	呼吸	促迫∨急促∨加快∨浅表∨频速	3		5				5		5	
17		呼吸道氨刺激症状	1								25	
18		功能障碍	1						15			
19		瘤块压迫性呼吸	1	15								
20	呼吸-难		2								25	5
21	精神	反射功能亢进	1								10	
22		昏迷	1									5
23		昏睡∨嗜睡	2			5		10				
24		紧张	1				10					
25		狂暴∨狂奔乱跑	2				15					15
26		不安∨兴奋(不安∨增强)	4		5		5	5			5	
27		不敏感∨感觉丧失∨反射减∨失	2					15			15	
28		敏感∨过敏-对触觉∨对刺激∨对声音	1				15					
29	口	张嘴∨张口伸舌	1								10	
30	口唇	周围沾满唾液泡沫	1								10	
31	口-流涎	含泡沫∨黏液	5		10	10	15				5	10
32	口-舌	伸舌∨吐舌	1		10							

续表 18 组

序	类	症(信息)	统	6	20	21	28	29	41	70	78	86
				牛白血病	瘤胃臌气	瘤胃酸中毒	酮病	妊娠毒血症	硒缺乏症	蹄叶炎	尿素中毒	有机磷中毒
33	淋巴结	肿瘤	1	15								
34		(颈浅∨内脏∨体表)淋巴结肿	1	15								
35	尿量	频	2	10								5
36	尿	丙酮气味∨泡沫状	1				50					
37	尿	排尿困难	1	10								
38		酮反应强阳性+	1					25				
39	皮瘤	真皮层为主形成肉瘤-幼龄牛	1	35								
40	皮	黄疸∨黄染	2	10				10				
41	皮疹块	荨麻疹样皮疹-幼龄牛	1	15								
42	乳汁味	挤出散发丙酮气味	1				15					
43	身-背	肿块	1	10								
44	身-颤	震颤∨颤抖∨战栗	3				10				25	10
45		痉挛由头开始→周身	1									15
46	身后躯	全身麻痹	1						10			
47	身脊柱	弯曲	1						15			
48	身-全身	僵直	1							10		
49	身-臀	肿块	1	10								
50	身-臀肌	变硬∨肿胀	1						10			
51	身-卧	被迫躺卧-不能站起	1						10			
52		横卧-地上被迫	3			10	15	15				
53		喜卧-不愿意站	3			5			10	5		
54		以头屈曲置肩胛处呈昏睡状	2				35	35				
55	身-胸腺	块状肿大∨邻近淋巴结肿	1	15								
56	身-姿	角弓反张	1								10	
57		乳热(产后瘫痪)病牛特有姿势	1			35						
58	身-左肷	臌气与腰椎横突齐平	1		35							
59	声	呻吟	5			10	5	5			5	5
60	食-采食	偷食谷类精料后 12 小时现症	1			15						
61	食-饮欲	大增∨烦渴∨增加	1			15						
62	食欲	吃些饲草→拒青干草∨厌食精料	1				15					
63	死因	窒息	2		10						5	
64	头	摇头∨垂头∨低下∨低头奋耳	2				5			5		

续表 18 组

序	类	症(信息)	统	6 牛白血病	20 瘤胃臌气	21 瘤胃酸中毒	28 酮病	29 妊娠毒血症	41 硒缺乏症	70 蹄叶炎	78 尿素中毒	86 有机磷中毒
65		抬不起来	1						15			
66		抬姿∨抬头望天	1					10				
67		弯曲在肩	1			15						
68	头颈	伸直∨伸展	1		10							
69	头颈肌	变硬∨肿胀	2	10					10			
70	头-面肌	震颤	1									10
71	消-粪色	黑∨污黑∨黑红色∨褐红色	1					15				
72	消-粪味	恶臭	2	5				15				
73		泡沫∨附气泡	1			10						
74		停滞∨排球状少量干粪附黏液	1				15					
75	消-粪稀	稀如水∨水样汤	1									15
76	消-粪血	血丝∨血凝块	2	5		10						
77	消-腹	蹴腹∨踢腹	2		15	10						
78		紧缩∨缩腹∨下腹部卷缩	2							5		10
79		稍紧张	1			10						
80	消-腹	腹痛	3		10	10						15
81	消-腹围	膨大采食后 2～3 小时突发	1		15							
82	消-胃	瘤胃-臌气	5	10	10	10					5	5
83		瘤胃-蠕动减弱∨消失	4		10	5		5			5	
84		瘤胃-听诊气泡破裂音	1		35							
85		瘤胃-炎伴发	1			10						
86	消-胃肠	发炎	1					15				
87	消-直肠	可摸到肿大的内脏淋巴结	1	25								
88		循环功能障碍	1						15			
89	牙	牙关紧闭	1								10	
90		流泪	1									10
91	眼睑	震颤	1									10
92	眼-目光	凝视	1					15				
93	眼球	突出	1	10								
94	眼视力	减退∨视力障碍∨失明	2			15						5
95	运	摔倒在地不能站	1								10	
96		卧-被迫横卧地上	1	10								

续表 18 组

序	类	症(信息)	统	6 牛白血病	20 瘤胃臌气	21 瘤胃酸中毒	28 酮病	29 妊娠毒血症	41 硒缺乏症	70 蹄叶炎	78 尿素中毒	86 有机磷中毒
97		卧-不能站立	1						10			
98	运-步	跛行	1	10								
99		强拘∨僵硬	3						5	10		5
100	运-后肢	稍向前伸,前肢后踏	1							15		
101	运-肌	乏力	1				10					
102		松弛	2			10				5		
103	运-前肢	交叉负重	1							15		
104		屈曲卧地起不来	1				15					
105	运-四肢	侧伸	1						15			
106		肌肉发颤∨强直痉挛	1						10			
107	运-蹄	壁叩诊痛∨指趾前缘弯曲	1							15		
108		壁延长∨变形∨蹄踵高∨系沉∨趾尖翘	1							15		
109	运-蹄冠	红∨炎∨肿∨痛∨烂∨倾斜小	1							15		
110	运-蹄轮	向后延伸彼此分离	1							15		
111	运-异常	冲撞墙壁∨障碍物	1				15					
112		失调∨功能障碍∨失衡	1						15			
113		前奔∨后退	1				15					
114		喜走软地怕硬地	1							15		
115		转圈	1				15					
116	运-站立	时四肢叉开∨相互交叉	1				15					
117	运-肢	大腿肿块	1	10								
118		交替负重常改变姿势	1							15		
119	殖	繁殖功能障碍∨降低	1						15			
120	殖-产道	恶露多量褐色腐臭	1					10				
121	殖-分娩	难产	1	15								
122		死胎	1						10			
123		子宫瘤	1	15								
124	殖-娩后	3 天内发病	1					10				
125		几天-数周	1				10					
126	殖-胎衣	不下	2					5	10			

19组 生长慢

序	类	症(信息)	统	34 佝偻病	36 铜缺乏症	37 铁缺乏症	41 硒缺乏症	42 维B_{12}缺乏症	43 维A缺乏症	44 维D缺乏症	76 棉籽饼中毒	79 黄曲霉中毒	93 硒中毒	98 皮蝇蛆病
		ZPDS		17	17	13	23	16	15	14	24	19	20	14
1	身生长	发育缓慢∨延迟∨不良	11	5	5	5	10	10	5	5	10	5	5	5
2	鼻端	冷凉	1			5								
3	鼻-喷鼻	皮蝇骚扰致	1											15
4	鼻流-血	血样泡沫∨混血丝∨黏液∨脓液	1				10							
5	病龄	犊牛	1				10							
6	病因	食被霉菌污染的饲料	1									15		
7		食棉籽	1								15			
8		硒含量过高的草料∨硒制剂	1										15	
9	病有	原发症	1		10									
10	病预后	轻微运动过后也易发病	1		10									
11	耳	冷凉∨厥冷	1			5								
12	呼吸	功能障碍	1				15							
13	精神	呆立不动∨离群呆立	2						10	5				
14		恐惧∨惊恐∨惊慌∨盲目徘徊	1									10		
15		不安因皮蝇飞翔产卵致	1											35
16		不安∨兴奋(不安∨增强)	2								10			10
17	口裂	不能完全闭合	1	10										
18	肋骨	念珠状肿-肋软骨连接处	1	35										
19	毛	换毛延迟	2	5				15						
20		无光黑毛→锈褐色,红毛→暗褐色	1		35									
21	皮革	质量受损	1											10
22	皮厚	变薄	1					15						
23	皮鳞屑	残留	1					15						
24	皮瘙痒	不安局部疼痛-幼虫钻皮及移行致	1											10
25	皮下	瘘管经常流脓-直到幼虫移出愈合	1											15
26		血肿∨化脓蜂窝织炎-见幼虫寄生	1											35
27	皮-黏膜	苍白∨淡染	4			15		10			10		5	
28		发绀	2								10		5	
29		黄疸∨黄染	2								15	15		
30	身-背	弓腰	1							15				

续表 19 组

序	类	症(信息)	统	34 佝偻病	36 铜缺乏症	37 铁缺乏症	41 硒缺乏症	42 维B_{12}缺乏症	43 维A缺乏症	44 维D缺乏症	76 棉籽饼中毒	79 黄曲霉中毒	93 硒中毒	98 皮蝇蛆病
31	身-颤	抽搐∨抽搐-倒地∨颤抖∨战栗	3	5					5	10				
32	身-汗	出汗∨全身出汗∨大出汗	1				10							
33	身后躯	全身麻痹	1				10							
34	身脊背	凸起	1	10										
35	身脊柱	弯曲	1				15							
36	身-力	无力∨易疲∨乏力	1				10							
37	身-衰	衰竭	2					5					5	
38		衰弱∨虚弱	1								10			
39	身-臀肌	变硬∨肿胀	1				10							
40	身-卧	被迫躺卧-不能站起	2				10			15				
41		喜卧-不愿意站	1				10							
42	身-胸廓	变形∨隆起∨扁平	2	35						15				
43	身-胸前	水肿	1					10						
44	身-站立	不安	1								15			
45	身-姿	佝偻病	1								10			
46		异常	1							15				
47	食-采食	受影响-皮蝇骚扰致	1											15
48	食欲	异食(泥∨粪∨舔∨褥草∨铁∨木∨石)	4	15	5	15			5					
49		不振∨减	7	15	5	15			5		5	5	5	
50		厌食∨废绝∨停止	2								10	5		
51	死时	病 24 小时-猝倒	1		5									
52	头	抵物∨抵碰障物(墙∨槽)不动	2						5				15	
53		抬不起来	1				15							
54	头-咽	发炎(幼虫移行致)	1											5
55	头颈肌	变硬∨肿胀	1				10							
56	头-颜面	隆起增宽	1	10										
57	尾	举尾做排尿姿势(公牛)	1								15			
58	尾根毛	脱落	1										15	
59	尾竖起	奔逃皮蝇骚扰致	1											15
60	消-反刍	减少∨减弱∨弛缓	2					5				5		
61		停止∨消失	3					5			5	5		

续表 19 组

序	类	症(信息)	统	34	36	37	41	42	43	44	76	79	93	98
				佝偻病	铜缺乏症	铁缺乏症	硒缺乏症	维B_{12}缺乏症	维A缺乏症	维D缺乏症	棉籽饼中毒	黄曲霉中毒	硒中毒	皮蝇蛆病
62		紊乱∨异常∨不规律	1			5								
63	消-粪附	黏液∨假膜∨脓物∨蛋清∨绳管物	2								10	15		
64	消-粪味	恶臭	1								15			
65	消-粪性	里急后重	1									15		
66	消-粪稀	稀∨软∨糊∨泥∨粥∨痢∨泻∨稠	6		15		5	5			10	10	10	
67	消-粪干	便秘-腹泻交替	1			5								
68		先便秘(干)后腹泻	2			10					10			
69		便秘	1					15						
70		干如念珠∨干球小∨鸽蛋大	1					15						
71	消-粪血	血丝∨血凝块	1									15		
72	消-腹	蹴腹∨踢腹	2									10		5
73		蹴踢皮蝇骚扰致	1											15
74	消-腹	腹痛	2									5	10	
75	消-腹下	水肿	1					10						
76	消-肝炎	慢性增生	1								10			
77	消化	紊乱∨异常	1								10			
78	消-胃	瘤胃臌气	2							5			10	
79		前胃弛缓	3							5		5	5	
80	循-心音	杂音贫血杂音-缩期杂音	1			10								
81	循-血	贫血	7	5	15	10		5	5		10			5
82		循环功能障碍	1				15							
83	牙	咬合不全	1	10										
84	眼	对光反射(减弱∨消失)	1						10					
85		干病∨视觉功能减弱-目盲	1						15					
86		夜盲	2						50		15			
87	眼-角膜	发炎∨肥厚∨干燥∨混浊∨损伤	1						10					
88	眼-结膜	苍白	1			15								
89	眼球	突出	1						10					
90	眼视力	减退∨视力障碍	2								15		10	
91		失明	2									5	10	
92	眼周	毛-无∨白似眼镜外观	1		25									

续表 19 组

序	类	症(信息)	统	34 佝偻病	36 铜缺乏症	37 铁缺乏症	41 硒缺乏症	42 维B_{12}缺乏症	43 维A缺乏症	44 维D缺乏症	76 棉籽饼中毒	79 黄曲霉中毒	93 硒中毒	98 皮蝇蛆病
93	药	服氯化钴 5~7 日顽固厌食消失	1					35						
94		卧-不能站立	1				10							
95	运-步	跛行	3	5						15			5	
96		强拘Ⅴ僵硬	3	5			5			15				
97	运骨	变形Ⅴ弯曲Ⅴ硬度降低Ⅴ脆软Ⅴ骨折	1	15										
98		骨质脆弱易骨折	1		10									
99		掌骨Ⅴ跖骨肿大Ⅴ膝关节肿大	1							15				
100	运-肌	发抖	1								15			
101	运-前肢	弯曲向前方Ⅴ侧方	1							35				
102	运-四肢	侧伸	1				15							
103		长骨弯腕关节O形,跗关节X形姿势	1	35										
104		关节近端肿大	1	10										
105		肌肉发颤Ⅴ强直痉挛	1				10							
106		末端冷凉Ⅴ厥冷	1			5								
107		末端毛脱落	1										15	
108	运-蹄匣	脱落	1										10	
109	运-异常	踉跄Ⅴ不稳Ⅴ共济失调Ⅴ蹒跚	3				10		5				5	
110		失调Ⅴ功能障碍Ⅴ失衡	2				15				15			
111		无方向小心移步	1						10					
112		无目的徘徊Ⅴ游走	1										15	
113		转圈	2									10	10	
114	运-站立	不安(犊)	1									10		
115	殖	繁殖功能障碍Ⅴ降低	2		5		15							
116	殖-发情	周期性延迟Ⅴ不发情(放牧牛)	1		10									
117	殖-母牛	性周期延迟	2		10			5						
118		一时性不孕	1		10									
119		早产	3		10					5		5		
120		胎衣不下	2				10		5					
121	殖-新犊	跛Ⅴ强拘Ⅴ两腿相碰Ⅴ关节大变形	1		5									

20组 渐瘦

序	类	症(信息)	统	8 炭疽	11 牛副结核病	14 皮肤真菌病	15 钩端螺旋体病	17 消化不良	22 瘤胃角化不全症	87 有机氯中毒	93 硒中毒
		ZPDS		24	18	19	21	18	17	21	19
1	身	渐瘦	8	5	15	5	10	10	5	5	5
2	鼻流-血	血样泡沫∨混血丝	1	25							
3	病程	常于数小时	1	15							
4		数周至数月	1								10
5		慢性∨较慢∨较长	1						10		
6	病季	全年	2		5		5				
7		温湿雨季∨洪水泛滥	2	5			5				
8	病龄	1～2月龄	2		5		10				
9		1～2岁	2		5		10				
10	病情	加重随氯毒物蓄积	1							15	
11	病史	有急性钩端病史	1				15				
12	病因-食	硒含量过高的草料∨硒制剂	1								15
13		有机氯农药的植物	1							15	
14	病预后	全身失衡被迫躺地	1							15	
15	耳尖	干性坏疽	1				10				
16		坏死∨脱落	1				10				
17	呼吸	促迫∨急促∨加快∨浅表∨频速	3	10			5				5
18		困难	2				5		3		
19	精神	冲撞他物∨攀登饲槽∨惊慌	1	10							
20		不安∨兴奋(不安∨增强)	2	10						15	
21		敏感∨过敏-对触觉∨对刺激∨对声音	1							10	
22	口-流涎	含泡沫∨黏液	3	15						5	5
23	口-流血	泡沫样∨舌炎肿	1	25							
24	口黏膜	坏死	1				10				
25	肋骨	塌陷	1		10						
26	尿色	血红蛋白尿	1				15				
27	皮厚	增厚-苔藓样硬化	1			5					
28	皮痂皮	石棉样∨皮结豌豆大	1			10					
29		脱皮(现湿润血样糜烂)直径1～5厘米秃斑	1			15					
30	皮康复	病灶平坦痂皮脱落长出新毛永不感染	1			10					
31	皮炭疽	痈:初硬固热→冷无痛坏溃	1	15							

续表 20 组

序	类	症(信息)	统	8 炭疽	11 牛副结核病	14 皮肤真菌病	15 钩端螺旋体病	17 消化不良	22 瘤胃角化不全症	87 有机氯中毒	93 硒中毒
32	皮-黏膜	苍白∨淡染	4		5		15		10		5
33		出血斑点∨针尖大-小米粒大	1				15				
34		黄疸∨黄染	2				15		10		
35	乳房	厚隆∨脱毛∨屑∨痂	1			15					
36		发炎	2			15	10				
37	乳房皮	发生炭疽痈	1	10							
38		钱癣:疹圆∨不整	1			15					
39	乳汁色	红色-褐黄色	1				15				
40	乳脂率	低∨降至 0.8%~1.0%	1						5		
41	身-颤	震颤∨颤抖	1							10	
42	身-尻	狭尻屁股尖削	1		25						
43	身-力	无力∨易疲∨乏力	2						5	5	
44	身平衡	失衡-倒地	1							10	
45	身-全身	皮钱癣:疹圆∨不整	1			15					
46		皮炎∨厚隆∨脱毛∨灰屑∨痂	1			15					
47	身-瘦	消瘦(迅速∨明显∨高度)	2					15			5
48		消瘦-极度∨严重	1		15						
49		营养不良	2			5			5		
50	身-衰	衰弱∨虚弱	2					15	5		
51	身-臀	皮钱癣:疹圆∨不整	1			15					
52		皮炎∨厚隆∨脱毛∨灰屑∨痂	1			15					
53	身-胸背	皮钱癣:疹圆∨不整	1			15					
54		皮炎∨厚隆∨脱毛∨灰屑∨痂	1			15					
55	身-胸腰	皮松软处发生炭疽痈	1	10							
56	身-腋下	坏死	1				10				
57	身-姿	角弓反张	1							10	
58	声	哞叫	1	10							
59	食-饮欲	大增∨烦渴∨增加	1		10						

续表 20 组

序	类	症(信息)	统	8	11	14	15	17	22	87	93
				炭疽	牛副结核病	皮肤真菌病	钩端螺旋体病	消化不良	瘤胃角化不全症	有机氯中毒	硒中毒
60	食欲	时好时差	1						10		
61		偏嗜粗饲∨异嗜(舔舐自身∨互舔)	1						15		
62	头	抵物∨抵碰障物(墙∨槽)不动	1								15
63	头-咽喉	发炎∨肿胀	1	15							
64	头颈	疹圆∨不整∨厚隆∨脱毛∨灰屑∨痂	1			15					
65	头颈下	皮肤松软处发生炭疽痈	1	10							
66	尾根毛	脱落	1								15
67	消-粪附	黏液∨假膜∨脓物∨蛋清∨绳管物	1		10						
68	消-粪量	量少	1					5			
69	消-粪味	恶臭	1		10						
70	消-粪性	泡沫∨附气泡∨喷射状	1		15						
71		污(后躯∨后肢∨尾∨乳房)	1		15						
72	消-粪稀	软∨糊∨泥∨粥∨痢∨泻∨稠	3					5		5	10
73		(持续∨顽固)泻	1		15						
74	消-粪干	便秘-腹泻交替	2		10				5		
75	消-粪血	血丝∨血凝块	2	5	10						
76	消-腹	触诊敏感-肝脓肿破溃继发腹膜炎	1						15		
77	消-腹腔	穿刺液浑浊发腐败臭气∧含絮状物	1						25		
78	消-腹	腹痛	1								10
79	消-腹围	膨胀∨增大	1					5			
80	消-肝	触诊有痛反应	1						10		
81		叩诊界扩大	1						10		
82	消-肛门	流血样泡沫	1	15							
83		失禁	1		10						
84	消化不良	顽固性的	1						15		
85		在产犊后	1					10			
86		在妊娠后期	1					10			
87	消-胃	瘤胃-后看左上下腹∨右下腹隆 L 形	1					35			
88		瘤胃-臌气	3	5				15			10
89		瘤胃-蠕动停止∨消失	1					10			

续表 20组

序	类	症(信息)	统	8 炭疽	11 牛副结核病	14 皮肤真菌病	15 钩端螺旋体病	17 消化不良	22 瘤胃角化不全症	87 有机氯中毒	93 硒中毒
90		瘤胃-收缩增快(3～6 次/分)但蠕动力弱难后送	1					35			
91		幽门-阻塞与瘤胃弛缓联合发生	1					15			
92		皱胃-膨胀坚实-在腹底-直检知	1					35			
93		皱胃-阻塞因瘤胃蠕动停止	1					15			
94	循-血	贫血	3		5	5	10				
95	牙	磨牙	1							5	
96	眼睑	闪动	1							15	
97	眼-结膜	小出血点	1	10							
98	眼视力	减退∨视力障碍	1								10
99		失明	1								10
100	眼周	疹圆∨不整∨厚隆∨脱毛∨灰屑∨痂	1			15					
101	运	卧不能起∨不起	1					5			
102	运-后肢	麻痹	1							10	
103	运-肌	松弛	1							15	
104	运-四肢	乱蹬	1							10	
105		末端毛脱落	1								15
106	运-蹄匣	脱落	1								10
107	运-异常	踉跄∨不稳∨共济失调∨蹒跚	3	10						10	5
108		如醉酒摇晃间倒地	1	15							
109		转圈∨无目的徘徊∨游走	1								15
110	运-站立	不稳	1							10	
111	运-肘肌	震颤	1							15	
112	诊-重点	瘤胃臌气＋厌食＋排少量糊状粪	1					50			
113		左侧剖腹探查∨切瘤胃助诊和预后	1					50			
114	症	反复发作间歇期由长变短∧病情渐重	1							10	
115	殖-会阴	癣疹∨炎∨厚隆∨脱毛∨灰屑∨痂	1			15					
116	殖	流产	3	5			10				5
117	殖-母牛	殖道黏膜坏死	1				10				
118	殖-外阴	皮肤松软处发生炭疽痈	1	10							
119	殖-阴门	流:血样泡沫	1	15							

21组 腰异常

序	类	症(信息)	统	8 炭疽	19 瘤胃食滞	28 酮病	35 骨软症	58 胎衣不下	59 子宫脱	89 慢性氟中毒	95 泰勒虫病
		ZPDS		26	21	27	26	14	13	20	16
1	身-腰	弓腰	3					10	10		5
2		腰荐凹陷	1							15	
3		背腰凹下	1				15				
4		背腰弓起	1		5						
5		拱腰姿势	1			10					
6		皮松软处发生炭疽痈	1	10							
7	鼻流-血	血样泡沫V混血丝	1	25							
8	病	酮病被(前胃弛缓V乳房炎等)掩盖	1			10					
9	病程	仅数小时	1	15							
10	病季	有蜱季	1								10
11		6~9月份	1								5
12	病龄	1~3岁多发	1								5
13	病牛	带虫免疫达2~6年	1								10
14		泌乳盛期高产奶牛群	1			10					
15	病情	虫体大量进入红细胞后加剧	1								10
16	病因	饮用含氟高的草料和水	1							15	
17	病预后	持久躺卧发生褥疮被迫淘汰	1				10				
18	呼出气	丙酮味	1			15					
19	呼吸	促迫V急促V加快V浅表V频速	3	10	5						5
20	精神	冲撞他物V攀登饲槽	1	10							
21		恐惧V惊恐V惊慌	1	10							
22		紧张V狂暴V狂奔乱跑	1			15					
23		不安V兴奋(不安V增强)	4	10		5		5	5		
24		敏感V过敏-对触觉V对刺激V对声音	1			15					
25	口-流涎	含泡沫V黏液	2	15		15					
26	口-流血	泡沫样	1	25							
27	口-舌	炎肿	1	15							
28	肋骨	两侧有鸡卵大的骨赘	1							15	
29	流-传媒	牛身上叮有蜱	1								15
30	尿量	少V淡黄色水样V泡沫状	1			15					
31	尿味	丙酮气味	1			50					
32	皮炭疽	痈:初硬固热→冷无痛坏溃	1	15							

续表 21 组

序	类	症(信息)	统	8 炭疽	19 瘤胃食滞	28 酮病	35 骨软症	58 胎衣不下	59 子宫脱	89 慢性氟中毒	95 泰勒虫病
33	皮-黏膜	黄红色	1								10
34	乳房皮	发生炭疽痈	1	10							
35	乳-量	减少∨下降∨大减∨骤减	4	5		10	5			5	
36	乳汁味	挤出散发丙酮气味	1			15					
37	身	脱水	2		5	10					
38	身-背	弓腰	2				5			5	
39	身-颤	震颤∨颤抖∨战栗	2			10			5		
40	身后躯	不全麻痹	1			10					
41		变形	1				10				
42		摇摆	1				10				
43	身-力	无力∨易疲∨乏力	1						5		
44	身-瘦	消瘦-极度∨严重	2				5				10
45	身-衰	衰竭	1		10						
46	身-体重	减轻	1			10					
47	身-卧	卧地不起∨躺卧姿势	2		5				10		
48		以头屈曲置肩胛处呈昏睡状	1			35					
49	身-胸廓	变形∨隆起∨扁平	1				10				
50	身-胸前	皮肤松软处发生炭疽痈	1	10							
51	身	虚脱	1						5		
52	身-姿	弹腿∨前后肢呈拉弓	1				5				
53		努责	1						10		
54	身-左肷	平坦	1		15						
55	身-坐骨	肿大向外突出	1							15	
56	声	哞叫	1	10							
57		呻吟	3		5	5	5				
58	食欲	厌食精料吃些饲草→拒青干草	1			15					
59		异食或舔(泥∨粪∨褥草∨铁∨木∨石)	2			5	15				
60	头骨	肿大	1							15	
61	头-咽喉	发炎∨肿胀	1	15							
62	头颈	伸直∨伸展	1				15				
63	头颈下	皮肤松软处发生炭疽痈	1	10							

续表 21 组

序	类	症(信息)	统	8	19	28	35	58	59	89	95
				炭疽	瘤胃食滞	酮病	骨软症	胎衣不下	子宫脱	慢性氟中毒	泰勒虫病
64	头-下颌	骨肿胀	1							15	
65	尾	举尾	2			10		10			
66	尾骨	扭曲∨1～4椎骨软化∨被吸收消失	1							15	
67	尾椎骨	转位∨变软∨萎缩∨最末椎体消失	1				15				
68	消-反刍	减少∨减弱∨弛缓	2		5					5	
69		停止∨消失	3	5	5						5
70	消-粪附	黏液∨假膜∨脓物∨蛋清∨绳管物	1								15
71	消-粪色	暗	1		15						
72	消-粪味	恶臭	1		15						
73	消-粪性	迟滞	1		10						
74		停滞∨排球状少量干粪附黏液	1			15					
75	消-粪干	便秘	3				5			5	5
76		干少∨干硬少	1		15						
77	消-粪血	血丝∨血凝块	2	5							15
78	消-腹	蹴腹∨踢腹	1		5						
79		左下腹膨大	1		15						
80	消-肛门	流血样泡沫	1	15							
81	消-胃	瘤胃-触诊似捏粉样-坚实易压陷	1		35						
82		瘤胃-叩诊呈浊音∨其上呈鼓音	1		15						
83		瘤胃-听诊蠕动减弱∨停止	1		10						
84		前胃-弛缓	1				10				
85		直检发现瘤胃腹囊后移至骨盆腔	1		35						
86	循-血	稀薄不易凝固	1								15
87	牙	磨牙	3		5	5	5				
88		斑釉对称∨氟斑牙∨氟骨症	1							15	
89		大面积黄∨黑色锈斑	1							50	
90		淡黄黑斑点∨斑块∨白垩状	1							15	
91	牙-臼齿	波状磨损尤其前几个严重∨脱落	1							15	
92	牙-门齿	松动排列不整∨高度磨损	1							15	
93	眼	畏光流泪∨潮红	2							5	5
94	眼-结膜	小出血点∨发绀	1	10							
95	运-步	跛行∨幅短缩	1				10				

续表 21 组

序	类	症(信息)	统	8	19	28	35	58	59	89	95
				炭疽	瘤胃食滞	酮病	骨软症	胎衣不下	子宫脱	慢性氟中毒	泰勒虫病
96		强拘∨僵硬	2				10			5	
97		无力	1		5						
98	运-关节	髋关节:肿大向外突出	1							15	
99		肢腿关节:发出爆裂音响	1				15				
100	运-后肢	八字形	1				15				
101	运-前肢	不时交互负重∨膝着地	1				15				
102		屈曲卧地起不来	1			15					
103	运-四肢	变形肿胀	1							15	
104		骨骼变形	1				10				
105	运-蹄尖	着地	1				10				
106	运-异常	冲撞墙壁∨前奔∨后退∨转圈	1			15					
107		踉跄∨不稳∨共济失调∨蹒跚	2	10		10					
108		如醉酒摇晃间倒地	1	15							
109	运-站立	不能∨时四肢叉开∨相互交叉	1			15					
110		不能持久强迫站现全身颤抖	1				10				
111	运-肢	飞节内肿	1				10				
112	殖-分娩	轻努责	1					10			
113		头胎牛举尾∨弓腰∨不安∨轻努责	1					10			
114	殖	流产	2	5			3				
115	殖-胎膜	悬垂阴门∨看不见胎衣∨胎盘粘连	1					15			
116	殖-胎衣	停留在子宫内∨脱落悬于阴门外	1					35			
117	殖-外阴	皮肤松软处发生炭疽痈	1	10							
118	殖-阴道	积有褐色稀薄腥腐臭分泌物∨增温	1					5			
119	殖-阴检	发现胎衣不下	1					15			
120	殖-阴门	垂:胎衣粉红色	1					15			
121		垂:胎衣难闻臭味	1					15			
122		垂:胎衣熟肉样	1					15			
123		垂:胎衣污染(粪∨草∨泥)∨腐败	1					15			
124		流:血样泡沫	1	15							
125		悬垂:椭圆袋状物-在跗关节附近	1						35		
126		悬垂:物水肿黑红∨干裂∨渗血∨撕裂	1						15		
127		悬垂:物因与后肢摩擦污染粪尿泥	1						15		

续表 21 组

序	类	症(信息)	统	8 炭疽	19 瘤胃食滞	28 酮病	35 骨软症	58 胎衣不下	59 子宫脱	89 慢性氟中毒	95 泰勒虫病
128		悬垂:物黏膜分布母体胎盘红∨紫红	1						15		
129	殖-子宫	出血	1						10		
130		颈开张	1					5			
131		损伤∨黏膜苍白	1						10		

22 组　角弓反张

序	类	症(信息)	统	32 牧草抽搐	43 维A缺乏症	73 氢氰酸中毒	78 尿素中毒	80 霉麦芽根中毒	87 有机氯中毒	88 有机氟中毒	91 铅中毒
		ZPDS		25	17	14	18	23	20	15	31
1	身-姿	角弓反张	8	10	5	10	10	5	10	10	5
2	鼻流-液	白沫∨泡沫状∨流鼻液	1					10			
3	病牛	高产奶牛	1	10							
4	病因-食	被铅污染的饲料饮水	1								15
5		含氰苷植物∨子实	1			10					
6		霉麦芽根	1					15			
7		尿素或其他非蛋白氮	1				15				
8		含有机氟杀虫剂的草料	1							15	
9		含有机氯农药的植物	1						15		
10	病预后	全身失衡被迫卧地	1						15		
11	呼吸道	氨刺激症状	1				25				
12	呼吸	困难	3	5			25				5
13	精神	呆立不动∨离群呆立	2		10						10
14		对人追击	1								25
15		反射功能亢进	1				10				
16		横冲直撞∨爬栏	1								15
17		惊厥	2	10	5						
18		恐惧∨惊恐∨惊慌	3					15		15	15
19		狂暴∨狂奔乱跑	2							15	15
20		兴奋→沉郁	1			15					
21		不安∨兴奋(不安∨增强)	5	5		5	5		15	15	

续表 22 组

序	类	症(信息)	统	32 牧草抽搐	43 维A缺乏症	73 氢氰酸中毒	78 尿素中毒	80 霉麦芽根中毒	87 有机氯中毒	88 有机氟中毒	91 铅中毒
22		意识丧失∨异常∨障碍	1	10							
23		不敏感∨感觉丧失∨反射减∨失	2			5	15				
24		敏感(对触觉∨对刺激∨对声音)	4	35	5			15	10		
25	口	吐白沫	5	5				15	5	5	10
26		张嘴∨张口伸舌	1				10				
27	口唇	周围沾满唾液泡沫	1				10				
28	口-空嚼	持续1~2分钟	3	5					5		5
29	口-流涎	含泡沫∨黏液	5	5		15	5		5		5
30	皮-黏膜	鲜红色	1			15					
31	身-颤	震颤∨颤抖∨抽搐	6	15	5		25	10	10	10	
32	身平衡	失去-倒地	1						10		
33	身生长	慢(长期吃低含铅草料)	1								10
34	身-卧	易跌倒∨被迫躺卧-不能站起	1					10			
35	身-胸前	水肿	1					10			
36	身-姿	新犊畸形(长期吃低含铅草料)	1								15
37	声	对声过敏	1		5						
38		吼叫	1								10
39		尖叫	1							15	
40		仰头哞叫	1	15							
41		呻吟	3			5	5			5	
42	死时	病数分钟	1							10	
43		病0.5~1小时	1	10							
44	头	抵物∨抵碰障物(墙∨槽)不动	2		5						25
45	头-颌下	水肿∧不易消失	1					10			
46	消-反刍	停止∨消失	2				5			5	
47	消-粪附	黏液∨假膜∨脓物∨蛋清∨绳管物	1					15			
48	消-粪味	恶臭	1								15
49	消-粪稀	稀∨软∨糊∨泥∨粥∨痢∨泻∨稠	5	5				15	5	5	5
50	消-粪干	先便秘(干)后腹泻	1								15
51	消-粪血	血丝∨血凝块	1					15			
52	消-腹	蹴腹∨踢腹	1								10
53		肌肉发颤∨强直痉挛	1	10							

续表 22 组

序	类	症(信息)	统	32 牧草抽搐	43 维A缺乏症	73 氢氰酸中毒	78 尿素中毒	80 霉麦芽根中毒	87 有机氯中毒	88 有机氟中毒	91 铅中毒
54	消-腹	腹痛	2							10	15
55	消-胃	瘤胃-蠕动减弱∨稍弱∨次数少∨慢	2				5				10
56	消-胃肠	发炎	2		5						10
57	牙	磨牙	6	5		5	5		5	5	5
58		牙关紧闭	2	15			10				
59	眼	对光反射减弱-消失	1		10						
60		干病(泪腺细胞萎缩∨坏死∨鳞片化)	1		15						
61		视觉功能减弱-目盲	1		15						
62		流泪	1					15			
63		夜盲	1		50						
64		眨眼	1								15
65	眼-检查	视盘水肿	1		5						
66		视网膜淡蓝色∨粉红色	1		15						
67	眼睑	反射减弱∨消失	1								15
68	眼睑	闪动	1						15		
69	眼球	突出	2		10			10			
70		震颤	2	5		10					
71		转动∨失明	1								15
72	眼视力	减退∨视力障碍	1			10					
73	眼瞬膜	露出	1	10							
74	运	摔倒在地不能站	1				10				
75	运-动	不爱走∨不愿走	1							5	
76		盲目走动	2	10							10
77	运-关节	强拘尤其跗关节	1					10			
78	运-后肢	呈鸡跛	1					15			
79		麻痹	2			5			10		
80	运-肌	松弛	5	10		10		10	15		5
81	运-前肢	八字叉开	1					15			
82	运-四肢	划动∨游泳样	2	10				10			
83		肌肉发颤∨强直痉挛	1	10							
84		乱蹬	1						10		
85	运-异常	踉跄∨不稳∨共济失调∨蹒跚	6	5	5	5	10		10		15

续表 22 组

序	类	症(信息)	统	32 牧草抽搐	43 维A缺乏症	73 氢氰酸中毒	78 尿素中毒	80 霉麦芽根中毒	87 有机氯中毒	88 有机氟中毒	91 铅中毒
86		无方向小心移步	1		10						
87		转圈	1								10
88	运-站立	不稳	3					5	10		5
89		姿势异常	1					10			
90	运-肘肌	震颤	2					15	15		
91	症	反复发作间歇期由长变短∧病情渐重	1						10		
92	殖-发情	表现为本病前驱症状	1	15							

23 组　叫声异常

序	类	症(信息)	统	8 炭疽	32 牧草抽搐	39 锰缺乏症	43 维A缺乏症	88 有机氟中毒	91 铅中毒
		ZPDS		20	23	15	20	15	26
1	声	对声过敏	1				5		
2		吼叫	1						10
3		尖叫	1					15	
4		哞叫	2	10		5			
5		仰头哞叫	1		15				
6	鼻流-血	血样泡沫∨混血丝	1	25					
7	病牛	高产奶牛	1		10				
8	病因	食含被铅污染的饲料饮水	1						15
9		食含有机氟杀虫剂的草料	1					15	
10	精神	冲撞他物∨攀登饲槽	1	10					
11		呆立不动∨离群呆立	2				10		10
12		对人追击	1						25
13		横冲直撞∨感觉过敏对(触摸∨音响)	1						15
14		惊厥	2		10		5		
15		恐惧∨惊恐∨惊慌	3	10				15	15
16		狂暴∨狂奔乱跑∨爬栏	2					15	15
17		不安∨兴奋(不安∨增强)	3	10	5			15	
18		意识丧失∨异常∨障碍	1		10				
19		敏感∨过敏-对触觉∨对刺激∨对声音	2		35		5		

续表 23 组

序	类	症(信息)	统	8	32	39	43	88	91
				炭疽	牧草抽搐	镁缺乏症	维A缺乏症	有机氟中毒	铅中毒
20	口-流涎	含泡沫∨黏液	3	15	5				5
21	口-流血	泡沫样	1	25					
22	口-舌	炎肿	1	15					
23	毛	粗乱∨干∨无光∨褪色∨逆立∨脆	2			15	5		
24	皮炭疽	痈:初硬固热→冷无痛坏溃	1	15					
25	乳房皮	发生炭疽痈	1	10					
26	身-颤	震颤∨颤抖∨战栗	4		15	10	5	5	
27	身生长	慢(长期吃低含铅草料)	1						10
28	身-姿	佝偻病犊生前即肢腿弯曲	1			10			
29		畸形长期吃低含铅草料-新犊	1						15
30		角弓反张	4		10		5	10	5
31	死时	病数分钟	1					10	
32		病 0.5~1 小时	1		10				
33	死样	痉挛(反复)+口吐白沫+瞳孔散大	1					15	
34	死因	治疗不及时∧呼吸中枢衰竭	1		15				
35		心力衰竭∨心脏停搏∨循环衰竭	1					15	
36	头	抵物∨抵碰障物(墙∨槽)不动	2				5		25
37	头-咽喉	发炎∨肿胀	1	15					
38	头肌	震颤	1						15
39	头颈	肌肉发颤∨强直痉挛	1		10				
40	头颈肌	强直∨震颤	1						15
41	头颈下	皮肤松软处发生炭疽痈	1	10					
42	消-粪味	恶臭∨先便秘(干)后腹泻	1						15
43	消-腹	肌肉发颤∨强直痉挛	1		10				
44	消-腹痛	蹴腹∨踢腹	2					10	15
45	消-肛门	流血样泡沫	1	15					
46	消-胃	瘤胃-蠕动减弱∨稍弱∨次数少∨慢	1						10
47	消-胃肠	发炎	2				5		10
48	循-脉	细弱快	1					10	
49	循-心律	心律失常∨异常	1					10	
50	循-心室	纤维性颤动	1					10	
51	牙	磨牙	3		5			5	5
52		牙关紧闭	1		15				

续表 23 组

序	类	症(信息)	统	8 炭疽	32 牧草抽搐	39 锰缺乏症	43 维A缺乏症	88 有机氯中毒	91 铅中毒
53	眼	对光反射减弱-消失	1				10		
54		干病(泪腺细胞萎缩∨坏死∨鳞片化)	1				15		
55		视觉功能减弱-目盲	1				15		
56		夜盲	1				50		
57		眨眼	1						15
58	眼-检查	视网膜淡蓝色∨粉红色	1				15		
59	眼睑	反射减弱∨消失	1						15
60	眼-角膜	发炎∨肥厚∨干燥∨混浊∨损伤	1				15		
61	眼-结膜	发绀	1	10					
62		小出血点	1	10					
63	眼球	突出	1				10		
64		转动∨失明	1						15
65	眼瞬膜	露出	1		10				
66	运-动	盲目走动	2		10				10
67	运骨	肱骨-异常重量∨长度∨抗断性	1			15			
68	运-关节	麻痹	1			5			
69	运-肌	松弛	2		10				5
70	运-起立	困难	1			5			
71	运-四肢	划动∨游泳样	1		10				
72		肌肉发颤∨强直痉挛	1		10				
73		立姿异常球节肿大突起扭转	1			25			
74		伸展过度	0						
75	运-异常	踉跄∨不稳∨共济失调∨蹒跚	4	10	5		5		15
76		失调∨功能障碍∨失衡	2		5	5			
77		如醉酒摇晃间倒地	1	15					
78		无方向小心移步	1				10		
79		转圈	1						10
80	殖-发情	表现为本病前驱症状	1		15				
81		弱∨周期延长∨延迟	1			10			
82	殖-公牛	睾丸萎缩	1			10			
83		性欲减退∨消失	2			10	5		
84	殖-流产	死胎	3	5		10	5		
85	殖-卵巢	萎缩∨受胎率低∨胎儿被吸收	1			10			

续表 23 组

序	类	症(信息)	统	8 炭疽	32 牧草抽搐	39 锰缺乏症	43 维A缺乏症	88 有机氟中毒	91 铅中毒
86	殖-外阴	皮肤松软处发生炭疽痈	1	10					
87	殖-阴门	流:血样泡沫	1	15					
88	殖-孕	不受孕∨不易受孕	1			10			

24 组　呻　吟

序	类	症(信息)	统	18 前胃弛缓	19 瘤胃食滞	21 瘤胃酸中毒	24 瓣胃阻塞	28 酮病	29 妊娠毒血症	35 骨软症	73 氢氰酸中毒	74 亚硝酸盐中毒	78 尿素中毒	79 黄曲霉中毒	85 栎树叶中毒	86 有机磷中毒	88 有机氟中毒	100 创伤性心包炎
		ZPDS		14	17	28	13	30	25	23	15	18	21	19	26	24	18	16
1	声	呻吟	15	10	5	10	5	5	5	5	5	5	5	5	5	5	5	5
2	鼻流-液	鼻液∨黏液∨脓液	2												5	10		
3	病	酮病被(前胃弛缓∨乳房炎等)掩盖	1					10										
4	病伴发	产后发症症状如酮病	1						10									
5	病牛	泌乳盛期高产奶牛群	1					10										
6	病势	发展较迅速	1			10												
7	病因-食	被霉菌污染的饲料	1											15				
8		含青苷植物∨子实	1								10							
9		烂菜类	1									10						
10		栎树叶幼叶∨新芽1周发病	1												15			
11		尿素或其他非蛋白氮	1										15					
12		喷洒有机磷农药的植物	1													15		
13		有机氟杀虫剂保管不当	1														15	
14	病预后	持久躺卧发生褥疮被迫淘汰	1							10								
15	呼	发吭吭声	1												10			
16	呼出气	丙酮味	2					15	15									
17	呼-咳嗽	阵发	1										5					
18	呼吸道	氨刺激症状	1										25					
19		腹式呼吸	1															5
20	呼吸	困难	4									10	25			5		10

续表 24 组

序	类	症(信息)	统	18 前胃弛缓	19 瘤胃食滞	21 瘤胃酸中毒	24 瓣胃阻塞	28 酮病	29 妊娠毒血症	35 骨软症	73 氢氰酸中毒	74 亚硝酸盐中毒	78 尿素中毒	79 黄曲霉中毒	85 栎树叶中毒	86 有机磷中毒	88 有机氟中毒	100 创伤性心包炎
21	精神	反射功能亢进	1										10					
22		昏迷∨昏睡∨嗜睡	4			5			10							5	5	
23		紧张	1					10										
24		恐惧∨惊恐∨惊慌	2											10			15	
25		狂暴∨狂奔乱跑	3					15								15	15	
26		盲目徘徊-犊	1											10				
27		前冲后退	1												15			
28		兴奋→沉郁	1								15							
29		不安∨兴奋(不安∨增强)	5					5	5		5		5				15	
30		不敏感∨感觉丧失∨反射减∨失	3						15		5		15					
31		敏感∨过敏-对触觉∨对刺激∨对声音	1					15										
32	口	不洁	1	15														
33		有黄豆大溃疡	1												15			
34		张嘴∨张口伸舌	1										10					
35	口唇	周围沾满唾液泡沫	1										10					
36	口-流涎	含泡沫∨黏液	6			10		15			15	10	5			10		
37	口味	恶臭	1	15														
38	尿味	丙酮气味	1					50										
39	尿性	泡沫状∨淡黄色水样	1					15										
40		酸性反应∨酮反应强阳性+	1						25									
41	皮温	不均∨不整	2										5					5
42	皮-黏膜	苍白∨淡染	1													5		
43		鲜红色	1								15							
44		发绀	3			5						5				5		
45		黄疸∨黄染	2						10					15				
46	乳房色	苍白∨淡染∨贫血	1									15						
47		淡紫	1									15						

续表 24 组

序	类	症(信息)	统	18 前胃弛缓	19 瘤胃食滞	21 瘤胃酸中毒	24 瓣胃阻塞	28 酮病	29 妊娠毒血症	35 骨软症	73 氢氰酸中毒	74 亚硝酸盐中毒	78 尿素中毒	79 黄曲霉中毒	85 栎树叶中毒	86 有机磷中毒	88 有机氟中毒	100 创伤性心包炎
48	乳头	苍白	1									15						
49		淡紫	1									15						
50	乳汁味	挤出散发丙酮气味	1					15										
51	身-背	弓腰∨捏压疼痛躲闪	2							5								10
52	身-颤	抽搐∨抽搐-倒地	1														10	
53		震颤∨颤抖∨战栗	5				5	10					25			10	5	
54		痉挛由头开始→周身	1													15		
55	身-汗	出汗∨全身出汗∨大出汗	3			5		5								15		
56		背出汗	1										5					
57		带丙酮气味	1						15									
58	身后躯	不全麻痹	2					10	5									
59		变形∨摇摆	1							10								
60	身-衰	衰竭	1		10													
61	身-水肿	无热痛由后躯向腹下-胸前蔓延	1												15			
62		有波动感针刺流出淡黄透明液体	1												15			
63	身-体重	减轻	1					10										
64	身-卧	被迫躺卧-不能站起	1									10						
65		不愿走动	1															15
66		横卧-地上被迫	3			10		15	15									
67		卧习改变多站立	1															15
68		头屈曲置肩胛处呈昏睡状	1					35	35									
69	身-胸廓	隆起∨扁平∨背腰凹下	1							10								
70	身-腰	背腰弓起∨拱腰姿势	2		5			10										
71	身-姿	角弓反张	3								10		10				10	
72		乳热(产后瘫痪牛特有姿势)	1			35												
73	身-左肷	凹陷	1	15														
74		平坦	1		15													
75	声	尖叫	1														15	

续表 24 组

序	类	症(信息)	统	18 前胃弛缓	19 瘤胃食滞	21 瘤胃酸中毒	24 瓣胃阻塞	28 酮病	29 妊娠毒血症	35 骨软症	73 氢氰酸中毒	74 亚硝酸盐中毒	78 尿素中毒	79 黄曲霉中毒	85 栎树叶中毒	86 有机磷中毒	88 有机氟中毒	100 创伤性心包炎
76	食-采食	偷食谷类精料后 12～24 小时现症	1			15												
77	食-饮欲	大增∨烦渴∨增加	1			15												
78	食欲	吃些饲草→拒青干草	1					15										
79		时好时差	2	15						5								
80		异食(泥∨粪∨舔∨褥草∨铁∨木∨石)	2					5		15								
81		仅偏嗜草料采食少许，随之食欲废绝	1	15														
82		不振∨减	11	5		5	5		5			5	5	5	5	5	5	5
83		厌食∨废绝∨停止	1											5				
84		厌食精料	1					15										
85		厌食青绿饲草	1												10			
86	死时	病数分钟	1														10	
87	死时	病 12 小时死亡	1			10												
88		病 2～3 天	1						25									
89		病 7～8 天	1												5			
90		急性死亡∨病不久	2									10			5			
91	死样	发吼叫迅速窒息而死	1								15							
92		痉挛(反复)＋口吐白沫＋瞳孔散大	1														15	
93	死因	脱水衰竭	1				10											
94		心力衰竭∨心脏停搏∨循环衰竭	3													5	15	5
95		最终昏迷而死	1											5				
96	头	仰姿∨抬头望天	1						10									
97		弯曲在肩	1			15												
98	头颈	静脉-波动明显	1															15
99		静脉-怒张如条索状	2									5						15
100		伸直∨伸展	1							15								

续表 24 组

序	类	症(信息)	统	18 前胃弛缓	19 瘤胃食滞	21 瘤胃酸中毒	24 瓣胃阻塞	28 酮病	29 妊娠毒血症	35 骨软症	73 氢氰酸中毒	74 亚硝酸盐中毒	78 尿素中毒	79 黄曲霉中毒	85 栎树叶中毒	86 有机磷中毒	88 有机氯中毒	100 创伤性心包炎
101	头-面肌	震颤	1													10		
102	尾	举尾	1					10										
103	尾椎骨	转位∨变软∨萎缩∨最末椎体消失	1							15								
104	消-肠	蠕动音减弱∨消失	1	10														
105	消-粪附	黏液∨假膜∨脓物∨蛋清∨绳管物	3	15										15	5			
106		白色黏液	1				35											
107	消-粪色	暗	2	15	15													
108		黑∨污黑∨黑红色∨褐红色	2						15						10			
109	消-粪味	恶臭	4		15		10		15						15			
110		腥臭∨多天不排粪	1												10			
111	消-粪性	迟滞	1		10													
112		减少呈胶冻状∨黏浆状	1				15											
113		里急后重	1											15				
114		泡沫∨附气泡	1			10												
115		停止	1														5	
116		停滞∨排球状少量干粪附黏液	1					15										
117	消-粪稀	稀∨软∨糊∨泥∨粥∨痢∨泻∨稠	11		15	10		5	15	5		10		10	10	15	5	5
118		稀如水∨水样汤	1													15		
119	消-粪干	便秘∨秘泻交替	2				35			5								
120		干	2	15											10			
121		干极少念珠状粪球	1												15			
122		干球-顽固粪状∨扁硬块状	1				35											
123		干少∨干硬少∨鸽蛋大	4		15				5						10			10
124	消-粪血	黑血液	1												15			
125		血丝∨血凝块	2			10								15				

续表 24 组

序	类	症(信息)	统	18 前胃弛缓	19 瘤胃食滞	21 瘤胃酸中毒	24 瓣胃阻塞	28 酮病	29 妊娠毒血症	35 骨软症	73 氢氰酸中毒	74 亚硝酸盐中毒	78 尿素中毒	79 黄曲霉中毒	85 栎树叶中毒	86 有机磷中毒	88 有机氟中毒	100 创伤性心包炎
126	消-腹	蹴腹 V 踢腹	4		5	10								10	5			
127		紧缩 V 缩腹 V 下腹部卷缩	2							5						10		
128		稍紧张	1			10												
129		左下腹膨大	1		15													
130	消-腹	腹痛	6			10						10		5	5	15	10	
131	消-腹围	紧缩腹壁紧张-中等程度	1			5												
132	消-肛门	直检紧缩 V 空虚 V 壁干涩	1				10											
133	消-胃	瓣胃-触诊 V 叩诊显痛 Λ 浊音区扩大	1				35											
134		瓣胃-蠕动听诊弱→消失	1				15											
135		瘤胃-触诊似捏粉样-坚实易压陷	1		35													
136		瘤胃-触诊硬度:稍软 V 稍硬	1	15														
137		瘤胃-臌气	5			10					5	5	5			5		
138		瘤胃-叩诊呈浊音 V 其上呈鼓音	1		15													
139		瘤胃-蠕动减弱 V 稍弱 V 次数少 V 慢	6	10		5			5	5			5		5			
140		瘤胃-蠕动-时有时无	1	15														
141		瘤胃-听诊蠕动减弱 V 停止	1		10													
142		瘤胃-伴发炎症	1			10												
143		前胃-弛缓	2							10				5				
144		直检发现瘤胃腹囊后移至骨盆腔	1		35													
145	消-胃肠	发炎	1						15									
146	消-直肠	直检紧缩 V 空虚 V 壁干涩	1				10											
147	循-血	贫血	1							5								
148	牙	牙关紧闭	1										10					

续表 24 组

序	类	症(信息)	统	18 前胃弛缓	19 瘤胃食滞	21 瘤胃酸中毒	24 瓣胃阻塞	28 酮病	29 妊娠毒血症	35 骨软症	73 氢氰酸中毒	74 亚硝酸盐中毒	78 尿素中毒	79 黄曲霉中毒	85 栎树叶中毒	86 有机磷中毒	88 有机氟中毒	100 创伤性心包炎
149	眼	畏光流泪	1													10		
150	眼睑	震颤	1													10		
151	眼-结膜	黄染	1												10			
152	眼-目光	凝视	1						15									
153	眼球	震颤	3					5	5		10							
154	眼视力	减退V视力障碍V失明	4			15					10			5		5		
155	眼瞳孔	散大	4			5					5		5				5	
156	运-步	跛行V幅短缩V强拘V僵硬	1							10								
157	运-关节	肢腿关节:发出爆裂音响	1							15								
158	运-后肢	八字形	1							15								
159	运-肌	松弛	4		5	10					10	10						
160	运-前肢	不时交互负重V膝着地	1							15								
161		屈曲卧地起不来	1					15										
162	运-四肢	骨骼变形	1							10								
163	运-蹄尖	着地	1							10								
164	运-异常	冲撞墙壁V前奔V后退V转圈	1					15										
165	运-异常	不稳V共济失调V蹒跚	7			5		10	10		5	5	10			5		
166		走上坡灵活不愿下坡V斜走	1															25
167	运-站立	不安	4		5	10								5	5			
168		不安(犊)	1											10				
169		不能持久强迫站现全身颤抖	1							10								
170		不能V四肢叉开V相互交叉	1					15										
171		前高后低后腿踏在粪沟内	1															15
172	运-肢	飞节内肿	1							10								
173	运-肘	外展	1															15
174	症	比犊轻	1											15				
175	殖-产道	恶露多量褐色腐臭	1						10									

25 组　食欲异常

序	类	症(信息)	统	18 前胃弛缓	22 瘤胃角化不全	26 皱胃左方移位	28 酮病	34 佝偻病	35 骨软症	36 铜缺乏症	37 铁缺乏症	43 维A缺乏症	75 淀粉渣浆中毒	77 酒精中毒
		ZPDS		19	15	15	29	16	28	14	10	16	23	20
1	食欲	吃些饲草→拒青干草	1				15							
2		时好时差	4	15	10				5					10
3		异食(泥∨粪∨褥草∨木∨石)	7				5	15	15	5	15	5	10	
4		仅偏嗜草料少许,随之废绝	1	15										
5		偏嗜粗饲∨异嗜如舔舐自身∨互舔	1		15									
6		拒食精料采食少量青草∨干草	1			15								
7	鼻镜	干∨皲裂	1	10										
8	病	酮病被(前胃弛缓∨乳房炎等)掩盖	1				10							
9	病程	慢性∨较慢∨较长	1		10									
10	病牛	泌乳盛期高产奶牛群	1				10							
11	病因-食	过量淀粉渣浆	1										10	
12		酒糟	1											15
13	病预后	持久躺卧发生褥疮被迫淘汰	1						10					
14		轻微运动过后也易发病	1							10				
15	呼出气	丙酮味	1				15							
16	精神	呆立不动∨离群呆立	1									10		
17		紧张	1				10							
18		狂暴∨狂奔乱跑	1				15							
19		敏感(对触觉∨对刺激∨对声音)	3				15	5				5		
20	口	不洁	1	15										
21	口裂	不能完全闭合	1					10						
22	口-流涎	含泡沫∨黏液	1				15							
23	口味	恶臭	1	15										
24	肋骨	念珠状肿-肋软骨连接处	1					35						
25	毛	无光黑毛→锈褐色,红毛→暗褐色	1							35				
26	尿量	少	1				15							
27	尿	淡黄色水样	1				15							
28		血尿症∨血尿-间歇性	1											15
29		丙酮气味泡沫状	1				50							
30	皮坏死	破溃∨化脓∨坏死-久不愈合	1											10

续表 25 组

序	类	症(信息)	统	18 前胃弛缓	22 瘤胃角化不全	26 皱胃左方移位	28 酮病	34 佝偻病	35 骨软症	36 铜缺乏症	37 铁缺乏症	43 维A缺乏症	75 淀粉渣浆中毒	77 酒糟中毒
31	皮-黏膜	苍白V淡染	2		10						15			
32		黄疸V黄染	2		10									10
33	乳-量	减少V下降V大减V骤减	7		5	5	10		5	5		5	5	
34		停止V无奶V丧失	1	5										
35	乳汁味	挤出散发丙酮气味	1				15							
36	乳脂率	低V降至0.8%～1.0%	1		5									
37	身	脱水	3				10			5				15
38	身-背	弓腰	2						5				5	
39	身-颤	抽搐V震颤V颤抖V战栗	3				10	5				5		
40	身后躯	不全麻痹	1				10							
41	身后躯	摇摆V变形	2						10				5	
42	身脊背	凸起	1					10						
43	身-衰	衰竭	1			10								
44	身-卧	不愿走动	1			10								
45		横卧-地上被迫	1				15							
46		卧地不起V躺卧姿势	3			5							10	5
47		喜卧-不愿意站	4	5		10			5					5
48		以头屈曲置肩胛处呈昏睡状	1				35							
49	身-胸廓	变形V隆起V扁平	2					35	10					
50	身-腰	背腰凹下	1						15					
51		拱腰姿势	1				10							
52	身-左侧	中部倒数第2～3肋间可听到钢管音	1			15								
53		凹陷	1	15										
54	食欲	只吃一些新鲜青绿饲草	1										15	
55		不振V减	7	5	5			15		5	15	5	5	
56		厌食V废绝V停止	1			15								
57		厌食精料	1				15							

续表 25 组

序	类	症(信息)	统	18 前胃弛缓	22 瘤胃角化不全	26 皱胃左方移位	28 酮病	34 佝偻病	35 骨软症	36 铜缺乏症	37 铁缺乏症	43 维A缺乏症	75 淀粉渣浆中毒	77 酒糟中毒
58	头颈	伸直∨伸展	1						15					
59	头-颜面	隆起增宽	1					10						
60	尾	举尾	1				10							
61	尾椎骨	变软变形	1										35	
62		转位∨变软∨萎缩∨最末椎体消失	1						15					
63	消-肠	蠕动音减弱∨消失	1	10										
64	消-反刍	减少∨减弱∨弛缓	1	10										
65		停止∨消失	1	10										
66		紊乱∨异常∨不规律	2								5		10	
67	消-粪附	黏液∨假膜∨脓物∨蛋清∨绳管物	3	15		15								15
68	消-粪量	时多时少	1										10	
69	消-粪色	暗	1	15										
70		黑∨污黑∨黑红色∨褐红色	1										15	
71		棕褐色	1										15	
72	消-粪味	恶臭	1											15
73	消-粪性	时干时稀	1										10	
74		停滞∨排球状少量干粪附黏液	1				15							
75		无粪排出	1										10	
76	消-粪稀	稀∨软∨糊∨泥∨粥∨痢∨泻∨稠	6			10	5		5	15			15	15
77	消-粪干	便秘-腹泻交替	3		5				5		5			
78		先便秘(干)后腹泻	1								10			
79		干	1	15										
80		干少∨干硬少	2			15							15	
81	消-粪血	黑血液	1										15	
82	消-腹	触诊敏感-肝脓肿破溃继发腹膜炎	1		15									
83		左腹壁扁平状隆起	1			15								
84	消-腹腔	穿刺液浑浊发腐败臭气∧含絮状物	1		25									

续表 25 组

序	类	症(信息)	统	18	22	26	28	34	35	36	37	43	75	77
				前胃弛缓	瘤胃角化不全	皱胃左方移位	酮病	佝偻病	骨软症	铜缺乏症	铁缺乏症	维A缺乏症	淀粉渣浆中毒	酒糟中毒
85	消-腹	腹痛	1											10
86	消-肝	触诊有痛反应	1		10									
87		叩诊界扩大	1		10									
88	消化	不良-顽固性的	2		15									5
89	消-胃	瘤胃-触诊硬度:稍软Ⅴ稍硬	1	15										
90		瘤胃-蠕动减弱Ⅴ稍弱Ⅴ次数少Ⅴ慢	6	10	5	5			5				10	5
91		瘤胃-蠕动-时有时无	1	15										
92		瘤胃-蠕动停止Ⅴ消失	1			5								
93		瘤胃-蠕动紊乱	1								5			
94		前胃-弛缓	3						10				10	5
95		皱胃-发滴水音(左髋-肘)连线下	1			15								
96	消-胃肠	发炎	2									5		10
97	循-血	贫血	5					5	5	15	10	5		
98	牙	磨牙	3	10			5		5					
99		松动Ⅴ脱落	1											15
100		咬合不全	1					10						
101	眼	对光反射减弱-消失	1									10		
102		干病(泪腺细胞萎缩Ⅴ坏死Ⅴ鳞片化)	1									15		
103		视觉功能减弱-目盲	1									15		
104		夜盲	1									50		
105	眼-检查	视网膜淡蓝色Ⅴ粉红色	1									15		
106	眼-角膜	发炎Ⅴ肥厚Ⅴ干燥Ⅴ混浊Ⅴ损伤	1									10		
107	眼-结膜	苍白	1								15			
108	眼球	突出	1									10		
109	眼周	毛无Ⅴ白似眼镜外观	1							25				
110	运-步	跛行	4					5	5				5	10
111		幅短缩	1						10					

续表 25 组

序	类	症(信息)	统	18 前胃弛缓	22 瘤胃角化不全	26 皱胃左方移位	28 酮病	34 佝偻病	35 骨软症	36 铜缺乏症	37 铁缺乏症	43 维A缺乏症	75 淀粉渣浆中毒	77 酒糟中毒
112		强拘∨僵硬	3					5	10				5	
113		变形∨弯曲∨硬度降低∨脆软∨骨折	1					15						
114	运骨	骨质脆弱易骨折∨皮质-变薄	1							10				
115		松∨脆∨裂∨折见(肋∨肢∨骨盆)	2						5					15
116	运-关节	肢腿关节:发出爆裂音响	1						15					
117	运-后肢	八字形	1						15					
118		系部皮肤发红∨肿胀∨皮疹∨大疱∨溃疡∨痂皮	1											15
119	运-肌	乏力	1				10							
120	运-前肢	不时交互负重∨膝着地	1						15					
121		屈曲卧地起不来	1				15							
122	运-四肢	长骨弯腕关节O形,跗关节X形姿势	1					35						
123		骨骼变形	1						10					
124		关节近端肿大	1					10						
125		末端冷凉∨厥冷	1								5			
126	运-蹄尖	着地	1						10					
127	运-异常	前奔∨后退∨转圈∨撞墙	1				15							
128		无方向小心移步	1									10		
129	运-站立	不能持久强迫站现全身颤抖	1						10					
130		不能∨时四肢叉开∨相互交叉	1				15							
131	运-肢	飞节内肿	1						10					
132	殖	繁殖功能障碍∨降低	1							5				
133	殖-发情	周期性延迟∨不发情-放牧牛	1							10				
134	殖-母牛	性周期延迟∨一时性不孕∨早产	1							10				
135	殖-新犊	跛∨强拘∨两腿相碰∨关节大变形	1							5				

26组　厌　食

序	类	症(信息)	统	1 口蹄疫	5 牛黏膜病	17 消化不良	26 皱胃左方移位	27 胃肠炎	28 酮病	57 产后瘫痪	61 子宫内膜炎	76 棉籽饼中毒	79 黄曲霉中毒	85 栎树叶中毒	90 铜中毒
		ZPDS		17	22	19	16	21	34	25	17	28	16	26	13
1	**食欲**	**厌食∨废绝∨停止**	10	5	5	5	15	5		10	5	10	5		10
2		**厌食精料**	1						15						
3		**厌食青绿饲草**	1											10	
4	鼻镜	糜烂	1		10										
5	病	酮病被(前胃弛缓∨乳房炎等)掩盖	1						10						
6	病龄	幼龄∨青年牛	1		10										
7	病牛	泌乳盛期高产奶牛群	1						10						
8	病因	食被霉菌污染的饲料	1										15		
9		食栎树叶幼叶∨新芽1周发病	1											15	
10		食棉籽	1									15			
11		食含铜盐∨铜添加剂	1												15
12	病-中毒	碱中毒∨酸中毒	1					10							
13	呼	发吭吭声	1											10	
14	呼出气	丙酮味	1						15						
15	呼吸	困难	1							10					
16	精神	昏睡∨嗜睡	1							35					
17		紧张	1						10						
18		恐惧∨惊恐∨惊慌	1										10		
19		狂暴∨狂奔乱跑	1						15						
20		盲目徘徊(犊)	1										10		
21		前冲后退	1											15	
22		不安∨兴奋(不安∨增强)	3						5	10		10			
23		敏感∨过敏-对触觉∨对刺激∨对声音	2						15	10					
24	口	有黄豆大溃疡	1											15	
25		灼热	1	10											
26	口边	白色泡沫	1	10											
27	口唇	豆大-核桃大水疱	1	15											
28		糜烂∨溃疡	1		10										
29	口-颊	豆大-核桃大水疱	1	15											
30	口-流涎	含泡沫∨黏液	1						15						

续表 26 组

序	类	症(信息)	统	1 口蹄疫	5 牛黏膜病	17 消化不良	26 皱胃左方移位	27 胃肠炎	28 酮病	57 产后瘫痪	61 子宫内膜炎	76 棉籽饼中毒	79 黄曲霉中毒	85 栎树叶中毒	90 铜中毒
31	口-流涎		3	15	5				15						
32	口色	潮红	1	10											
33	口-舌	豆大-核桃大水疱	1	15											
34	口-舌腭	糜烂∨溃疡	1		10										
35	尿	少∨淡黄色水样	2						15					5	
36		血红蛋白尿	1												10
37	尿味	丙酮气味	1						50						
38	尿性	结石∨混浊-公牛	1									10			
39		泡沫状	1						15						
40	皮-水疱	经 3 天破溃烂→愈合留瘢痕	1	15											
41	皮温	不均∨不整	1					10							
42	皮-黏膜	苍白∨淡染	2									10			10
43		充血	1							5					
44		发绀	2							5		10			
45		黄疸∨黄染	3									15	15		10
46	乳房	水疱∨烂斑	1	15											
47	乳-量	减少∨下降∨大减∨骤减	4		5		5		10					10	
48	乳头	坏死∨糜烂∨水疱∨肿胀	1	15											
49	乳汁色	发红∨粉红	1	15											
50	乳汁味	挤出散发丙酮气味	1						15						
51	身	脱水	5		5			10	10			5			5
52	身-颤	震颤∨颤抖∨战栗	1						10						
53	身后躯	不全麻痹	1						10						
54	身-力	四肢无力左右摇晃摔倒	1							15					
55	身生长	发育缓慢∨延迟∨不良	2									10	5		
56	身-瘦	渐瘦	1			10									
57		消瘦含迅速∨明显等∨高度	4		5	15			5			5			
58	身-衰	衰竭	1				10								
59		衰弱∨虚弱	2			15						10			
60	身-水肿	无热痛由后躯向腹下-胸前蔓延	1											15	

续表 26 组

序	类	症(信息)	统	1 口蹄疫	5 牛黏膜病	17 消化不良	26 皱胃左方移位	27 胃肠炎	28 酮病	57 产后瘫痪	61 子宫内膜炎	76 棉籽饼中毒	79 黄曲霉中毒	85 栎树叶中毒	90 铜中毒
61		有波动感针刺流出淡黄透明液体	1											15	
62	身-体重	减轻	2				5		10						
63	身-卧	安然静卧几次挣扎而不能站起	1							15					
64		不愿走动	1				10								
65		横卧-地上被迫	1						15						
66		瘫痪被迫躺卧地上∧企图站起	1							35					
67		卧地不起∨躺卧姿势	3	5			5			10					
68		喜卧-不愿意站	2				10	5							
69		以头屈曲置肩胛处呈昏睡状	1						35						
70	身-腰	拱腰姿势	1						10						
71	身-站立	不安	1									15			
72	身-姿	佝偻病	1									10			
73		犬坐姿势卧地后前肢直立后肢无力	1							15					
74	身-左侧	中部倒数第 2-3 肋间可听到钢管音	1				15								
75	声	呻吟	4						5			5	5	5	
76	食-饮欲	大增∨烦渴∨增加	2					10							10
77		废绝∨失∨大减	1						10						
78	食欲	吃些饲草→拒青干草	1						15						
79		拒食精料采食少量青竹∨干草	1				15								
80	头	偏于体躯一侧	1							15					
81	头颈	弯曲 S 状∨静脉压降低∨洼陷∨震颤	1							10					
82	尾	举尾∨做排尿姿势(公牛)	3						10		5	15			
83	尾根	粪水浸渍	1					10							
84	消-粪附	黏液∨假膜∨脓物∨蛋清∨绳管物	7		15		15	35				10	15	5	15
85	消-粪色	淡灰	1		5										
86		黑∨污黑∨黑红色∨褐红色	2											10	10
87		绿色∨蓝色	1												15
88		浅灰色	1		15										
89	消-粪味	恶臭∨臭味较大	4		10				5			15		15	
90		腥臭	2					35						10	

续表 26 组

序	类	症(信息)	统	1	5	17	26	27	28	57	61	76	79	85	90
				口蹄疫	牛黏膜病	消化不良	皱胃左方移位	胃肠炎	酮病	产后瘫痪	子宫内膜炎	棉籽饼中毒	黄曲霉中毒	栎树叶中毒	铜中毒
91	消-粪性	多天不排粪	1											15	
92		里急后重	2					10					15		
93		喷射状	1		15										
94		失禁	1					10							
95		停滞∨排球状少量干粪附黏液	1						15						
96	消-粪稀	稀∨软∨糊∨泥∨粥∨痢∨泻∨稠	9		10	5	10	10	5			10	10	10	10
97		稀剧烈∧持续	1					15							
98		稀如水∨水样汤	2		15			35							
99	消-粪干	先便秘(干)后腹泻	1									10			
100		干	3				15			5				10	
101	消-粪血	黑血液	1											15	
102		血丝∨血凝块	3		15			35					15		
103	消-腹	蹴腹∨踢腹	3					10					10	5	
104	消-腹	左腹壁扁平状隆起	1				15								
105	消-腹痛	摇尾	4					10					5	5	15
106	消-腹围	膨胀∨增大	1			5									
107	消-肝炎	慢性增生	1									10			
108	消-肛门	程度不一的水肿	1											5	
109		反射消失∨松弛	1							10					
110		粪水浸渍	1					10							
111	消化	不良-在产犊后或妊娠后期	1			10									
112		紊乱∨异常	1									10			
113	消-胃	瘤胃-后看左上下腹∨右下腹隆L形	1			35									
114		瘤胃-臌气堵住骨盆入口	2			35				10					
115		瘤胃-臌气以背囊明显腹囊也大	1			35									
116		瘤胃-臌气中度∨重度-泡沫性	1			35									
117		瘤胃-蠕动减弱∨稍弱∨次数少∨慢	5			5	5			5		5		5	
118		瘤胃-蠕动停止∨消失	3			10	5							5	
119		瘤胃-快(3~6次/分)蠕动弱	1			35									
120		幽门-阻塞与瘤胃迟缓联合发生	1			15									

续表 26 组

序	类	症(信息)	统	1 口蹄疫	5 牛黏膜病	17 消化不良	26 皱胃左方移位	27 胃肠炎	28 酮病	57 产后瘫痪	61 子宫内膜炎	76 棉籽饼中毒	79 黄曲霉中毒	85 栎树叶中毒	90 铜中毒
121		皱胃-发(铃∨水)音(左髋-肘)连线下	1				15								
122		皱胃-膨胀坚实-在腹底-直检知	1			35									
123		皱胃-阻塞因瘤胃蠕动停止	1			15									
124	消-胃肠	发炎	2					15							15
125		炎-症状有原发胃肠炎症状延续	1					15							
126	循-血	贫血	1									10			
127	牙-齿龈	豆大-核桃大水疱	1	15											
128		糜烂∨溃疡	1		10										
129	眼	夜盲	1									15			
130	眼-结膜	黄染	1											10	
131	眼视力	减退∨视力障碍	1									15			
132	眼瞳孔	散大∨对光反射消失	1							15					
133	运-步	强拘∨僵硬∨球关节弯曲	1							10					
134	运-肌	发抖	1									15			
135	运-前肢	屈曲卧地起不来	1						15						
136	运-四肢	肌肉发颤∨强直痉挛	1							10					
137		末端冷凉∨厥冷	2					5		10					
138		伸直无力平卧于地∨缩于腹下	1							10					
139	运-蹄	趾间:红肿热痛水疱-溃烂→脓	1	15											
140	运-蹄冠	红∨炎∨肿∨痛∨烂	2	15	5										
141	运-蹄匣	脱落	1	15											
142	运-异常	踉跄∨不稳∨共济失调∨蹒跚	2						10	10					
143		失调∨机能障碍∨失衡	1									15			
144		前奔∨后退∨转圈∨撞墙	1						15						
145	运-站立	不安	2										5	5	
146		不安-犊	1										10		
147		不能∨时四肢叉开∨相互交叉	1						10						
148		不稳	1							10					
149	诊-重点	瘤胃臌气+厌食+排少量糊状粪	1			50									
150		左侧剖腹探查∨切瘤胃助诊和预后	1			50									

续表 26 组

序	类	症(信息)	统	1 口蹄疫	5 牛黏膜病	17 消化不良	26 皱胃左方移位	27 胃肠炎	28 酮病	57 产后瘫痪	61 子宫内膜炎	76 棉籽饼中毒	79 黄曲霉中毒	85 栎树叶中毒	90 铜中毒
151	殖	流产	5		10						5	5	5	5	
152	殖-新犊	先天畸形∨缺陷:小脑不良∨瞎眼	1		15										
153		眼球震颤∨运动失调	1		15										
154	殖-阴道	分泌物褐色∨灰褐色含坏死物	1								15				
155		分泌物稀薄∨增多∨脓性	1								15				
156		分泌物坐骨结节处黏附∨结痂	1								15				
157		内有少量混浊黏液	1								10				
158		物腐臭灰褐→灰白,稀→浓,多→少	1								15				
159	殖-阴检	宫颈口开张 1-2 指	1								15				
160		阴道内有分泌物	1								15				
161		阴道黏膜:充血潮红	1								15				
162		子宫颈黏膜:充血潮红	1								15				
163	殖-孕	屡配不孕	1								10				
164	殖-子宫	(壁∨角)增厚∧触压有痛感	1								15				
165		壁肥厚∨不均	1								10				
166		角粗大肥厚∨坚硬感∨收缩微弱	1								10				
167		角增粗∨流出混有脓丝黏液	1								10				

27 组　头颈伸直∨伸展

序	类	症(信息)	统	12 牛肺疫	16 食管梗塞	20 瘤胃臌气	23 创伤性网胃炎	35 骨软症	80 霉麦芽根中毒	99 支气管肺炎
		ZPDS		18	14	17	21	26	24	14
1	头颈	伸直∨伸展	7	5	15	10	15	15	5	5
2	嗳气	减少∨消失∨功能紊乱	1			5				
3	鼻翼	开张∨煽动	2	5						15
4	鼻流-液	白沫∨泡沫状	2	5					10	
5		鼻液	3	10					5	10
6		黏液∨脓液	2	10						15
7	病史	有急性肺疫史	1	35						

续表 27 组

序	类	症(信息)	统	12	16	20	23	35	80	99
				牛肺疫	食管梗塞	瘤胃臌气	创伤性网胃炎	骨软症	霉麦芽根中毒	支气管肺炎
8	病势	发病后 2～3 小时陷人虚脱态	1			15				
9	病因	食霉麦芽根	1						15	
10	病预后	持久躺卧发生褥疮被迫淘汰	1					10		
11		低于常温 1 周内死	1	10						
12		给良护理和饲养可趋好转	1	15						
13	呼	支气管炎	1							5
14	呼-咳嗽	长咳痛减轻	1							10
15		短咳痛性	1							10
16		偶发间断性干性短咳	1	15						
17		频而无力	1	10						
18		频繁低弱∨湿性	1							15
19		湿咳	1							10
20	呼吸	困难	2	5	10					
21		张口	2			5				15
22	精神	呆立不动∨离群呆立	1	10						
23		恐惧∨惊恐∨惊慌	1						15	
24		不安∨兴奋(不安∨增强)	2		10	5				
25		敏感∨过敏-对触觉∨对刺激∨对声音	1						15	
26	口	呃逆	1		15					
27		吐白沫	1						15	
28		张嘴∨张口伸舌	1		15					
29		空嚼	2		10			5		
30		流涎	2		10	10				
31	口-舌	伸舌∨吐舌	1			10				
32	身-颤	抽搐∨抽搐-倒地	1						10	
33	身后躯	变形∨摇摆	1					10		
34	身-瘦	消瘦含迅速∨明显等∨高度	2	15			5			
35	身-卧	被迫躺卧∨易跌-不能站起	1						10	
36		横卧-时苦闷不安呻吟磨牙	1				15			
37	身-胸廓	按压痛∨退避	1	10						
38	身-胸廓	变形∨隆起∨扁平	1					10		
39	身-胸腔	水平浊音∨积液	1	15						

续表 27 组

序	类	症(信息)	统	12	16	20	23	35	80	99
				牛肺疫	食管梗塞	瘤胃臌气	创伤性网胃炎	骨软症	霉麦芽根中毒	支气管肺炎
40	身-腰	背腰凹下	1					15		
41	身-姿	角弓反张	1						10	
42	身-左肷	臌气与腰椎横突齐平	1			35				
43	食管	半阻能咽唾液∨嗳气-故瘤胃臌气轻	1		15					
44		全阻饮水-从口流;采食从口逆出	1		15					
45		塞物上触有液体波动感	1		35					
46	食欲	异食(泥∨粪∨褥草∨铁∨木∨石)	1					15		
47	头	仰姿∨抬头望天	1		15					
48	头-颌下	水肿∧不易消失	1						10	
49	头颈	食管摸到梗塞物	1		35					
50	尾椎骨	转位∨变软∨萎缩∨最末椎体消失	1					15		
51	消-反刍	减少∨减弱∨迟缓	2				10		5	
52		停止∨消失	2			5				5
53		痛苦低头伸颈	1				15			
54		紊乱∨异常∨不规律	1				10			
55	消-粪附	黏液∨假膜∨脓物∨蛋清∨绳管物	2				10		15	
56	消-粪色	黑∨污黑∨黑红色∨褐红色	1				35			
57	消-粪性	时苦闷不安呻吟磨牙	1				15			
58	消-粪稀	稀∨软∨糊∨泥∨粥∨痢∨泻∨稠	3					5	15	5
59	消-粪干	便秘	2				10	5		
60		干少∨干硬少	2				35			10
61	消-粪血	血丝∨血凝块	2				35		15	
62	消-腹	蹴腹∨踢腹	1			15				
63		紧缩∨缩腹∨下腹部卷缩	2				5	5		
64	消-腹	腹痛	1			10				
65	消-腹围	膨大采食后2~3小时突发	1			15				
66	消化	紊乱∨异常	1	10						
67	消-胃	瘤胃-臌气	2	5	15					
68		瘤胃-蠕动减弱∨稍弱∨次数少∨慢	4			10	10	5		5
69		瘤胃-蠕动停止∨消失	2			10	5			
70		瘤胃-蠕动增强	1			5				
71		瘤胃-听诊气泡破裂音	1			35				

续表 27 组

序	类	症(信息)	统	12 牛肺疫	16 食管梗塞	20 瘤胃臌气	23 创伤性网胃炎	35 骨软症	80 霉麦芽根中毒	99 支气管肺炎
72		前胃-弛缓	1					10		
73		异物退症减∨刺伤其他组织病加重	1				10			
74	消-胃管	探诊受阻-可知阻部	1		35					
75	牙	磨牙	1					5		
76	眼	畏光流泪	1						15	
77	眼-结膜	充血∨潮红	1			5				
78	眼球	突出	1						10	
79	运	卧下∨下坡-小心翼翼	1				35			
80	运-步	迟滞强迫运动	1				15			
81		幅短缩	1					10		
82		强拘∨僵硬	2					10	5	
83	运骨	松∨脆∨裂∨折见(肋∨肢∨骨盆)	1					5		
84		与腱剥脱∨断裂	1					5		
85	运-关节	强拘尤其附关节	1						10	
86		肢腿关节:发出爆裂音响	1					15		
87	运-后肢	八字形	1					15		
88	运-肌	松弛∨呈鸡跛	1						10	
89	运-前肢	八字叉开	1						15	
90		不时交互负重∨膝着地	1					15		
91	运-四肢	骨骼变形	1					10		
92		划动∨游泳样	1						10	
93	运-蹄尖	着地	1					10		
94	运-站立	不能持久强迫站∨身颤抖	1					10		
95		不愿动	1				15			
96		姿势异常	1						10	
97	运-肢	飞节内肿	1					10		
98	运-肘	外展	1				15			
99	运-肘肌	震颤	3	5			15		15	
100	殖-流产	死胎	1					5		

28组 尾异常

序	类	症(信息)	统	27 胃肠炎	28 酮病	31 血红蛋白尿	32 牧草抽搐	35 骨软症	40 锌缺乏症	58 胎衣不下	61 子宫内膜炎	75 淀粉渣浆中毒	76 棉籽饼中毒	83 麦角中毒	89 慢性氟中毒	92 钼中毒	93 硒中毒	98 皮蝇蛆病
		ZPDS		25	27	25	29	27	24	19	20	24	28	25	23	26	24	17
1	尾	红肿硬∨敏感∨无感觉∨黑紫	1											15				
2		坏死脱落∨干性坏疽	1											15				
3		举尾	4		10					10	5		5					
4		举尾做排尿姿势-公牛	1										15					
5	尾根	粪水浸渍	1	10														
6	尾根毛	脱落	1														15	
7	尾根皮	角化不全∨干燥∨肥厚∨弹性减退	1						5									
8	尾骨	扭曲1～4椎骨软化∨被吸收消失	1												15			
9	尾肌肉	强直	1				5											
10	尾尖	变软∨消失	1													10		
11	尾梢	坏死	1			10												
12	尾竖起	奔逃皮蝇骚扰致	1															15
13	尾椎骨	被吸收	1													10		
14		变软变形	1									35						
15		转位∨变软∨萎缩∨最末椎体消失	1					15										
16	嗳气	减少∨消失∨功能紊乱	1			5												
17	鼻-喷鼻	皮蝇骚扰致	1															15
18	病牛	高产奶牛	1				10											
19	病因	食发霉麦类	1											15				
20		食高钼低铜草料	1													15		
21		食过量淀粉渣浆	1									10						
22		食棉籽饼	1										15					
23		食硒含量过高的草料∨硒制剂	1														15	
24		食饮用含氟高的草料和水	1												15			
25	病预后	持久躺卧发生褥疮被迫淘汰	1					10										
26	病-中毒	碱中毒	1	10														
27		酸中毒	1	10														
28	耳尖	干性坏疽	2			10								15				
29		黑紫∨红肿硬∨敏感∨无感觉	1											15				
30		坏死∨脱落	2			10								15				

续表 28 组

序	类	症(信息)	统	27 胃肠炎	28 酮病	31 血红蛋白尿	32 牧草抽搐	35 骨软症	40 锌缺乏症	58 胎衣不下	61 子宫内膜炎	75 淀粉渣浆中毒	76 棉籽饼中毒	83 麦角中毒	89 慢性氟中毒	92 铅中毒	93 硒中毒	98 皮蝇蛆病
31	耳聋	间歇性	1											10				
32	呼出气	丙酮味	1		15													
33	呼吸	促迫∨急促∨加快∨浅表∨频速	5	5		5	5						5				5	
34	精神	不振∨委靡	4	5			5					5	5					
35		沉郁	6	5	5					5	5	5					5	
36		昏迷∨昏睡∨嗜睡	1											10				
37		惊厥1～2分钟→安静-遇刺激再惊	1				15											
38		惊厥限1肢∨局部∨无规则阵发性	1											15				
39		狂暴∨狂奔乱跑	1		15													
40		麻痹暂时性	1											10				
41		不安(因皮蝇飞翔产卵致)	1															35
42		不安∨兴奋(不安∨增强)	5		5		5			5			10					10
43		意识丧失∨异常∨障碍	1				10											
44		中枢神经系统兴奋型	1											15				
45		敏感∨过敏-对触觉∨对刺激∨对声音	2		15		35											
46	口	周环状坏死损伤∧不扩展到口	1											15				
47	口-流涎	含泡沫∨黏液	3		15		5										5	
48	肋骨	两侧有鸡卵大的骨赘	1												15			
49		念珠状肿-肋软骨连接处	1													15		
50		外露∨显露	1													5		
51	毛	粗乱∨干∨无光∨褪色∨逆立∨脆	5		5			5							5	10	5	
52		黑→白∨变红黄色∨暗灰色	1													35		
53	尿量	频	3			10	5				5							
54	尿色	淡红∨暗红∨赤褐色∨咖啡色	1			15												
55	尿	丙酮气味∨淡黄色水样	1		50													
56	尿性	泡沫状	2		15	15												
57	皮瘢痕	虫寄生部位	1															10
58	皮病健	分离脱落	1											15				
59	皮创伤	愈合延迟	1						15									
60	皮感觉	减退∨消失∨增强减弱交替	1											10				

续表 28 组

序	类	症(信息)	统	27 胃肠炎	28 酮病	31 血红蛋白尿	32 牧草抽搐	35 骨软症	40 锌缺乏症	58 胎衣不下	61 子宫内膜炎	75 淀粉渣浆中毒	76 棉籽饼中毒	83 麦角中毒	89 慢性氟中毒	92 钼中毒	93 硒中毒	98 皮蝇蛆病
61	皮革	质量受损	1															10
62	皮角化	不全(似犊牛的)	1						15									
63	皮瘙痒	不安局部疼痛(幼虫钻皮及移行致)	1															10
64	皮色	发红:头→躯干→全身	1													50		
65	皮水肿	指压褪色	1													10		
66	皮温	不均∨不整	1	10														
67	皮下	瘘管经常流脓-直到幼虫移出愈合	1															15
68		血肿∨化脓蜂窝织炎-见幼虫寄生	1															35
69	皮-黏膜	苍白∨淡染∨发绀	3			10							10				5	
70		黄疸∨黄染	2			10							15					
71	乳房色	苍白∨淡染∨贫血	2			5								10				
72	乳-量	减少∨下降∨大减∨骤减	7		10	5	5	5				5			5			5
73	乳头	坏死∨糜烂	1			10												
74		色淡∨异常贫血	1											10				
75	乳汁味	散发丙酮气味	1		15													
76	身-背	弓腰	4					5			5	5			5			
77	身后躯	摇摆	2					10				5						
78	身-力	无力∨易疲∨乏力	2			5						5						
79	身末梢	坏疽	1											15				
80	身-全身	惊厥癫痫发作	1											10				
81		无任何症状∨无异常	1							5								
82	身-瘦	渐瘦	1														5	
83		消瘦(含迅速∨明显等∨高度)	6		5	5							5			10	5	5
84	身-体重	停增-持续2周	1						15									
85	身-卧	卧地不起∨躺卧姿势	4				5					10		5		5		
86		喜卧-不愿意站	2	5				5										
87	身-胸廓	变形∨隆起∨扁平	1					10										
88	身-腰	弓腰	1							10								
89		腰荐凹陷∨背腰凹下∨拱腰姿势	3		10			15							15			
90	身-腋下	淡染∨苍白	1			5												

续表 28 组

序	类	症(信息)	统	27 胃肠炎	28 酮病	31 血红蛋白尿	32 牧草抽搐	35 骨软症	40 锌缺乏症	58 胎衣不下	61 子宫内膜炎	75 淀粉渣浆中毒	76 棉籽饼中毒	83 麦角中毒	89 慢性氟中毒	92 钼中毒	93 硒中毒	98 皮蝇蛆病
91	身-姿	弹腿∨前后肢呈拉弓	1					5										
92		佝偻病	2										10			15		
93		角弓反张	1				10											
94	身-坐骨	肿大向外突出	1												15			
95	声	仰头哞叫	1				15											
96		呻吟	3		5			5					5					
97	食-采食	受影响-皮蝇骚扰致	1															15
98	食管	炎幼虫移行致	1															5
99	食-饮欲	大增∨烦渴∨增加	1	10														
100		废绝∨失∨大减	1		10													
101	食欲	吃些饲草→拒青干草	1		15													
102		时好时差	1					5										
103		异食(泥∨粪∨褥草∨铁∨木∨石)	3		5			15				10						
104		只吃一些新鲜青绿饲草	1									15						
105		不振∨减	7			5	5		5	5		5	5				5	
106		大减	2				5								5			
107		厌食∨废绝∨停止	3	5							5		10					
108		厌食精料	1		15													
109	头	抵物∨抵碰障物(墙∨槽)不动	1														15	
110	头骨	肿大	1												15			
111	头-咽	炎幼虫移行致	1															5
112	头颈	肌肉发颤∨强直痉挛	1				10											
113		伸直∨伸展	1					15										
114	头-下颌	骨肿胀	1												15			
115	消-反刍	减少∨减弱∨弛缓	1												5			
116		停止∨消失	2	5									5					
117		紊乱∨异常∨不规律	2			5						10						
118	消-粪附	黏液∨假膜∨脓物∨蛋清∨绳管物	2	35									10					
119	消-粪量	时多时少	1									10						
120	消-粪色	黑∨污黑∨黑红色∨褐红色	1									15						

续表 28 组

序	类	症(信息)	统	27 胃肠炎	28 酮病	31 血红蛋白尿	32 牧草抽搐	35 骨软症	40 锌缺乏症	58 胎衣不下	61 子宫内膜炎	75 淀粉渣浆中毒	76 棉籽饼中毒	83 麦角中毒	89 慢性氟中毒	92 钼中毒	93 硒中毒	98 皮蝇蛆病
121		棕褐色	1									15						
122	消-粪味	恶臭	2			15							15					
123		腥臭	1	35														
124	消-粪性	里急后重	1	10														
125		失禁	1	10														
126		时干时稀	1									10						
127		停滞∨排球状少量干粪附黏液	1		15													
128		无粪排出	1									10						
129	消-粪稀	稀 45～60 天	1													10		
130		稀∨软∨糊∨泥∨粥∨痢∨泻∨稠	10	10	5		5	5				15	10	5	5	10	10	
131		稀剧烈∧持续	1	15														
132		稀如水∨水样汤	3	35			5									15		
133		稀在采食高钼草料后 8～10 天	1													10		
134	消-粪干	先便秘(干)后腹泻	2			15							10					
135		便秘∨干如念珠∨干球小∨鸽蛋大	3					5				15			5			
136	消-粪血	黑血液	1									15						
137		血丝∨血凝块	1	35														
138	消-腹	蹴腹∨踢腹	2	10														5
139		蹴踢皮蝇骚扰致	1															15
140		肌肉发颤∨强直痉挛	1				10											
141	消-腹痛	摇尾	2	10													10	
143	消-肝	压诊敏感∨痛	1			15												
144	消-肝炎	慢性增生	1										10					
145	消-肛门	粪水浸渍	1	10														
146	消化	紊乱∨异常	1										10					
147	消-胃	瘤胃-臌气	1														10	
148		瘤胃-蠕动减弱∨次数少∨慢∨弛缓	6			5		10				10	5		5		5	
149	消-胃肠	炎-症状有原发胃肠炎症状延续	1	15														
150	循-血	贫血	4					5					10			15		5
151	牙	磨牙	4		5		5	5					5					

续表 28 组

序	类	症(信息)	统	27 胃肠炎	28 酮病	31 血红蛋白尿	32 牧草抽搐	35 骨软症	40 锌缺乏症	58 胎衣不下	61 子宫内膜炎	75 淀粉渣浆中毒	76 棉籽饼中毒	83 麦角中毒	89 慢性氟中毒	92 钼中毒	93 硒中毒	98 皮蝇蛆病
152		斑釉对称∨氟斑牙氟骨症	1												15			
153		大面积黄∨黑色锈斑(氟斑牙)	1												50			
154		淡黄黑斑点∨斑块∨白垩状	1												15			
155		牙关紧闭	1				15											
156	牙-白齿	波状磨损尤其前几个严重∨脱落	1												15			
157	牙-门齿	松动排列不整∨高度磨损	1												15			
159	眼-目光	目盲-间歇性∨夜盲	2										15	10				
160	眼视力	减退∨视力障碍	2										15				10	
161		失明	1														10	
162	眼瞬膜	露出	1				10											
163	眼窝	下陷	3	5	5								5					
164	眼周	毛变白似戴眼镜	1													35		
165	运-步	跛行	4					5				5		5			5	
166		幅短缩	1					10										
167		强拘∨僵硬	4					10	10			5			5			
168		强拘(犊)	1													10		
169	运-动	盲目走动	1				10											
170	运骨	发育异常	1						10									
171		骨折∨骨质疏松∨股骨-端肿大-犊	1													15		
172	运-关节	跗皮角化不全∨干燥∨肥厚∨弹性减退	1						5									
173		僵硬	2						10							10		
174		髋关节:肿大向外突出	1												15			
175		膝皮角化不全∨干∨肥厚∨弹性减	1						10									
176		发出爆裂音响∨后肢八字形	1					15										
177		肿大	1						10									
178	运-后肢	下端红肿硬∨敏感∨无感觉∨黑紫∨干性坏疽	1											15				
179		弯曲	1						10									

续表 28 组

序	类	症(信息)	统	27 胃肠炎	28 酮病	31 血红蛋白尿	32 牧草抽搐	35 骨软症	40 锌缺乏症	58 胎衣不下	61 子宫内膜炎	75 淀粉渣浆中毒	76 棉籽饼中毒	83 麦角中毒	89 慢性氟中毒	92 钼中毒	93 硒中毒	98 皮蝇蛆病
180		下端-红肿硬∨敏感∨无感觉∨黑紫∨干性坏疽	1											15				
181	运-肌	发抖	1										15					
182	运-前肢	不时交互负重∨膝着地∨蹄尖着地	1					15										
183		屈曲卧地起不来	1		15													
184	运-四肢	乏力∨无力∨运步无力∨肌松弛	4	5	10		10		10									
185		变形肿胀∨骨骼变形	2					10							15			
186		划动∨游泳样	1				10											
187		肌肉发颤∨强直痉挛	1				10											
188	运-蹄	环状坏死∨表面似口蹄疫	1											15				
189		皮-皲裂	1						10									
190		跖骨端肿大(犊)	1													15		
191		趾端坏死	1			10												
192	运-蹄冠	红∨炎∨肿∨痛∨烂	1														5	
193	运-蹄匣	脱落	1														10	
194	运-异常	踉跄∨不稳∨共济失调∨蹒跚	4		10	5	5										5	
195	运-异常	无目的徘徊∨游走	1														15	
196		异常-犊	1													10		
197		转圈	2		15												10	
198	殖	繁殖功能障碍∨降低	1						15									
199	殖-发情	表现为本病前驱症状	1				15											
200		不含长期	3						15		5					5		
201		周期延长∨延迟	2					5	15									
202	殖-分娩	轻努责	1							10								
203		头胎牛举尾∨弓腰∨不安∨轻努责	1							10								
204	殖-公牛	睾丸发育受阻	1						10									
205		性欲减退∨消失	2						15							5		

续表 28 组

序	类	症(信息)	统	27 胃肠炎	28 酮病	31 血红蛋白尿	32 牧草抽搐	35 骨软症	40 锌缺乏症	58 胎衣不下	61 子宫内膜炎	75 淀粉渣浆中毒	76 棉籽饼中毒	83 麦角中毒	89 慢性氟中毒	92 钼中毒	93 硒中毒	98 皮蝇蛆病
206		阴囊皮炎	1						15									
207	殖-流产	死胎	6					5	5		5		5			5	5	
208	殖-娩后	1～4 周骤然发病	1			10												
209	殖-母牛	牛群性周期紊乱	1						15									
210	殖-胎膜	悬垂阴门∨看不见胎衣	1							15								
211		粘连	1							10								
212	殖-胎衣	停留在子宫内	1							35								
213		脱落悬于阴门外	1							15								
214	殖-阴道	分泌物褐色∨灰褐色含坏死物∨薄脓	1								15							
215		分泌物坐骨结节处黏附∨结痂	1								15							
216		内温度增高∨积稀薄腥腐臭分泌物	1							5								
217		内有少量混浊黏液	1								10							
218		干燥∨物腐臭灰褐→灰白,稀→浓	1								15							
219	殖-阴门	皮角化不全∨干燥∨肥厚∨弹性减退	1						15									
220	殖-阴检	发现胎衣不下	1							15								
221		宫颈口开张 1～2 指	1								15							
222		阴道内有分泌物	1								15							
223		阴道黏膜:充血潮红	1								15							
224		子宫颈黏膜:充血潮红	1								15							
225	殖-阴门	垂:胎衣粉红色	1							15								
226		垂:胎衣难闻臭味	1							15								
227		垂:胎衣熟肉样	1							15								
228		垂:胎衣污染(粪∨草∨泥)∨腐败	1							15								
229	殖-孕	屡配不孕	2						10		10							
230	殖-子宫	(壁∨角)增厚∧触压有痛感	1								15							
231		壁肥厚∨不均∨宫角增粗	1								10							
232		角粗大肥厚∨坚硬感∨收缩微弱	1								10							
233		颈开张	1							5								
234		流出混有脓丝黏液	1								10							

29 组 粪附黏液等

序	类	症(信息)	统	4 牛传鼻气管炎	5 牛黏膜病	10 结核病	11 牛副结核病	18 前胃弛缓	23 创伤性网胃-炎	24 瓣胃阻塞	26 皱胃左方移位	27 胃肠炎	76 棉籽饼中毒	77 酒糟中毒	90 铜中毒	95 泰勒虫病	96 球虫病	97 弓形虫病
		ZPDS		31	24	31	19	25	24	19	15	27	32	26	15	18	17	14
1	消-粪附	黏液∨假膜∨脓物∨蛋清∨绳管物	14	5	15	5	10	15	10		15	35	10	15	15	15	15	15
2		白色黏液	1							35								
3	鼻端	冷凉	1					5										
4	鼻镜	干∨皲裂	3					10		5						5		
5		糜烂	1		10													
6	鼻膜	高度充血∨溃疡∨白色干性坏死斑	1	15														
7		灰黄色小豆粒大脓疱	1	10														
8	鼻流-液	黏液∨脓液	2	10		10												
9	病发	放牧∨湿沼牧场	1														10	
10		突然	1															5
11	病牛	各品种	1														5	
12	病情	加剧虫体大量进入红细胞	1													10		
13	病因	食酒糟	1											15				
14		食棉籽饼	1										15					
15		食铜盐∨铜添加剂	1												15			
16	病-中毒	碱中毒	1									10						
17		酸中毒	1									10						
18	呼出	腐臭味	2	15		15												
19	呼	咳嗽	3	10		5												10
20		痛∧顽固∧干咳	1			15												
21	呼吸	难∨张口	2	10		15												
22		伸颈仰头状	1			15												
23	精神	不振∨委靡	10	5			5	5		5		5	5	5	5	5	5	
24		沉郁	4								5	5			5		5	
25		昏迷	1			10												
26		昏睡∨嗜睡	1															5
27		惊厥	1	15														
28		恐惧∨惊恐∨惊慌	1			10												
29		神经症状	3	5	5	15												

续表 29 组

序	类	症(信息)	统	4 牛传鼻气管炎	5 牛黏膜病	10 结核病	11 牛副结核病	18 前胃弛缓	23 创伤性网胃-炎	24 瓣胃阻塞	26 皱胃左方移位	27 胃肠炎	76 棉籽饼中毒	77 酒糟中毒	90 铜中毒	95 泰勒虫病	96 球虫病	97 弓形虫病
30		委靡与兴奋交替-兴奋为主	1	15														
31		不安∨兴奋(不安∨增强)	3										10	10				5
32	口	不洁	1					15										
33		吐白沫	1	10														
34	口唇	糜烂∨溃疡	1		10													
35	口-舌	糜烂∨溃疡	1		10													
36	口味	恶臭	1					15										
37	口-硬腭	糜烂∨溃疡	1		10													
38	肋骨	塌陷	1				10											
39		外露∨显露	1			10												
40	淋巴结	结核(因部位异而症状也异)	1			10												
41		乳房∨股后∨肩前淋巴结肿致跛	1			15												
42		体表-淋-肿大痛	2			5										5		
43		咽喉∨纵隔淋巴结肿致障	1			15												
44	流-传媒	牛身上叮有蜱	1													15		
45	毛	粗乱∨干∨无光∨褪色∨脆	5		5		5	5	5								5	
46	尿色	血红蛋白尿	1												10			
47		血尿症∨血尿-间歇性	1											15				
48	尿性	结石(公牛)	1										10					
49	皮坏死	破溃∨化脓∨坏死-久不愈合	1											10				
50	皮温	不均∨不整	1									10						
51	皮-黏膜	苍白∨淡染	4				5						10		10	5		
52		发绀	1										10					
53		黄疸∨黄染	3										15	10	10			
54		黄红色	1													10		
55	奶	水样∨灰白	1			10												
56	乳房	表面-凹凸不平	1			25												
57	乳区	(局限∨弥散)硬结∧无热痛	1			25												
58	乳区	因病泌乳显著少∨停	1			10												
59	身	脱水	5		5							10	5	15	5			

续表 29 组

序	类	症(信息)	统	4 牛传鼻气管炎	5 牛黏膜病	10 结核病	11 牛副结核病	18 前胃弛缓	23 创伤性网胃-炎	24 瓣胃阻塞	26 皱胃左方移位	27 胃肠炎	76 棉籽饼中毒	77 酒糟中毒	90 铜中毒	95 泰勒虫病	96 球虫病	97 弓形虫病
60	身-颤	震颤∨颤抖∨战栗	2			5				5								
61	身-尻	狭尻屁股尖削	1				25											
62	身-力	无力∨易疲∨乏力	3			10		5	5									
63	身生长	发育缓慢∨延迟∨不良	1										10					
64	身-瘦	渐进性消瘦	1				15											
65	身-瘦	消瘦长期	1														15	
66	身-瘦	消瘦含迅速∨明显等∨高度	7		5	5		5	5				5	5			10	
67	身-瘦	消瘦-极度∨严重	2				15									10		
68	身-衰	衰竭	1								10							
69	身-衰	衰弱∨虚弱	1										10					
70	身-体表	下部水肿	1															15
71	身-卧	不愿走动	1								10							
72	身-卧	横卧-时苦闷不安呻吟磨牙	1						15									
73	身-卧	卧地不起∨躺卧姿势	4							5	5			5				5
74	身-卧	喜卧-不愿意站	5					5			10	5		5			5	
75	身-站立	不安	1										15					
76	身-姿	佝偻病	1										10					
77	身-姿	角弓反张	1	10														
78	身-左侧	中部倒数第2～3肋间可听到钢管音	1								15							
79	身-左肷	凹陷	1					15										
80	声	呻吟	3					10		5			5					
81	食-饮欲	大增∨烦渴∨增加	3				10					10			10			
82	食-饮欲	废绝∨失∨大减	1							5								
83	食欲	时好时差	2					15						10				
84		仅偏嗜草料采食少许，随之食欲废绝	1					15										
85		障碍-饮水料渣从鼻孔逆出	1	15														
86		拒食精料采食少量青草∨干草	1								15							
87		厌食∨废绝∨停止	5		5						15	5	10		10			

续表 29 组

序	类	症(信息)	统	4 牛传鼻气管炎	5 牛黏膜病	10 结核病	11 牛副结核病	18 前胃弛缓	23 创伤性网胃-炎	24 瓣胃阻塞	26 皱胃左方移位	27 胃肠炎	76 棉籽饼中毒	77 酒糟中毒	90 铜中毒	95 泰勒虫病	96 球虫病	97 弓形虫病
88	头-咽喉	发炎∨肿胀	1	10														
89	头颈	僵硬	1			10												
90		伸直∨伸展	2	10					15									
91	尾	举尾做排尿姿势-公牛	1										15					
92	尾根	粪水浸渍	1									10						
93	消-肠	肠蠕动增强	1														10	
94		蠕动音减弱∨消失	1					10										
95		直肠检查-肠系膜淋巴结肿∨腹膜糙	1			15												
96	消-反刍	减少∨减弱∨弛缓	3					10	10	5								
97		停止∨消失	6		5			10				5	5			5	10	
98		痛苦低头伸颈	1						15									
99		紊乱∨异常∨不规律	1						10									
100	消-粪色	暗	1					15										
101		淡灰	1		5													
102		黑∨污黑∨黑红色∨褐红色	4						35						10		35	15
103		绿色∨蓝色	1												15			
104		浅灰色	1		15													
105	消-粪味	恶臭	7		10		10	10		10			15	15			15	
106		腥臭	1									35						
107	消-粪性	减少呈胶冻状∨黏浆状	1							15								
108		里急后重	1									10						
109		泡沫∨附气泡	1				10											
110		喷射状	2		15		15											
111		失禁	1									10						
112		时苦闷不安呻吟磨牙	1						15									
113		污后躯∨后肢∨尾∨乳房	1				15											
114	消-粪稀	稀∨软∨痢∨泻∨稠	10	5	10	5					10	10	10	15	10	5	25	
115		稀持续性顽固性腹泻	1				15											
116		稀剧烈∧持续	1									15						

续表 29 组

序	类	症(信息)	统	4 牛传鼻气管炎	5 牛黏膜病	10 结核病	11 牛副结核病	18 前胃弛缓	23 创伤性网胃-炎	24 瓣胃阻塞	26 皱胃左方移位	27 胃肠炎	76 棉籽饼中毒	77 酒糟中毒	90 铜中毒	95 泰勒虫病	96 球虫病	97 弓形虫病
117	消-粪稀	稀如水∨水样汤	2		15							35						
118		稀泻-顽固	1			10												
119	消-粪干	便秘-腹泻交替	2				10									5		
120		先便秘(干)后腹泻	2										10			5		
121		便秘	3						10	35						5		
122		干	2					15										15
123		干球-顽固粪状∨扁硬块状	1							35								
124		干少∨干硬少	2						35		15							
125	消-粪血	黑血液	1														35	
126		血丝∨血凝块	6	5	15		10		35			35				15		
127	消-腹	蹴腹∨踢腹	1									10						
128		左腹壁扁平状隆起	1								15							
129	消-腹痛	摇尾	3									10		10	15			
130	消-肝炎	慢性增生	1										10					
131	消-肛门	粪水浸渍	1									10						
132		失禁	1				10											
133		直检紧缩∨空虚∨壁干涩	1							10								
134	消化	紊乱∨异常	1										10					
135	消-胃	瓣胃-触诊∨叩诊显痛∧浊音区扩大	1							35								
136		瓣胃-蠕动听诊弱→消失	1							15								
137		瘤胃-触诊硬度:稍软∨稍硬	1					15										
138		瘤胃-蠕动减弱∨稍弱∨次数少∨慢	5					10	10		5		5	5				
139		瘤胃-蠕动-时有时无	1					15										
140		瘤胃-蠕动停止∨消失	3						5		5						10	
141		前胃-弛缓	2			5								5				
142		前胃-弛缓异物穿透网胃壁	1						5									
143		异物退症减∨刺伤其他组织病加重	1						10									

续表 29 组

序	类	症(信息)	统	4 牛传鼻气管炎	5 牛黏膜病	10 结核病	11 牛副结核病	18 前胃弛缓	23 创伤性网胃-炎	24 瓣胃阻塞	26 皱胃左方移位	27 胃肠炎	76 棉籽饼中毒	77 酒糟中毒	90 铜中毒	95 泰勒虫病	96 球虫病	97 弓形虫病
144		皱胃-发(铃∨水)音(左髋-肘)连线下	1								15							
145	消-胃肠	发炎	3									15		10	15			
146		炎-症状有原发胃肠炎症状延续	1									15						
147	消-直肠	直检紧缩∨空虚∨壁干涩	1							10								
148	循-血	贫血	4			5	5						10				5	
149		稀薄不易凝固	1													15		
150	牙	磨牙	4	10				10		5			5					
151	牙	松动∨脱落	1											15				
152	牙-齿龈	糜烂∨溃疡	1		10													
153	眼	流泪	4	10	5											5		5
154		畏光	1	10														
155		夜盲	1										15					
156	眼-结膜	充血∨潮红	3	10						5						5		
157		脓疱	1	10														
158		炎肿	2	10														10
159	眼视力	减退∨视力障碍	2	10									15					
160	眼窝	下陷	4				5					5	5	10				
161	眼眵	黏脓性	1	10														
162	运	卧下时:小心翼翼	1						35									
163	运-步	跛行	2		5									10				
164		迟滞强迫运动	1						15									
165		下坡时:小心翼翼	1						35									
166	运骨	松∨脆∨裂∨折见(肋∨肢∨骨盆)	1											15				
167	运-后肢	系部皮肤发红∨肿胀∨皮疹∨大疱∨溃疡∨痂皮	1											15				
168	运-肌	发抖	1										15					
169		松弛	3			5						5						10
170	运-四肢	乏力∨无力∨运步无力	3							5		5		5				

续表 29 组

序	类	症(信息)	统	4 牛传鼻气管炎	5 牛黏膜病	10 结核病	11 牛副结核病	18 前胃弛缓	23 创伤性网胃-炎	24 瓣胃阻塞	26 皱胃左方移位	27 胃肠炎	76 棉籽饼中毒	77 酒糟中毒	90 铜中毒	95 泰勒虫病	96 球虫病	97 弓形虫病
171		划动∨游泳样	1	10														
172	运-异常	踉跄∨不稳∨共济失调∨蹒跚	4	10		5								5				5
173		失调∨功能障碍∨失衡	1										15					
174	运-站立	不稳	1			5												
175		不愿动	1						15									
176	运-肘	外展	1						15									
177	运-肘肌	震颤	1						15									
178	诊-重点	TPR 正常但瘦	1					50										
179	殖-公牛	殖器充血∨肿胀∨脓疱∨溃疡	1	10														
180	殖-流产		5	10	10								5	5				10
181	殖-胎儿	木乃伊胎	1	10														
182	殖-新犊	先天畸形∨缺陷:小脑不良∨瞎眼	1		15													
183		眼球震颤∨运动失调	1		15													

30 组　粪血黑∨血丝∨血凝块

序	类	症(信息)	统	3 蓝舌病	5 牛黏膜病	6 牛白血病	8 炭疽	11 牛副结核病	21 瘤胃酸中毒	23 创伤性网胃炎	27 胃肠炎	75 淀粉渣浆中毒	79 黄曲霉中毒	80 霉麦芽根中毒	85 栎树叶中毒	95 泰勒虫病	96 球虫病
		ZPDS		24	23	28	25	20	27	23	25	25	27	28	30	15	16
1	消-粪血	黑血液	3									15			15		35
2		血丝∨血凝块	11	10	15	5	5	10	10	35	35		15	15		15	
3	鼻镜	干∨皲裂	3										5		5	5	
4		糜烂	1		10												
5	鼻孔	附着黏性浓稠鼻液	1	5													
6	鼻膜	溃疡炎症	1	15													
7	鼻流-血	血样泡沫∨混血丝	1				25										
8	鼻流-液	白沫∨泡沫状	1											10			

续表30组

序	类	症(信息)	统	3 蓝舌病	5 牛黏膜病	6 牛白血病	8 炭疽	11 牛副结核病	21 瘤胃酸中毒	23 创伤性网胃炎	27 胃肠炎	75 淀粉渣浆中毒	79 黄曲霉中毒	80 霉麦芽根中毒	85 栎树叶中毒	95 泰勒虫病	96 球虫病
9	鼻流-液	鼻液	1											5			
10		黏液∨脓液	1												5		
11	病情	加剧虫体大量进入红细胞	1													10	
12	病势	发展较迅速	1						10								
13	病因	食被霉菌污染的饲料	1										15				
14		食过量淀粉渣浆	1									10					
15		食栎树叶幼叶∨新芽1周发病	1												15		
16		食霉麦芽根	1											15			
17	病-中毒	碱中毒	1								10						
18		酸中毒	1								10						
19		发吭吭声	1												10		
20	呼吸	促迫∨急促∨加快∨浅表∨频速	5				10				5			5	5	5	
21		瘤块压迫性呼吸	1			15											
22		式-腹式	1											5			
23	呼吸-难	极度困难	1				5										
24		微弱	1								5						
25	精神	不振∨委靡	8	5		5		5			5	5			5	5	5
26		沉郁	5						10		5	5	5				5
27		沉郁∨抑制(高度∨极度)	1				10										
28		昏睡∨嗜睡	1						5								
29		恐惧∨惊恐∨惊慌	3				10						10	15			
30		盲目徘徊-犊	1										10				
31		前冲后退	1												15		
32		神经症状	2		5								5				
33		不安∨兴奋(不安∨增强)	1				10										
34		敏感∨过敏-对触觉∨对刺激∨对声音	1											15			
35	口	溃疡炎症	1	15													
36		吐白沫	1											15			
37		吞咽困难	1			5											
38		有黄豆大溃疡	1												15		

续表 30 组

序	类	症(信息)	统	3 蓝舌病	5 牛黏膜病	6 牛白血病	8 炭疽	11 牛副结核病	21 瘤胃酸中毒	23 创伤性网胃炎	27 胃肠炎	75 淀粉渣浆中毒	79 黄曲霉中毒	80 霉麦芽根中毒	85 栎树叶中毒	95 泰勒虫病	96 球虫病
39	口唇	糜烂∨溃疡	1		10												
40	口	流涎	3	5	5				10								
41	口-流血	泡沫样	1				25										
42	口色	潮红	1	10													
43		发绀	1	10													
44	口-舌	糜烂∨溃疡	1		10												
45		炎肿	1				15										
46		黏膜-潮红∨发绀	1	10													
47	口-硬腭	糜烂∨溃疡	1		10												
48		黏膜潮红∨发绀	1	10													
49	肋骨	塌陷	1					10									
50	淋巴结	肿大	1			15											
51	流行	在牧区	1													10	
52	毛	粗乱∨干∨无光∨褪色∨逆立∨脆	6		5			5		5			5		5		5
53	皮瘤	真皮层为主形成肉瘤-幼龄牛	1			35											
54	皮炭疽	痈:初硬固热→冷无痛坏溃	1				15										
55	皮温	不均∨不整	1								10						
56	皮-黏膜	发绀	3			10	5		5								
57		黄疸∨黄染	2			10							15				
58	皮疹块	荨麻疹样皮疹-幼龄牛	1			15											
59	乳房皮	发生炭疽痈	1				10										
60	乳-量	减少∨下降∨大减∨骤减	8		5	5	5	10	5			5		5	10		
61		停止∨无奶∨丧失	3				5	10		5							
62	身	脱水	3		5				5		10						
63	身-背	弓腰	2									5		5			
64		肿块	1			10											
65	身-颤	抽搐∨抽搐-倒地	1											10			
66	身后躯	摇摆	1									5					
67	身-尻	狭尻屁股尖削	1					25									
68	身-力	无力∨易疲∨乏力	4	5		5				5		5					

续表 30 组

序	类	症(信息)	统	3 蓝舌病	5 牛黏膜病	6 牛白血病	8 炭疽	11 牛副结核病	21 瘤胃酸中毒	23 创伤性网胃炎	27 胃肠炎	75 淀粉渣浆中毒	79 黄曲霉中毒	80 霉麦芽根中毒	85 栎树叶中毒	95 泰勒虫病	96 球虫病
69	身-瘦	渐进性消瘦	1					15									
70		消瘦长期	1														15
71		消瘦含迅速∨明显等∨高度	4	5	5					5							10
72		消瘦-极度∨严重	2					15								10	
73	身-水肿	无热痛由后躯向腹下-胸前蔓延	1												15		
74		有波动感针刺流出淡黄透明液体	1												15		
75	身-臀	肿块	1			10											
76	身-卧	被迫躺卧-不能站起	1											10			
77		横卧-地上被迫	1						10								
78		横卧-时苦闷不安呻吟磨牙	1							15							
79		卧地不起∨躺卧姿势	2	5								10					
80		易跌倒极难站起	1											10			
81	身-胸前	皮肤松软处发生炭疽痈	1				10										
82		水肿	2			5								10			
83	身-胸腺	块状肿大	1			15											
84		邻近淋巴结被害肿大	1			15											
85	身-腰	皮松软处发生炭疽痈	1				10										
86	身-姿	角弓反张	1											5			
87		乳热症(产后瘫痪)病牛特有姿势	1						35								
88	声	哞叫	1				10										
89		呻吟	3						10				5		5		
90	食-采食	偷食谷类精料后 12～24 小时现症	1						15								
91		偷食谷类精料后 12 小时现症	1						15								
92	食-饮欲	大增∨烦渴∨增加	3					10	15		10						
93	食欲	异食或舔(泥∨粪∨褥草∨铁∨石)	1									10					
94		只吃一些新鲜青草	1									15					
95		不振∨减	12	5		5	5	5	5	5		5	5	5	5	5	5
96		厌食∨废绝∨停止	3		5						5		5				
97		厌食青草	1												10		
98	死时	最终∨最后	1														15

续表 30 组

序	类	症(信息)	统	3 蓝舌病	5 牛黏膜病	6 牛白血病	8 炭疽	11 牛副结核病	21 瘤胃酸中毒	23 创伤性网胃炎	27 胃肠炎	75 淀粉渣浆中毒	79 黄曲霉中毒	80 霉麦芽根中毒	85 栎树叶中毒	95 泰勒虫病	96 球虫病
99	死因	恶病质	1														10
100	头	弯曲在肩	1						15								
101	头-颌下	水肿∧不易消失	1											10			
102	头-咽	黏膜潮红∨绀	1	10													
103	头-咽喉	发炎∨肿胀	1				15										
104	头颈	伸直∨伸展	2							15				5			
105	头颈肌	变硬∨肿胀	1			10											
106	头颈下	皮肤松软处发生炭疽痈	1				10										
107	尾根	粪水浸渍	1								10						
108	尾椎骨	变软变形	1									35					
109	消-肠	肠蠕动增强	1														10
110	消-反刍	减少∨减弱∨弛缓	3							10			5	5			
111		停止∨消失	6		5		5				5		5			5	10
112		痛苦低头伸颈	1							15							
113		紊乱∨异常∨不规律	2							10		10					
114	消-粪附	黏液∨假膜∨脓物∨蛋清∨绳管物	9		15			10		10	35		15	15	5	15	15
115	消-粪量	量少	1												5		
116		时多时少	1									10					
117	消-粪色	淡灰	1		5												
118		黑∨污黑∨黑红色∨褐红色	4							35		15			10		35
119		浅灰色	1		15												
120		棕褐色	1									15					
121	消-粪味	恶臭	5		10	5		10							15		15
122	消-粪性	困难	1				5										
123		里急后重	2								10		15				
124		泡沫∨附气泡	2					10	10								
125		喷射状	2		15			15									
126		失禁	1								10						
127		时干时稀	1									10					
128		时苦闷不安呻吟磨牙	1							15							

续表 30 组

序	类	症(信息)	统	3 蓝舌病	5 牛黏膜病	6 牛白血病	8 炭疽	11 牛副结核病	21 瘤胃酸中毒	23 创伤性网胃炎	27 胃肠炎	75 淀粉渣浆中毒	79 黄曲霉中毒	80 霉麦芽根中毒	85 栎树叶中毒	95 泰勒虫病	96 球虫病
129		污后躯∨后肢∨尾∨乳房	1					15									
130		无粪排出	1									10					
131	消-粪稀	稀持续性顽固性腹泻	1					15									
132		稀剧烈∧持续	1								15						
133		稀如水∨水样汤	2		15						35						
134		稀∨软∨糊∨泥∨粥∨痢∨泻∨稠	11	5	10	5			10		10	15	10	15	10	5	25
135	消-粪干	便秘-腹泻交替	2					10								5	
136		先便秘(干)后腹泻	1													5	
137		便秘∨干球小∨鸽蛋大	3							10					10	5	
138		干少∨干硬少	3							35		15			10		
139	消-腹	蹴腹∨踢腹	4						10		10		10		5		
140		稍紧张	1						10								
141	消-腹痛	摇尾	4						10		10		5		5		
142	消-肛门	粪水浸渍	1								10						
143		流血样泡沫	1				15										
144		失禁	1					10									
145	消-胃	瘤胃-臌气	3			10	5		10								
146		瘤胃-蠕动减弱∨稍弱∨次数少∨慢	4						5	10		10			5		
147		瘤胃-炎伴发	1						10								
148		前胃-弛缓	3			5						10	5				
149		异物退症减∨刺伤其他组织病加重	1							10							
150	消-胃肠	发炎	2	5							15						
151		炎-症状有原发胃肠炎症状延续	1								15						
152		黏膜溃疡炎症	1	15													
153	消-直肠	可摸到肿大的内脏淋巴结	1			25											
154	循-脉	颈静脉-波动	1			12											
155	循-血	贫血	2					5									5
156		稀薄不易凝固	1													15	
157	牙	磨牙	3						10				5		5		
158	牙-齿龈	烂斑	1	10													

续表 30 组

序	类	症(信息)	统	3 蓝舌病	5 牛黏膜病	6 牛白血病	8 炭疽	11 牛副结核病	21 瘤胃酸中毒	23 创伤性网胃炎	27 胃肠炎	75 淀粉渣浆中毒	79 黄曲霉中毒	80 霉麦芽根中毒	85 栎树叶中毒	95 泰勒虫病	96 球虫病
159	运	卧-被迫横卧地上	1			10											
160		卧下时:小心翼翼	1							35							
161	运-步	跛行	4	5	5	10						5					
162		迟滞强迫运动	1							15							
163		强拘∨僵硬	2									5		5			
164		下坡时:小心翼翼	1							35							
165	运-关节	强拘尤其跗关节∨后肢呈鸡跛	1											10			
166	运-肌	松弛	3						10		5			10			
167	运-前肢	八字叉开	1											15			
168	运-四肢	划动∨游泳样	1											10			
169	运-异常	转圈	1										10				
170	运-站立	不安	3						10				5		5		
171		不安-犊	1										10				
172		不愿动∨肘外展	1							15							
173	运-肘肌	震颤	2							15				15			
174	症	犊重成牛轻	1										15				
175	殖-分娩	难产	1			15											
176	殖-会阴	皮炎-斑块状	1	5													
177	殖	流产	6	5	10	15	5						5		5		
178		死胎	2	5											5		
179	殖-母牛	早产	1										5				
180	殖-新犊	运动失调	2	5	15												

31 组 腹紧缩∨卷缩

序	类	症(信息)	统	23 创伤性网胃炎	35 骨软症	70 蹄叶炎	86 有机磷中毒	95 泰勒虫病
		ZPDS		20	23	17	18	18
1	消-腹	紧缩∨缩腹∨下腹部卷缩	5	5	5	5	10	5
2	嗳气	减少∨消失∨功能紊乱	1				5	

续表 31 组

序	类	症(信息)	统	23	35	70	86	95
				创伤性网胃炎	骨软症	蹄叶炎	有机磷中毒	泰勒虫病
3	鼻镜	干V皲裂	1					5
4	鼻流-液	鼻液	1				10	
5	病季	有蜱季	1					10
6	病牛	带虫免疫达2～6年	1					10
7	病情	加剧(虫体大量进入红细胞)	1					10
8	病因	食喷洒有机磷农药的植物	1				15	
9	病预后	持久躺卧发生褥疮被迫淘汰	1		10			
10	精神	狂暴V狂奔乱跑	1				15	
11	口	流涎	1				10	
12	流-传媒	牛身上叮有蜱	1					15
13	流行	在牧区	1					10
14	皮-黏膜	黄红色	1					10
15	身-颤	震颤V颤抖V战栗	1				10	
16		痉挛由头开始→周身	1				15	
17	身-汗	出汗V全身出汗V大出汗	2			5	15	
18	身后躯	变形	1		10			
19		摇摆	1		10			
20	身-全身	僵直	1			10		
21	身-瘦	消瘦含迅速V明显等V高度	2	5		5		
22		消瘦-极度V严重	2		5			10
23	身-卧	横卧-时苦闷不安呻吟磨牙	1	15				
24	身-胸廓	变形V隆起V扁平	1		10			
25	身-腰	背腰凹下	1		15			
26	食欲	异食(泥V粪V舔V褥草V铁V木V石)	1		15			
27	体温	升高V发热	3			5	5	5
28		稽留热型	1					15
29	头颈	伸直V伸展	2	15	15			
30	头-面肌	震颤	1				10	
31	尾椎骨	转位V变软V萎缩V最末椎体消失	1		15			
32	消-反刍	减少V减弱V迟缓	2	10			5	
33		痛苦低头伸颈	1	15				
34		紊乱V异常V不规律	1	10				

续表31组

序	类	症(信息)	统	23 创伤性网胃炎	35 骨软症	70 蹄叶炎	86 有机磷中毒	95 泰勒虫病
35	消-粪附	黏液∨假膜∨脓物∨蛋清∨绳管物	2	10				15
36	消-粪色	黑∨污黑∨黑红色∨褐红色	1	35				
37	消-粪性	时苦闷不安呻吟磨牙	1	15				
38	消-粪稀	稀如水∨水样汤	1				15	
39		稀∨软∨糊∨泥∨粥∨痢∨泻∨稠	3		5		15	5
40	消-粪干	便秘	3	10	5			5
41		干少∨干硬少	1	35				
42	消-粪血	血丝∨血凝块	2	35				15
43	消-腹	腹痛	1				15	
44	消-胃	瘤胃-蠕动减弱∨稍弱∨次数少∨慢	2	10	5			
45		前胃-弛缓	1		10			
46		异物退症减∨刺伤其他组织病加重	1	10				
47	循-心跳	亢进	1					10
48	循-血	稀薄不易凝固	1					15
49	眼	流泪	2				10	5
50	眼睑	震颤	1				10	
51	运	卧下时:小心翼翼	1	35				
52	运-步	迟滞强迫运动	1	15				
53		幅短缩	1		10			
54		强拘∨僵硬	3		10	10	5	
55		下坡时:小心翼翼	1	35				
56	运-关节	肢腿关节:发出爆裂音响	1		15			
57	运-后肢	八字形	1		15			
58		稍向前伸前肢后踏	1			15		
59	运-前肢	不时交互负重∨膝着地	1		15			
60		交叉负重	1			15		
61	运-四肢	骨骼变形	1		10			
62	运-蹄	壁叩诊-痛	1			15		
63		壁延长∨变形∨蹄踵高	1			15		
64		系部及球节下沉	1			10		
65		指(趾)前缘弯曲∨趾尖翘起	1			15		
66	运-蹄冠	红∨炎∨肿∨痛∨烂	1			15		

续表 31 组

序	类	症(信息)	统	23 创伤性网胃炎	35 骨软症	70 蹄叶炎	86 有机磷中毒	95 泰勒虫病
67		倾斜度变小	1			15		
68	运-蹄尖	着地	1		10			
69	运-蹄轮	向后延伸彼此分离	1			15		
70	运-异常	喜走软地怕硬地	1			15		
71	运-站立	不能持久强迫站现全身颤抖	1		10			
72		不愿动	1	15				
73	运-肢	飞节内肿	1		10			
74		交替负重常改变姿势	1			15		
75	运-肘颤	外展	1	15				

32 组　腹痛∨踢腹

序	类	症(信息)	统	19 瘤胃食滞	20 瘤胃臌气	21 瘤胃酸中毒	27 胃肠炎	56 子宫捻转	74 亚硝酸盐中毒	77 酒糟中毒	78 尿素中毒	79 黄曲霉中毒	85 栎树叶中毒	86 有机磷中毒	88 有机氟中毒	90 铜中毒	91 铅中毒	93 硒中毒	98 皮蝇蛆病
		ZPDS		20	13	28	25	15	14	23	23	21	20	23	15	18	28	21	14
1	**消-腹痛**	**回视腹部**	1									5							
2		**摇尾**	13		10	10	10	5	10	10	5	5	15	10	15	15	10		
3		**蹴腹∨踢腹**	9	5	15	10	10				10	5				10		5	5
4	**鼻流-液**	**鼻液**	1											10					
5		**黏液∨脓液**	1										5						
6	**鼻-喷鼻**	**皮蝇骚扰致**	1																15
7	**病发**	**突然**	1						5										
8	**病情**	**恶化**	1								5								
9	**病势**	**发病后2～3小时陷入虚脱态**	1		15														
10		**发展较迅速**	1			10													
11	**病因**	**食被霉菌污染的饲料**	1									15							
12	**病因**	**食含铅物或被铅污染的饲料饮水**	1														15		
13		**食酒糟**	1							15									
14		**食烂菜类**	1						10										

续表 32 组

序	类	症(信息)	统	19 瘤胃食滞	20 瘤胃臌气	21 瘤胃酸中毒	27 胃肠炎	56 子宫捻转	74 亚硝酸盐中毒	77 酒糟中毒	78 尿素中毒	79 黄曲霉中毒	85 栎树叶中毒	86 有机磷中毒	88 有机氯中毒	90 铜中毒	91 铅中毒	93 硒中毒	98 皮蝇蛆病
15	病因	食栎树叶幼叶∨新芽1周发病	1										15						
16		食尿素或其他非蛋白氮	1								15								
17		食喷洒有机磷农药的植物	1											15					
18		食铜盐∨铜添加剂过量	1													15			
19		食硒含量过高的草料∨硒制剂	1															15	
20		食含有机氯杀虫剂的草料	1												15				
21	病-中毒	碱中毒	1				10												
22		酸中毒	1				10												
23	耳	冷凉∨厥冷	1				5												
24	肺音-听	湿啰音	1								10								
25	呼	发吭吭声	1										10						
26	呼吸道	氨刺激症状	1								25								
27		60～70 次/分	1		5														
28	呼吸	困难	4						10		25			5			5		
29		张口	1		5														
30	精神	不安(因皮蝇飞翔产卵致)	1																35
31		对人追击	1														25		
32		反射功能亢进	1								10								
33		感觉过敏对触摸∨音响(犊)	1														15		
34		横冲直撞(犊)	1														15		
35		昏迷	1											5					
36		昏睡∨嗜睡	2			5									5				
37		恐惧∨惊恐∨惊慌	3									10			15		15		
38		狂暴∨狂奔乱跑	3											15	15		15		
39		盲目徘徊(犊)	1									10							
40		爬越围栏(犊)	1														15		
41		前冲后退	1										15						
42		神经症状	2									5					5		
43	精神	眩晕∨晕厥	1											5					
44		不敏感∨感觉丧失∨反射减∨失	1								15								

续表 32 组

序	类	症(信息)	统	19 瘤胃食滞	20 瘤胃臌气	21 瘤胃酸中毒	27 胃肠炎	56 子宫捻转	74 亚硝酸盐中毒	77 酒糟中毒	78 尿素中毒	79 黄曲霉中毒	85 栎树叶中毒	86 有机磷中毒	88 有机氟中毒	90 铜中毒	91 铅中毒	93 硒中毒	98 皮蝇蛆病
45	口	溃疡炎症	1								5								
46		有黄豆大溃疡	1										15						
47		张嘴∨张口伸舌	1								10								
48	口唇	周围沾满唾液泡沫	1								10								
49	口	空嚼	1														5		
50	口-流涎	含泡沫∨黏液	3			10			10		5								
51	口-舌	伸舌∨吐舌	1		10														
52	尿量	淋漓-公牛	1								5								
53	尿色	清淡透明	1										5						
54		血红蛋白尿	1													10			
55		血尿症∨血尿-间歇性	1							15									
56	皮瘢痕	虫寄生部位	1																10
57	皮弹性	弹性减退-脱水	1			5													
58	皮	干燥	1			5													
59	皮革	质量受损	1																10
60	皮坏死	破溃∨化脓∨坏死-久不愈合	1							10									
61	皮瘙痒	不安局部疼痛(幼虫钻皮及移行致)	1																10
62	皮温	不均∨不整	2				10				5								
63	皮下	瘘管经常流脓(直到幼虫移出愈合)	1																15
64		血肿∨化脓蜂窝织炎(见幼虫寄生)	1																35
65	皮-黏膜	苍白∨淡染	3											5		10		5	
66		潮红	2			5				5									
67		黄疸∨黄染	3							10		15				10			
68	乳房色	苍白∨淡染∨贫血∨淡紫	1						15										
69	乳头	苍白∨淡紫	1						15										
70	乳脂率	低∨降至0.8%～1.0%	1			5													
71	身	脱水	5	5		5	10			15						5			
72	身-颤	抽搐∨抽搐-倒地	1												10				
73		震颤∨颤抖∨战栗	3								25			10	5				
74		痉挛由头开始→周身	1											15					

续表 32 组

序	类	症(信息)	统	19 瘤胃食滞	20 瘤胃臌气	21 瘤胃酸中毒	27 胃肠炎	56 子宫捻转	74 亚硝酸盐中毒	77 酒糟中毒	78 尿素中毒	79 黄曲霉中毒	85 栎树叶中毒	86 有机磷中毒	88 有机氟中毒	90 铜中毒	91 铅中毒	93 硒中毒	98 皮蝇蛆病
75	身-汗	出汗∨全身出汗∨大出汗	3		5	5								15					
76	身生长	发育缓慢∨延迟∨不良	3									5						5	5
77		慢(长期吃低含铅草料)	1														10		
78	身-衰	衰竭	2	10														5	
79	身-水肿	无热痛由后躯向腹下-胸前蔓延	1										15						
80		有波动感针刺流出淡黄透明液体	1										15						
81	身-卧	被迫躺卧-不能站起	1						10										
82		横卧-地上被迫	1			10													
83	身-腰	背腰弓起	1	5															
84	身-姿	畸形长期吃低含铅草料-新犊	1														15		
85		角弓反张	3								10				10		5		
86		乳热症(产后瘫痪)病牛特有姿势	1			35													
87	身-左肷	臌气与腰椎横突齐平	1		35														
88		平坦	1	15															
89	声	吼叫	1														10		
90		尖叫	1												15				
91	食-采食	偷食谷类精料后 12～24 小时现症	1			15													
92		偷食谷类精料后 12 小时现症	1			15													
93		受影响(皮蝇骚扰致)	1																15
94	食管	发炎(幼虫移行致)	1																5
95	食-饮欲	大增∨烦渴∨增加	3			15	10									10			
96		废绝∨失∨大减	2	5		5													
97		减少	1	5															
98	食欲	时好时差	1							10									
99		厌食∨废绝∨停止	3				5					5				10			
100	死率	较高	1													5			
101	死时	病数分钟	1												10				
102		病 12 小时死亡	1			10													
103		病 1～2 天内	1															5	
104		急性死亡∨病不久	3						10				5			5			

续表 32 组

序	类	症(信息)	统	19 瘤胃食滞	20 瘤胃臌气	21 瘤胃酸中毒	27 胃肠炎	56 子宫捻转	74 亚硝酸盐中毒	77 酒糟中毒	78 尿素中毒	79 黄曲霉中毒	85 栎树叶中毒	86 有机磷中毒	88 有机氟中毒	90 铜中毒	91 铅中毒	93 硒中毒	98 皮蝇蛆病
105	死样	痉挛(反复)+口吐白沫+瞳孔散大	1												15				
106	死因	败血症∨脓毒血症	1							5									
107		并发症	1							5									
108		呼吸麻痹∨衰竭	2							5							5		
109		全身衰竭	1				5												
110		肾功能衰竭	1													5			
111		衰竭	1							5									
112		心力衰竭∨心脏停搏∨循环衰竭	2											5	15				
113		休克含(虚脱∨低血容量)	1													5			
114		窒息	2		10						5								
115		最终昏迷而死	1									5							
116	体温	稍高∨略高∨轻度发热	1	10															
117		下降∨降低∨偏低∨低于正常	5			5	5		15				10			10			
118	头	抵物∨抵碰障物(墙∨槽)不动	2														25	15	
119		弯曲在肩	1			15													
120	头肌	震颤	1														15		
121	头颈	静脉-怒张如条索状	1						5										
122	头颈	伸直∨伸展	1		10														
123	头颈肌	强直∨震颤	1														15		
124	头-面肌	震颤	1											10					
125	头-咽	发炎(幼虫移行致)	1																5
126	尾根毛	脱落	1															15	
127	尾竖起	奔逃(皮蝇骚扰致)	1																15
128	消反刍	减少∨减弱∨弛缓	3	5								5		5					
129	消-粪附	黏液∨假膜∨脓物∨蛋清∨绳管物	5				35			15		15	5			15			
130	消粪	干	2	15									10						
131		先便秘(干)后腹泻	1														15		

续表 32 组

序	类	症(信息)	统	19 瘤胃食滞	20 瘤胃臌气	21 瘤胃酸中毒	27 胃肠炎	56 子宫捻转	74 亚硝酸盐中毒	77 酒糟中毒	78 尿素中毒	79 黄曲霉中毒	85 栎树叶中毒	86 有机磷中毒	88 有机氟中毒	90 铜中毒	91 铅中毒	93 硒中毒	98 皮蝇蛆病
132	消-粪色	暗	1	15															
133		黑∨污黑∨黑红色∨褐红色	2										10			10			
134		绿色∨蓝色	1													15			
135	消-粪味	恶臭	4	15						15			15				15		
136		腥臭	2				35						10						
137	消-粪稀	稀剧烈∧持续	1				15												
138		稀如水∨水样汤	2				35							15					
139	消-粪性	迟滞	1	10															
140		多天不排粪	1										15						
141		里急后重	2				10					15							
142		泡沫∨附气泡	1			10													
143		失禁	2				10				5								
144		停止	1												5				
145	消-粪血	黑血液	1										15						
146		血丝∨血凝块	3			10	35					15							
147	消-腹	蹴踢(皮蝇骚扰致)	1																15
148		紧缩∨缩腹∨下腹部卷缩	1											10					
149		稍紧张	1			10													
150		左下腹膨大	1	15															
151	消-腹痛	轻∨不安常被忽略	1					5											
152		摇尾	1				10												
153	消-腹围	膨大(采食后 2～3 小时突发)	1		15														
154	消-肛门	粪水浸渍	1				10												
155		脱肛	1									5							
156	消化	不良-顽固性的	1							5									
157		紊乱∨异常	1					5											
158	消-胃	瘤胃-触诊似捏粉样-坚实易压陷	1	35															

续表 32 组

序	类	症(信息)	统	19 瘤胃食滞	20 瘤胃臌气	21 瘤胃酸中毒	27 胃肠炎	56 子宫捻转	74 亚硝酸盐中毒	77 酒糟中毒	78 尿素中毒	79 黄曲霉中毒	85 栎树叶中毒	86 有机磷中毒	88 有机氯中毒	90 铜中毒	91 铅中毒	93 硒中毒	98 皮蝇蛆病
159		瘤胃-臌气	5			10			5		5			5				10	
160		瘤胃-叩诊呈浊音V其上呈鼓音	1	15															
161		瘤胃-蠕动停止V消失	3		10	5							5						
162		瘤胃-听诊气泡破裂音	1		35														
163		瘤胃-听诊蠕动减弱V停止	1	10															
164		前胃-弛缓	3							5		5						5	
165		直检发现瘤胃腹囊后移至骨盆腔	1	35															
166	消-胃肠	发炎	4				15			10						15	10		
167		发炎-症状有原发胃肠炎症状延续	1				15												
168		直肠壁直肠不直转向一侧	1					15											
169	牙	松动V脱落	1							15									
170		牙关紧闭	1								10								
171	眼	流泪-暂停	1											10					
172		眨眼	1														15		
173	眼睑	反射减弱V消失	1														15		
174		震颤	1											10					
175	眼球	转动(犊)	1														15		
176	眼视力	减退V视力障碍	3			15								5				10	
177		失明	5			15						5		5			15	10	
178	眼瞳孔	散大	3			5					5				5				
179	眼窝	下陷	2				5			10									
180	运	摔倒在地不能站	1								10								
181	运-步	跛行	2							10								5	
182		强拘V僵硬	2											5			5		
183		无力	1	5															
184	运-动	不爱走V不愿走	2						5						5				
185		盲目走动	1														10		

续表 32 组

序	类	症(信息)	统	19 瘤胃食滞	20 瘤胃臌气	21 瘤胃酸中毒	27 胃肠炎	56 子宫捻转	74 亚硝酸盐中毒	77 酒糟中毒	78 尿素中毒	79 黄曲霉中毒	85 栎树叶中毒	86 有机磷中毒	88 有机氟中毒	90 铜中毒	91 铅中毒	93 硒中毒	98 皮蝇蛆病
186	运骨	松∨脆∨裂∨折见(肋∨肢∨骨盆)	1							15									
187	运-后肢	系部皮肤发红∨肿胀∨皮疹∨大疱∨溃疡∨痂皮	1							15									
188	运-起立	困难	1				5												
189	运-起卧	摇尾	1	5															
190	运-四肢	末端冷凉∨厥冷	2				5							5					
191		末端毛脱落	1															15	
192		痛	1															5	
193	运-蹄冠	红∨炎∨肿∨痛∨烂	1															5	
194	运-蹄壳	畸形∨长而弯曲	1															5	
195	运-蹄匣	脱落	1															10	
196	运-异	强迫运动蹒跚	1						5										
197		无目的徘徊∨游走	1															15	
198	运-站立	不安(犊)	1									10							
199	症	成牛比犊轻	1									15							
200	殖-发情	周期紊乱∨受胎率低	1															5	
201	殖-分娩	异常	1					5											
202		阵缩努责正常	1					5											
203		总不见胎水流出∨胎膜露出	1					35											
204	殖-流产	死胎	2										5					5	
205	殖-母牛	早产	1									5							
206	殖-阴检	产道管腔狭窄仅能伸进 1～3 指	1					15											
207		宫颈能摸到扭转>180°	1					15											
208		阴唇缩入阴道内∨皱襞致阴门不对称	1					15											
209		阴道腔变窄漏斗状∨在深部成螺旋状	1					15											
210	殖-孕	屡配不孕	1							5									
211	殖-子宫	右侧扭转-从左后上方向右前下方	1					15											
212		左侧扭转-从右后上方向左前下方	1					15											
213		扭转方向依据直检阴检判	1					10											
214		韧带:一侧紧张∨另侧松弛	1					15											

33组 腹围大∨瘤胃臌气

序	类	症(信息)	统	6 牛白血病	8 炭疽	16 食管梗塞	17 消化不良	19 瘤胃食滞	20 瘤胃臌气	21 瘤胃酸中毒	25 皱胃阻塞	33 运输抽搐	44 维D缺乏症	57 产后瘫痪	74 亚硝酸盐中毒	86 有机磷中毒	93 硒中毒
		ZPDS		29	23	11	21	18	13	29	14	19	20	29	13	22	20
1	消-胃	瘤胃-臌气	11	10	5	15	15			10		5	5	10	5	5	10
2	消-腹	左下腹膨大	1					15									
3	消-腹围	膨大采食后2～3小时突发	1						15								
4		膨胀∨增大	2				5				10						
5		膨胀高度紧张	1							5							
6	鼻孔	附着黏性浓稠鼻液	1								5						
7	鼻流-血	血样泡沫∨混血丝	1		25												
8	鼻流-液	鼻液	1													10	
9	呼出气	丙酮味	1									15					
10	呼吸	肌麻痹	1													5	
11		减慢	1							5							
12		瘤块压迫性呼吸	1	15													
13		60～70次/分	1						5								
14		极度困难	1		5												
15		微弱	1											5			
16		张口	1						5								
17	精神	沉郁∨抑制(高度∨极度)	2		10									10			
18		冲撞他物∨攀登饲槽	1		10												
19		呆立不动∨离群呆立	1										5				
20		昏迷	1													5	
21		昏睡∨嗜睡	3							5		10		35			
22		惊厥	1													5	
23		恐惧∨惊恐∨惊慌	1		10												
24		狂暴∨狂奔乱跑	1													15	
25		神经症状	1									5					
26		兴奋-短期∨过度	1									15					
27		眩晕∨晕厥	1													5	
28		敏感∨过敏-对触觉∨对刺激∨对声音	2										5	10			
29	口	呃逆	1			15											

续表 33 组

序	类	症(信息)	统	6 牛白血病	8 炭疽	16 食管梗塞	17 消化不良	19 瘤胃食滞	20 瘤胃臌气	21 瘤胃酸中毒	25 皱胃阻塞	33 运输抽搐	44 维D缺乏症	57 产后瘫痪	74 亚硝酸盐中毒	86 有机磷中毒	93 硒中毒
30		吞咽困难	1	5													
31		张嘴V张口伸舌	1			15											
32	口	空嚼	2			10								5			
33	口-流血	泡沫样	1		25												
34	口-舌	炎肿	1		15												
35	淋巴结	肿大	1	15													
36		肿瘤	1	25													
37		颈浅-淋-肿大	1	15													
38		内脏-淋-肿大	1	15													
39	尿-膀胱	括约肌麻痹V尿淋漓	1									5					
40	尿量	无	1							5							
41	尿性	排尿困难	1	10													
42	皮肤	弹性减退V干燥	1							5							
43	皮感觉	减退	1											5			
44		消失	1											5			
45	皮瘤	真皮层为主形成肉瘤(幼龄牛)	1	35													
46	皮炭疽	痈:初硬固热→冷无痛坏溃	1		15												
47	皮-黏膜	充血	1											5			
48		黄疸V黄染	1	10													
49	皮疹块	荨麻疹样皮疹(幼龄牛)	1	15													
50	乳房皮	发生炭疽痈	1		10												
51	乳房色	苍白V淡染V贫血	1													15	
52		淡紫	1													15	
53	乳头	苍白	1													15	
54	乳头	淡紫	1													15	
55	乳脂率	低V降至0.8%~1.0%	1								5						
56	身-背	弓腰	1											15			
57		肿块	1	10													
58	身-颤	抽搐V搐搦-倒地	1											10			

续表 33 组

序	类	症(信息)	统	6 牛白血病	8 炭疽	16 食管梗塞	17 消化不良	19 瘤胃食滞	20 瘤胃臌气	21 瘤胃酸中毒	25 皱胃阻塞	33 运输抽搐	44 维D缺乏症	57 产后瘫痪	74 亚硝酸盐中毒	86 有机磷中毒	93 硒中毒
59		痉挛由头开始→周身	1													15	
60	身-汗	出汗∨全身出汗∨大出汗	4	5					5	5						15	
61	身后躯	肌肉麻痹	1									5					
62	身-力	四肢无力左右摇晃摔倒	1											15			
63	身-瘦	消瘦含迅速∨明显等∨高度	3				15						5				5
64		营养不良	1										5				
65	身-衰	衰竭	2					10									5
66		衰弱∨虚弱	2	5			15										
67	身-体重	减轻	1	5													
68	身-臀	肿块	1	10													
69	身-卧	安然静卧几次挣扎而不能站后	1											15			
70		被迫躺卧-不能站起	2										15		10		
71	身-卧	横卧-地上被迫	1							10							
72	身-卧	瘫痪被迫躺卧地上∧企图站起	1											35			
73	身-卧	卧姿像产后瘫痪	1									25					
74	身-卧	卧地不起∨躺卧姿势	2					5						10			
75	身-卧	喜卧-不愿意站	1							5							
76	身-胸廓	变形∨隆起∨扁平	1										15				
77	身-胸前	皮肤松软处发生炭疽痈	1		10												
78	身-胸腺	块状肿大	1	15													
79		邻近淋巴结被害肿大	1	15													
80	身-腰	背腰弓起	1					5									
81	身-腰	皮松软处发生炭疽痈	1		10												
82	身-姿	犬坐姿势卧地后前肢直立后肢无力	1											15			
83		乳热症(产后瘫痪)病牛特有姿势	1							35							
84	身-姿	异常	1										15				
85	身-左肷	臌气与腰椎横突齐平	1						35								
86		平坦	1					15									
87	声	哞叫	1		10												

续表 33 组

序	类	症(信息)	统	6 牛白血病	8 炭疽	16 食管梗塞	17 消化不良	19 瘤胃食滞	20 瘤胃臌气	21 瘤胃酸中毒	25 皱胃阻塞	33 运输抽搐	44 维D缺乏症	57 产后瘫痪	74 亚硝酸盐中毒	86 有机磷中毒	93 硒中毒
88	食-采食	偷食谷类精料后12～24小时现症	1							15							
89		偷食谷类精料后12小时现症	1							15							
90	食管	半阻能咽唾液∨嗳气-故瘤胃臌气轻	1			15											
91		全阻饮水-从口流;采食从口逆出	1			15											
92	食管	塞物上触有液体波动感	1			35											
93	食-饮欲	大增∨烦渴∨增加	2							15		5					
94		减少	1					5									
95	食欲	厌食∨废绝∨停止	2				5							10			
96	死时	病12小时死亡	1							10							
97		病36小时	1		5												
98		病1～2天内	1														5
99		病5～6天	1		5												
100	死时	急性死亡∨病不久	1												10		
101	死因	衰竭	1				15										
102		心力衰竭∨心脏停搏∨循环衰竭	1													5	
103		休克含(虚脱∨低血容量)	1		5												
104		窒息	1						10								
105		皱胃破裂	1				5										
106	头	抵物∨抵碰障物(墙∨槽)不动	1														15
107		偏于体躯一侧	1											15			
108		仰姿∨抬头望天	1			15											
109		弯曲在肩	1							15							
110	头颈	肌群痉挛性震颤	1											10			
111		静脉-怒张如条索状	1												5		
112		静脉压降低∨注陷	1											10			
113		伸直∨伸展	2			15			10								
114		食管摸到梗塞物	1			35											
115		弯曲S状	1											15			
116	头颈肌	变硬∨肿胀	1	10													

续表33组

序	类	症(信息)	统	6 牛白血病	8 炭疽	16 食管梗塞	17 消化不良	19 瘤胃食滞	20 瘤胃臌气	21 瘤胃酸中毒	25 皱胃阻塞	33 运输抽搐	44 维D缺乏症	57 产后瘫痪	74 亚硝酸盐中毒	86 有机磷中毒	93 硒中毒
117	头颈下	皮肤松软处发生炭疽痈	1		10												
118	头-面肌	震颤	1													10	
119	头-咽喉	发炎Ⅴ肿胀	1		15												
120	尾根毛	脱落	1														15
121	消粪干	干少Ⅴ干硬少	3					15			15			5			
122	消-粪色	暗	1					15									
123		黑Ⅴ污黑Ⅴ黑红色Ⅴ褐红色	1								15						
124	消-粪味	恶臭	2	5				15									
125		腐臭	1								15						
126	消-粪稀	稀如水Ⅴ水样汤	2								15					15	
127	消-粪性	迟滞	1					10									
128		泡沫Ⅴ附气泡	1							10							
129	消-腹	蹴腹Ⅴ踢腹	3					5	15	10							
130	消-腹	紧缩Ⅴ缩腹Ⅴ下腹部卷缩	1													10	
131		稍紧张	1							10							
132	消-腹膜	发炎-泛发因皱胃炎Ⅴ破裂致	1								10						
133	消-腹	腹痛	5						10	10					10	15	10
134	消-腹围	紧缩腹壁紧张-中等程度	1							5							
135	消-肛门	流血样泡沫	1		15												
136		松弛	1											10			
137	消化	不良-在产犊后	1				10										
138		不良-在妊娠后期	1				10										
139	消-胃	瘤胃-触诊满干涸内容物Ⅴ坚硬	1								15						
140		瘤胃-触诊似捏粉样-坚实易压陷	1					35									
141		瘤胃-臌气堵住骨盆入口	1				35										
142		瘤胃-臌气以背囊明显腹囊也大-直检发现	1				35										
143		瘤胃-臌气中度Ⅴ重度-泡沫性	1				35										
144		瘤胃-后看左上下腹Ⅴ右下腹隆L形	1				35										

续表 33 组

序	类	症(信息)	统	6 牛白血病	8 炭疽	16 食管梗塞	17 消化不良	19 瘤胃食滞	20 瘤胃臌气	21 瘤胃酸中毒	25 皱胃阻塞	33 运输抽搐	44 维D缺乏症	57 产后瘫痪	74 亚硝酸盐中毒	86 有机磷中毒	93 硒中毒
145		瘤胃-叩诊呈浊音V其上呈鼓音	1					15									
146		瘤胃-拳击发拍水音	1								15						
147		瘤胃-蠕动停止V消失	5				10		10	5	10	5					
148		瘤胃-蠕动增强	1						5								
149		瘤胃-收缩增快(3～6次/分)但蠕动力弱难后送	1				35										
150		瘤胃-听诊气泡破裂音	1						35								
151		瘤胃-听诊蠕动减弱V停止	1					10									
152		瘤胃-炎伴发	1							10							
153		幽门-阻塞与瘤胃迟缓联合发生	1				15										
154		直检发现瘤胃腹囊后移至骨盆腔	1					35									
155		皱胃-触诊深部现痛V呻吟	1								15						
156		皱胃-膨胀坚实-在腹底-直检知	1				35										
157		皱胃-阻塞因瘤胃蠕动停止	1				15										
158	消-胃管	探诊受阻-可知阻部	1			35											
159	消-直肠	肠壁痈	1		5												
160		可摸到肿大的内脏淋巴结	1	25													
161	牙	牙关紧闭	1									10					
162	眼	流泪-暂停	1													10	
163	眼睑	震颤	1													10	
164	眼球	突出	1	10													
165	眼视力	减退V视力障碍	3							15						5	10
166		失明	3							15						5	10
167	眼瞳孔	对光反射消失	1											15			
168		散大	2							5				15			
169		缩小	1													5	
170	眼窝	下陷	1								5						
171	运	卧-被迫横卧地上	1	10													
172		卧不能起V不起	1				5										

续表 33 组

序	类	症(信息)	统	6 牛白血病	8 炭疽	16 食管梗塞	17 消化不良	19 瘤胃食滞	20 瘤胃臌气	21 瘤胃酸中毒	25 皱胃阻塞	33 运输抽搐	44 维D缺乏症	57 产后瘫痪	74 亚硝酸盐中毒	86 有机磷中毒	93 硒中毒
173	运-步	跛行	3	10									15				5
174		强拘∨僵硬	3										15	10		5	
175		无力	1					5									
176	运-动	不爱走∨不愿走	1												5		
177	运骨	掌骨肿大	1										15				
178		跖骨肿大	1										15				
179	运关节	球关节:弯曲	1											15			
180		膝关节:肿大	1										15				
181		趾关节:强直∨痉挛-间歇性	1									10					
182	运-起立	困难	1	5													
183	运-起卧	摇尾	1					5									
184	运-前肢	弯曲向前方∨侧方	1										35				
185	运-四肢	乏力∨无力∨运步无力	1												10		
186		肌肉发颤∨强直痉挛	1											10			
187		末端冷凉∨厥冷	2											10		5	
188		末端毛脱落	1														15
189		伸直无力平卧于地∨缩于腹下	1											10			
190		痛	1														5
191	运-蹄冠	红∨炎∨肿∨痛∨烂	1														5
192	运-蹄壳	畸形∨长而弯曲	1														5
193	运-蹄匣	脱落	1														10
194	运-异	强迫运动蹒跚	1												5		
195		如醉酒摇晃间倒地	1		15												
196		无目的徘徊∨游走	1														15
197		转圈	1														10
198	运-站立	不安	2					5		10							
199		不能而侧卧地上	1									5					
200		不稳	1											10			
201		困难	2	10						5							

续表 33 组

序	类	症(信息)	统	6 牛白血病	8 炭疽	16 食管梗塞	17 消化不良	19 瘤胃食滞	20 瘤胃臌气	21 瘤胃酸中毒	25 皱胃阻塞	33 运输抽搐	44 维D缺乏症	57 产后瘫痪	74 亚硝酸盐中毒	86 有机磷中毒	93 硒中毒
202	运-肢	大腿肿块	1	10													
203	诊-重点	瘤胃臌气＋厌食＋排少量糊状粪	1				50										
204		左侧剖腹探查Ⅴ切瘤胃助诊和预后	1				50										
205	殖-发情	周期紊乱Ⅴ受胎率低	1														5
206	殖-分娩	难产	1	15													
207	殖-流产	死胎	1														5
208		子宫瘤	1	15													
209	殖-母牛	孕牛生长发育缓慢	1										5				
210	殖-母牛	早产	2									5	5				
211	殖-外阴	皮肤松软处发生炭疽痈	1		10												
212	殖-新犊	产犊-弱	1										5				
213		畸形	1										5				
214	殖-阴门	流:血样泡沫	1		15												
215	病伴发	碱中毒	1								10						
216	病程	慢性Ⅴ较慢Ⅴ较长	1								5						
217	病发	在运输Ⅴ驱赶中Ⅴ到达后 24～48 小时内	1									15					
218	病势	发病后 2～3 小时陷入虚脱态	1						15								
219		发展较迅速	1							10							
220	病因	食烂菜类	1												10		
221		食喷洒有机磷农药的植物	1													15	
222		食硒含量过高的草料Ⅴ硒制剂	1														15
223	病预后	病经 4～5 小时治疗症状减轻Ⅴ康复	1									10					
224		多数牛经几小时病情加重	1									5					
225		昏睡牛 3～4 小时死亡	1									10					
226		临产从速人工流产-症状大减-康复	1									15					

34 组 跛 行

序	类	症(信息)	统	1 口蹄疫	3 蓝舌病	5 牛黏膜病	6 牛白血病	9 布鲁氏菌病	34 佝偻病	44 维D缺乏症	67 腐蹄病	68 蹄糜烂	69 指趾间赘生	71 关节炎	75 淀粉渣浆中毒	82 霉稻草中毒	83 麦角中毒	92 钼中毒	93 硒中毒
		ZPDS		22	22	24	28	13	23	26	14	19	8	10	24	27	25	26	25
1	运-步	跛行	15	5	5	5	10	5	5	15	10	10	10	5	5	10	5		5
2		跛行-倭	1															5	
3		跛行支跛为主	1											15					
4	鼻镜	糜烂	1			10													
5	鼻膜	溃疡炎症	1		15														
6		烂斑蚕豆大	1													10			
7	鼻流-血	鲜红血(一侧)	1													15			
8	病因-食	发霉麦类	1														15		
9		高钼低铜草料	1															15	
10		过量淀粉渣(浆)	1												10				
11		霉稻草	1													15			
12	病因-食	硒含量过高的草料∨硒制剂	1																15
13	耳尖	病健界明∨死皮干硬暗褐脱留耳基	1													25			
14		干性坏疽	2													15	15		
15		黑紫∨红肿硬∨敏感∨无感觉	1														15		
16		坏死∨脱落	2													15	15		
17	耳聋	间歇性	1														10		
18	呼吸	促迫∨急促∨加快∨浅表∨频速	2							5									5
19	呼吸	困难	1							5									
20	精神	不振∨委靡	5	5	5		5		5						5				
21		沉郁	4							5					5	5			5
22		昏迷∨昏睡∨嗜睡	1														10		
23		惊厥限一肢∨局部∨无规则阵发性	1														15		
24		中枢神经系统兴奋型	1														15		
25		敏感∨过敏-对触觉∨对刺激∨对声音	2						5	5									
26	口	采食不灵活	1						5										
27		溃疡炎症	1		15														
28		周环状坏死损伤∧不扩展到口	1														15		

续表 34 组

序	类	症(信息)	统	1 口蹄疫	3 蓝舌病	5 牛黏膜病	6 牛白血病	9 布鲁氏菌病	34 佝偻病	44 维D缺乏症	67 腐蹄病	68 蹄糜烂	69 指趾间赘生	71 关节炎	75 淀粉渣浆中毒	82 霉稻草中毒	83 麦角中毒	92 钼中毒	93 硒中毒
29		灼热	1	10															
30	口边	白色泡沫	1	10															
31	口唇	豆大-核桃大水疱	1	15															
32		糜烂∨溃疡	1			10													
33	口-颊	豆大-核桃大水疱	1	15															
34	口裂	不能完全闭合	1						10										
35	口	流涎	4	15	5	5													5
36	口色	潮红	2	10	10														
37		发绀	1		10														
38	口-舌	豆大-核桃大水疱	1	15															
39		糜烂∨溃疡	1			10													
40		黏膜-潮红∨绀	1		10														
41	口-硬腭	糜烂∨溃疡	1			10													
42		黏膜潮红∨绀	1		10														
43	肋骨	念珠状肿-肋软骨连接处	2						35									15	
44	淋巴结	局部-淋-肿大	1					5											
45		肿大∨肿瘤-体表∨颈浅∨内脏淋-肿	1				15												
46	毛	粗乱∨干∨无光∨褪色∨逆立∨脆	6			5			5	10						5		10	5
47		黑→白∨变红黄色∨暗灰色	1															35	
48	皮感觉	减退∨消失∨增强减弱交替	1														10		
49	皮坏死	出血∨紧箍骨骼上干似木棒	1													25			
50		皮与骨分离如穿长筒靴	1													50			
51		破溃∨化脓∨坏死-久不愈合	1													15			
52		破溃流黄色液∨腥臭	1													50			
53	皮瘤	真皮层为主形成肉瘤-幼龄牛	1				35												
54	皮色	发红(头→躯干→全身)	1															50	
55	皮-水疱	经3天破溃烂→愈合留瘢痕	1	15															
56	皮水肿	指压褪色	1															10	
57	皮-黏膜	发绀	2				10												5

续表 34 组

序	类	症(信息)	统	1 口蹄疫	3 蓝舌病	5 牛黏膜病	6 牛白血病	9 布鲁氏菌病	34 佝偻病	44 维D缺乏症	67 腐蹄病	68 蹄糜烂	69 指趾间赘生	71 关节炎	75 淀粉渣浆中毒	82 霉稻草中毒	83 麦角中毒	92 钼中毒	93 硒中毒
58		黄疸Ⅴ黄染	1				10												
59	皮疹块	荨麻疹样皮疹(幼龄牛)	1				15												
60	皮肿	蔓延前肢肩胛Ⅴ后肢股部	1													25			
61		消退后皮变干硬状如龟板	1													15			
62	乳房	水疱Ⅴ烂斑	1	15															
63	乳房色	苍白Ⅴ淡染Ⅴ贫血	1														10		
64	乳-量	减少Ⅴ下降Ⅴ大减Ⅴ骤减	6			5	5			5	10	5			5				
65		停止Ⅴ无奶Ⅴ丧失	1								10								
66	乳头	坏死Ⅴ糜烂	1	15															
67		色淡Ⅴ异常贫血	1														10		
68		肿胀Ⅴ水疱	1	15															
69	乳汁色	发红Ⅴ粉红	1	15															
70	身-背	弓腰	3							15					5	5			
71		肿块	1				10												
72	身-颤	抽搐Ⅴ抽搐-倒地	2						5	10									
73		震颤Ⅴ颤抖Ⅴ战栗	2						5	10									
74	身后躯	摇摆	1												5				
75	身脊背	凸起	1						10										
76	身末梢	坏疽	1														15		
77	身-全身	反应明显	1											5					
78		惊厥癫痫发作	1														10		
79		症状重	2								5	5							
80	身生长	发育缓慢Ⅴ延迟Ⅴ不良	4				5		5	5									5
81	身-瘦	消瘦含迅速Ⅴ明显等Ⅴ高度	7		5	5				5	5	5						10	5
82		营养不良	2						5	5									
83	身-臀	肿块	1				10												
84	身-卧	被迫躺卧-不能站起	1							15									
85		卧地不起Ⅴ躺卧姿势	6	5	5			5							10		5	5	

续表 34 组

序	类	症(信息)	统	1 口蹄疫	3 蓝舌病	5 牛黏膜病	6 牛白血病	9 布鲁氏菌病	34 佝偻病	44 维D缺乏症	67 腐蹄病	68 蹄糜烂	69 指趾间赘生	71 关节炎	75 淀粉渣浆中毒	82 霉稻草中毒	83 麦角中毒	92 钼中毒	93 硒中毒
86		喜卧-不愿意站	3								5	10				5			
87	身-胸廓	变形∨隆起∨扁平	2						35	15									
88	身-胸腺	块状肿大	1				15												
89		邻近淋巴结被害肿大	1				15												
90	身-姿	异常	1							15									
91	食-饮欲	废绝∨失∨大减	2							5						5			
92	食欲	异食或舔(泥∨粪∨褥草∨铁∨石)	2						15						10				
93		只吃一些新鲜青绿饲草	1												15				
94		不振∨减	9	5	5		5		15		5	5		5	5				5
95	死因	突然倒地心衰-恶性口蹄疫	1	10															
96	头	抵物∨抵碰障物(墙∨槽)不动	1																15
97	头-咽	黏膜潮红∨发绀	1		10														
98	头颈肌	变硬∨肿胀	1				10												
99	头-颜面	隆起增宽	1						10										
100	尾	红肿硬∨敏感∨无感觉∨黑紫	1														15		
101		坏死脱落∨干性坏疽	1														15		
102	尾根毛	脱落	1																15
103	尾尖	变软∨消失	1															10	
104		初变细∨不灵活∨肿烂→干枯断离	1													50			
105	尾梢	坏死干性坏死达 1/3 至全部断离	1													50			
106	尾椎骨	被吸收	1															10	
107		变软变形	1												35				
108	消-反刍	停止∨消失	3	5		5										5			
109		紊乱∨异常∨不规律	1												10				
110	消-粪附	黏液∨假膜∨脓物∨蛋清∨绳管物	1			15													
111	消-粪量	时多时少	1												10				
112	消-粪色	黑∨污黑∨黑红色∨褐红色	1												15				

续表 34 组

序	类	症(信息)	统	1 口蹄疫	3 蓝舌病	5 牛黏膜病	6 牛白血病	9 布鲁氏菌病	34 佝偻病	44 维D缺乏症	67 腐蹄病	68 蹄糜烂	69 指趾间赘生	71 关节炎	75 淀粉渣浆中毒	82 霉稻草中毒	83 麦角中毒	92 钼中毒	93 硒中毒
113		棕褐色V浅灰	2			15									15				
114	消-粪味	恶臭	2			10	5												
115	消-粪性	喷射状	1			15													
116		时干时稀	1												10				
117		无粪排出	1												10				
118	消-粪稀	稀 45~60 天	1															10	
119		稀如水V水样汤	2			15												15	
120		稀在采食高钼草料后 8~10 天	1															10	
121		稀V软V糊V泥V粥V痢V泻V稠	7		5	10	5								15		5	10	10
122	消-粪干	干少V干硬少	1												15				
123	消-粪血	黑血液	1												15				
124		血丝V血凝块	3		10	15	5												
125	消-腹痛		1																10
126	消-胃	瘤胃-臌气	3				10			5									10
127		瘤胃-蠕动减弱V稍弱V次数少V慢	1												10				
128		前胃-弛缓	4				5			5					10				5
129	消-胃肠	发炎	1		5														
130		黏膜溃疡炎症	1		15														
131		可摸到肿大的内脏淋巴结	1				25												
132	循-血	贫血	2						5									15	
133	牙	咬合不全	1						10										
134	牙-齿龈	豆大-核桃大水疱	1	15															
135		烂斑	1		10														
136		糜烂V溃疡	1			10													
137	眼	畏光流泪	1			5													
138	眼-目光	目盲-间歇性	1														10		
139	眼球	突出	1				10												

续表 34 组

序	类	症(信息)	统	1 口蹄疫	3 蓝舌病	5 牛黏膜病	6 牛白血病	9 布鲁氏菌病	34 佝偻病	44 维D缺乏症	67 腐蹄病	68 蹄糜烂	69 指趾间赘生	71 关节炎	75 淀粉渣浆中毒	82 霉稻草中毒	83 麦角中毒	92 铅中毒	93 硒中毒
140	眼周	毛变白似戴眼镜	1															35	
141	运	卧-被迫横卧地上	1				10												
142	运-步	强拘∨僵硬	3						5	15					5				
143		强拘-犊	1															10	
144		三脚跳	2									15		15					
145		痛感	1								10								
146		无力	1															5	
147	运-动	不爱走∨不愿走	1						5										
148	运骨	变形∨弯曲∨硬度降低∨脆软∨骨折	1						15										
149		股骨端肿大(犊)	1															15	
150		骨折	1															10	
151		骨质疏松	1															10	
152		掌骨肿大	1							15									
153		跖骨肿大	1							15									
154	运-关节	蹄下发生干性坏疽-病健界限明显环形	1													15			
155		积液	1											15					
156		僵硬	1															10	
157		局部增温	1											15					
158		膝关节:肿大	1							15									
159		膝滑液囊:发炎	1					15											
160		站立时减负体重∨不敢负重	1											15					
161		肿大	2					10						15					
162	运-后肢	下端红肿硬∨敏感∨无感觉∨黑紫∨干性坏疽	1														15		
163		下端-红肿硬∨敏感∨无感觉∨黑紫∨干性坏疽	1														15		
164	运-前肢	弯曲向前方∨侧方	1							35									
165	运-前肢	向前伸出	1									15							

续表 34 组

序	类	症(信息)	统	1 口蹄疫	3 蓝舌病	5 牛黏膜病	6 牛白血病	9 布鲁氏菌病	34 佝偻病	44 维D缺乏症	67 腐蹄病	68 蹄糜烂	69 指趾间赘生	71 关节炎	75 淀粉渣浆中毒	82 霉稻草中毒	83 麦角中毒	92 钼中毒	93 硒中毒
166	运-球部	出现小洞∨大洞∨沟	1									15							
167	运-球节	破溃流出乳酪性脓汁	1									15							
168		球节肿胀皮肤失去弹性很痛	1									10							
169		以下屈曲∨站立减负体重	1									10							
170	运-四肢	长骨弯腕关节O形跗关节X形姿势	1						35										
171		关节近端肿大	1						10										
172		末端毛脱落	1																15
173	运-蹄	环状坏死∨表面似口蹄疫	1														15		
174		角质:疏松∨碎裂∨糜烂∨化脓	1									15							
175		频频倒步∨打地	1									10							
176		深部病脓肿∨瘘管:流臭脓	1								35								
177		跖骨端肿大-慄	1															15	
178		指(趾)间隙-背侧穹隆部皮肤红肿∧有一舌状突起	1										15						
179		趾间:红肿热痛水疱-溃烂→脓	1	15															
180		趾间皮肤红∨肿∨敏感	1								15								
181		肿由蹄底蔓延到腕跗关节	1													10			
182		赘生物-坏死∨损伤	1										10						
183		赘生物-痂盖溃面∨形成疣样乳头状	1										10						
184		赘生物-破溃流渗出物恶臭	1										10						
185		赘生物-压蹄使指(趾)分开	1										15						
186		赘生物-增大∨填满趾间隙∨达地面	1										35						
187		赘生物-真皮暴露受到挤压疼痛异常	1										15						
188	运-蹄底	出现小洞∨大洞∨沟	1									15							
189		见潜道管内充满深色液体腐臭难闻	1									35							
190		磨灭不正	1									15							
191	运-蹄冠	红∨炎∨肿∨痛∨烂	7	15	5	5					15	10				10			5
192		皮厚失去弹性	1									10							
193		系部皮凉∨环状裂隙∨渗出液体	1													10			

续表 34 组

序	类	症(信息)	统	1 口蹄疫	3 蓝舌病	5 牛黏膜病	6 牛白血病	9 布鲁氏菌病	34 佝偻病	44 维D缺乏症	67 腐蹄病	68 蹄糜烂	69 指趾间赘生	71 关节炎	75 淀粉渣浆中毒	82 霉稻草中毒	83 麦角中毒	92 钼中毒	93 硒中毒
194	运-蹄壳	畸形V长而弯曲	2			5													5
195		脱落腐烂变形	1								35								
196	运-蹄匣	脱落	3	15												25			10
197	运-异常	踉跄V不稳V共济失调V蹒跚	2				10												5
198		无目的徘徊V游走	1																15
199		异常-犊	1															10	
200		转圈	1																10
201	运-站立	困难	1				10												
202		时间短	1								10								
203	运-肢	病后频频提举V敲打地面	1								10								
204		大腿肿块	1				10												
205		皮下水肿V屈曲状态	1											15					
206	殖-分娩	难产	1				15												
207	殖-公牛	睾丸V附睾炎V肿痛V化脓V触压痛	1					10											
208		阴茎潮红V小结节V精子生成障碍	1					10											
209		阴囊皮肤干硬皱缩	1													15			
210	殖-母牛	流产	5		5	10		15										5	5
211		死胎	3		5			15											5
212		在不同时期	1														5		
213		在妊娠后 5~8 个月	1					15											
214		子宫瘤	1				15												
215	殖-母牛	配种性能明显降低	1					10											
216		弱犊	1					15											
217		孕牛生长发育缓慢	1							5									
218		早产	2							5							5		
219	殖-新犊	畸形V小脑不良V瞎眼V眼球颤	1			15													
220		运动失调	2		5	15													
221	殖-子宫	内膜炎	1					10											

35组　步强拘V僵硬

序	类	症(信息)	统	2 牛流行热	34 佝偻病	35 骨软症	40 锌缺乏症	41 硒缺乏症	44 维D缺乏症	45 维E缺乏症	57 产后瘫痪	70 蹄叶炎	75 淀粉渣浆中毒	80 霉麦芽根中毒	86 有机磷中毒	89 慢性氟中毒	91 铅中毒	92 钼中毒
		ZPDS		33	22	34	23	31	25	14	35	22	24	32	27	26	40	23
1	运-步	强拘V僵硬	14	5	5	10	10	5	15	5	10	10	5	5	5	5	5	
2		强拘-犊	1															10
3	嗳气	减少V消失V功能紊乱	1												5			
4	鼻镜	干V皲裂	2	5			5											
5	鼻镜皮	角化不全V肥厚V弹性减退	1				5											
6	鼻流-血	血样泡沫V混血丝	1					10										
7	鼻流-液	白沫V泡沫状	1											10				
8		鼻液	3	5										5	10			
9		黏液V脓液	2	15				10										
10	病程	慢性V较慢V较长	1					10										
11	病发	突然	2	5				10										
12	病龄	犊牛	1					10										
13	病因-食	高钼低铜草料	1															15
14		过量淀粉渣浆	1										10					
15		含铅物或被铅污染的饲料饮水	1														15	
16		霉麦芽根	1											15				
17		喷洒有机磷农药的植物	1												15			
18		食(饮)用含氟高的草料和水	1													15		
19	呼吸	促迫V急促V加快V浅表V频速	7	15				5	5	5	5			5			5	
20		功能障碍	1					15										
21	呼吸	困难	6	15					5	5	10				5		5	
22	精神	不振V委靡	6	5	5			5		5			5				5	
23		沉郁	2						5				5					
24		沉郁V抑制(高度V极度)	1								10							
25		呆立不动V离群呆立	2						5								10	
26		对人追击V横冲直撞-犊	1														25	
27		感觉过敏对触摸V音响-犊	1														15	
28		昏睡V嗜睡	1								35							

续表 35 组

序	类	症(信息)	统	2 牛流行热	34 佝偻病	35 骨软症	40 锌缺乏症	41 硒缺乏症	44 维D缺乏症	45 维E缺乏症	57 产后瘫痪	70 蹄叶炎	75 淀粉渣浆中毒	80 霉麦芽根中毒	86 有机磷中毒	89 慢性氟中毒	91 铅中毒	92 钼中毒
29		恐惧∨惊恐∨惊慌	2											15			15	
30		苦闷	1	15														
31		狂暴∨狂奔乱跑	3	5											15		15	
32		爬越围栏(犊)	1														15	
33		不安∨兴奋(不安∨增强)	2	5							10							
34		敏感∨过敏-对触觉∨对刺激∨声	5	5	5				5		10			15				
35	口	吐白沫	2											15			10	
36	口-空嚼		3			5					5						5	
37	口裂	不能完全闭合	1		10													
38	口-流涎		3	15											10		5	
39	肋骨	两侧有鸡卵大的骨赘	1													15		
40		念珠状肿-肋软骨连接处	2		35													15
41	毛	粗乱∨干∨无光∨褪色∨逆立∨脆	6		5	5		10	10							5		10
42		黑→白∨变红黄色∨暗灰色	1															35
43		换毛延迟	2		5	5												
44	皮创伤	愈合延迟	1				15											
45	皮角化	不全似犊牛的	1				15											
46	皮色	发红(头→躯干→全身)	1															50
47	皮水肿	指压褪色	1															10
48	乳-量	减少∨下降∨大减∨骤减	5			5			5				5	5		5		
49	身-背	弓腰	6			5			15			5	5	5		5		
50	身-颤	抽搐∨抽搐-倒地	4	5	5				10					10				
51		震颤∨颤抖∨战栗	4	15	5				10						10			
52		痉挛由头开始→周身	1												15			
53	身-汗	出汗∨全身出汗∨大出汗	3					10				5			15			
54	身后躯	全身麻痹	2					10		10								
55		变形	1			10												
56		摇摆	2			10							5					
57		运动障碍	1	15														

续表 35 组

序	类	症(信息)	统	2 牛流行热	34 佝偻病	35 骨软症	40 锌缺乏症	41 硒缺乏症	44 维D缺乏症	45 维E缺乏症	57 产后瘫痪	70 蹄叶炎	75 淀粉渣浆中毒	80 霉麦芽根中毒	86 有机磷中毒	89 慢性氟中毒	91 铅中毒	92 钼中毒
58	身脊背	凸起	1		10													
59	身脊柱	弯曲	1					15										
60	身-力	四肢无力左右摇晃摔倒	1								15							
61		无力∨易疲∨乏力	4					10		5	10		5					
62	身-全身	僵直	1									10						
63	身生长	发育缓慢∨延迟∨不良	3		5			10	5									
64		慢长期吃低含铅草料	1														10	
65	身-瘦	消瘦含迅速∨明显等∨高度	4					10	5			5						10
66		营养不良	4		5	5			5							5		
67	身-体重	停增-持续2周	1				15											
68	身-臀肌	变硬∨肿胀	1					10										
69	身-卧	安然静卧几次挣扎而不能站起	1								15							
70		被迫躺卧-不能站起	3					10	15					10				
71	身-卧	瘫痪被迫躺卧地上∧企图站起	1								35							
72		卧地不起∨躺卧姿势	4								10		10				5	5
73		喜卧-不愿意站	3			5		10				5						
74		易跌倒极难站起	1											10				
75	身-胸廓	变形∨隆起∨扁平	3		35	10			15									
76	身-胸前	水肿	1											10				
77	身-腰	腰荐凹陷	1													15		
78		背腰凹下	1			15												
79	身-姿	佝偻病	1															15
80		畸形长期吃低含铅草料(新犊)	1														15	
81		角弓反张	3	5										5			5	
82		犬坐姿势卧地∧前肢直立后肢无力	1								15							
83		异常	1						15									
84	身-坐骨	肿大向外突出	1													15		
85	声	吼叫	1														10	
86		呻吟	3	5		5									5			

续表 35 组

序	类	症(信息)	统	2 牛流行热	34 佝偻病	35 骨软症	40 锌缺乏症	41 硒缺乏症	44 维D缺乏症	45 维E缺乏症	57 产后瘫痪	70 蹄叶炎	75 淀粉渣浆中毒	80 霉麦芽根中毒	86 有机磷中毒	89 慢性氟中毒	91 铅中毒	92 钼中毒
87	食-采食	困难∨不能	2					5		10								
88	食欲	时好时差	1			5												
89		异食或舔(泥∨粪∨褥草∨铁∨石)	3		15	15							10					
90		只吃一些新鲜青绿饲草	1										15					
91		不振∨减	10	5	15		5			5	5	5	5	5	5		5	
92		大减	2							5						5		
93		厌食∨废绝∨停止	1								10							
94	头	抵物∨抵碰障物(墙∨槽)不动	1														25	
95		偏于体躯一侧	1								15							
96		抬不起来	1					15										
97	头骨	肿大	1													15		
98	头-颌下	水肿∧不易消失	1											10				
99	头-咽喉	肌变性坏死	1							15								
100	头肌	震颤	1														15	
101	头颈	肌群痉挛性震颤	1								10							
102		静脉压降低∨凹陷	1								10							
103		伸直∨伸展	2			15								5				
104		弯曲S状	1								15							
105	头颈肌	变硬∨肿胀	1					10										
106		强直∨震颤	1														15	
107	头-面肌	震颤	1												10			
108	头-下颌	骨肿胀	1													15		
109	头-颜面	隆起增宽	1		10													
110	尾骨	扭曲1～4椎骨软化∨被吸收消失	1													15		
111	尾尖	变软∨消失	1															10
112	尾椎骨	被吸收	1															10
113		变软变形	1										35					
114		转位∨变软∨萎缩∨最末椎体消失	1			15												
115	消-反刍	减少∨减弱∨迟缓	3											5	5	5		

续表 35 组

序	类	症(信息)	统	2 牛流行热	34 佝偻病	35 骨软症	40 锌缺乏症	41 硒缺乏症	44 维D缺乏症	45 维E缺乏症	57 产后瘫痪	70 蹄叶炎	75 淀粉渣浆中毒	80 霉麦芽根中毒	86 有机磷中毒	89 慢性氟中毒	91 铅中毒	92 钼中毒
116		停止∨消失	3	5							10				5			
117		紊乱∨异常∨不规律	1										10					
118	消-粪附	黏液∨假膜∨脓物∨蛋清∨绳管物	1											15				
119	消-粪量	时多时少	1										10					
120	消-粪色	暗	1	15														
121		黑∨污黑∨黑红色∨褐红色	1										15					
122	消-粪味	恶臭	1														15	
123	消-粪性	时干时稀∨无粪排出	1										10					
124	消-粪稀	稀 45~60 天	1															10
125		稀如水∨水样汤	2												15			15
126		稀在采食高钼草料后 8~10 天	1															10
127		稀∨软∨糊∨泥∨粥∨痢∨泻∨稠	8			5		5					15	15	15	5	5	10
128	消-粪干	便秘-腹泻交替	1			5												
129		先便秘(干)后腹泻	1														15	
130	消-粪干	便秘	4	15		5										5	5	
131		干球→稀软→水样	1	15														
132		干如念珠∨干球小∨鸽蛋大	1	15														
133		干少∨干硬少	2								5		15					
134	消-粪血	黑血液	1										15					
135		血丝∨血凝块	1											15				
136	消-腹	蹴腹∨踢腹	1														10	
137		紧缩∨缩腹∨下腹部卷缩	3			5						5			10			
138	消-腹	腹痛	2												15		15	
139	消-肝	变性∨坏死∨叩诊界缩小∨敏感∨痛	1							15								
140	消-肛门	反射消失∨松弛	1								10							
141	消-胃	瘤胃-臌气	3						5		10				5			
142		瘤胃-蠕动减弱∨稍弱∨次数少∨慢	5			5					5		10			5	10	
143		前胃-弛缓	4			10			5		5		10					
144	消-胃肠	发炎	2	15													10	

续表 35 组

序	类	症(信息)	统	2 牛流行热	34 佝偻病	35 骨软症	40 锌缺乏症	41 硒缺乏症	44 维D缺乏症	45 维E缺乏症	57 产后瘫痪	70 蹄叶炎	75 淀粉渣浆中毒	80 霉麦芽根中毒	86 有机磷中毒	89 慢性氟中毒	91 铅中毒	92 钼中毒
145	牙	磨牙	5			5		5			5				5		5	
146		斑釉对称	1													15		
147		大面积黄∨黑色锈斑(氟斑牙)	1													50		
148		淡黄黑斑点∨斑块∨白垩状	1													15		
149		氟斑牙氟骨症	1													15		
150		咬合不全	1		10													
151	牙-臼齿	波状磨损尤其前几个严重∨脱落	1													15		
152	牙-门齿	松动排列不整∨高度磨损	1													15		
153	眼	畏光流泪	4	15										15	10	5		
154	眼睑	反射减弱∨消失∨眨眼	1														15	
155		震颤	1												10			
156		肿∨水肿	1	5														
157	眼-结膜	黄染	1							15								
158	眼球	突出	1											10				
159		转动(犊)	1														15	
160	眼视力	减退∨视力障碍	1												5			
161		失明	2												5		15	
162	眼瞳孔	散大∨对光反射消失	1								15							
163	眼周	毛变白似戴眼镜	1															35
164	运	卧-不能站立	1					10										
165	运-步	跛 3～5 岁(犊和 9 岁牛少发)	1	5														
166		跛行	5	5	5	5			15				5					
167		幅短缩	1			10												
168	运-动	不爱走∨不愿走	3		5					5		5						
169		盲目走动	1														10	
170	运骨	变形∨弯曲∨易骨折	1		15													
171		发育异常	1				10											
172		股骨-端肿大(犊)	1															15
173		骨折∨骨质疏松	1															10

续表 35 组

序	类	症(信息)	统	2 牛流行热	34 佝偻病	35 骨软症	40 锌缺乏症	41 硒缺乏症	44 维D缺乏症	45 维E缺乏症	57 产后瘫痪	70 蹄叶炎	75 淀粉渣浆中毒	80 霉麦芽根中毒	86 有机磷中毒	89 慢性氟中毒	91 铅中毒	92 钼中毒
174		跖骨V掌骨肿大	1						15									
175	运-关节	僵硬	2				10											10
176		髋关节:肿大向外突出	1													15		
177		强拘尤其跗关节	1											10				
178		球关节:弯曲	1								15							
179		膝关节:肿大	1						15									
180		膝皮角化不全V干V肥厚V弹性减	1				10											
181		肢腿关节:发出爆裂音响	1			15												
182		肿大	1				10											
183	运-后肢	八字形	1			15												
184		呈鸡跛	1											15				
185		稍向前伸前肢后踏	1									15						
186		弯曲	1				10											
187	运-肌	深骨骼肌束营养变性V坏死	1							15								
188		松弛	3									5		10			5	
189	运-四肢	乏力V无力V运步无力	1				10											
190		八字叉开	1											15				
191		不时交互负重V膝着地V	1			15												
192		交叉负重	1									15						
193		弯曲向前方V侧方	1						35									
194	运-四肢	变形肿胀	1													15		
195		侧伸	1					15										
196		长骨弯腕关节O形跗关节X形姿势	1		35													
197		骨骼变形	1			10												
198		关节近端肿大	1		10													
199		关节水肿V疼痛V僵硬	1	15														
200		划动V游泳样	1											10				
201		肌肉发颤V强直痉挛	2					10			10							
202		末端冷凉V厥冷	2								10				5			
203		伸直无力平卧于地	1								10							

续表 35 组

序	类	症(信息)	统	2 牛流行热	34 佝偻病	35 骨软症	40 锌缺乏症	41 硒缺乏症	44 维D缺乏症	45 维E缺乏症	57 产后瘫痪	70 蹄叶炎	75 淀粉渣浆中毒	80 霉麦芽根中毒	86 有机磷中毒	89 慢性氟中毒	91 铅中毒	92 钼中毒
204		缩于腹下	1								10							
205	运-蹄	壁叩诊-痛	1									15						
206		壁延长∨变形∨趾尖翘起	1									15						
207		皮-皲裂	1				10											
208		蹄踵高	1									15						
209		系部及球节下沉	1									10						
210		跖骨端肿大-犊	1															15
211		指(趾)前缘弯曲	1									15						
212	运-蹄冠	红∨炎∨肿∨痛∨烂	1									15						
213		倾斜度变小	1									15						
214	运-蹄尖	着地	1			10												
215	运-蹄轮	向后延伸彼此分离	1									15						
216	运-异常	踉跄∨不稳∨共济失调∨蹒跚	5	5				10			10				5		15	
217		失调∨功能障碍∨失衡	2	5				15										
218		喜走软地怕硬地	1									15						
219		异常(犊)	1															10
220		转圈	1														10	
221	运-站立	不能持久强迫站现全身颤抖	1			10												
222		不稳	3								10			5			5	
223		姿势异常	1											10				
224	运-肢	飞节内肿	1			10												
225		交替负重常改变姿势	1									15						
226	运-肘肌	震颤	2	15										15				
227	殖	繁殖功能障碍∨降低	2				15	15										
228	殖-发情	周期延长∨延迟	2			5	15											
229	殖-公牛	睾丸发育受阻∨阴囊皮炎	1				10											
230		性欲减退∨消失	2				15											5
231	殖-流产	死胎	2				5	10										
232	殖-母牛	牛群性周期紊乱	1				15											
233		孕牛生长发育缓慢	1						5									

续表 35 组

序	类	症(信息)	统	2 牛流行热	34 佝偻病	35 骨软症	40 锌缺乏症	41 硒缺乏症	44 维D缺乏症	45 维E缺乏症	57 产后瘫痪	70 蹄叶炎	75 淀粉渣浆中毒	80 霉麦芽根中毒	86 有机磷中毒	89 慢性氟中毒	91 铅中毒	92 钼中毒
234		早产	2				5		5									
235	殖-阴门	皮角化不全∨干燥∨肥厚∨弹性减退	1				15											
236	殖-孕	屡配不孕	1				10											

36 组　蹄冠(红∨炎∨肿∨痛∨烂)∨蹄匣脱落

序	类	症(信息)	统	1 口蹄疫	3 蓝舌病	5 牛黏膜病	67 腐蹄病	68 蹄糜烂	70 蹄叶炎	82 霉稻草中毒	93 硒中毒
		ZPDS		24	21	24	16	21	24	27	19
1	运-蹄冠	红∨炎∨肿∨痛∨烂	8	15	5	5	15	10	15	10	5
2	运-蹄匣	脱落	3	15						25	10
3	鼻镜	糜烂	1			10					
4	鼻膜	溃疡炎症	1		15						
5		烂斑蚕豆大	1							10	
6	鼻流-血	鲜红血-一侧	1							15	
7	病程	慢性∨较慢∨较长	1					5			
8	病龄	幼龄	1			10					
9		青年牛	1			10					
10	病因-食	霉稻草	1							15	
11		硒含量过高的草料∨硒制剂	1								15
12	耳尖	病健界明∨死皮干硬暗褐脱留耳基	1							25	
13		干性坏疽	1							15	
14		坏死∨脱落	1							15	
15	口	溃疡炎症	1		15						
16		灼热	1	10							
17	口边	白色泡沫	1	10							
18	口唇	豆大-核桃大水疱	1	15							
19		糜烂∨溃疡	1			10					
20	口-颊	豆大-核桃大水疱	1	15							

续表 36 组

序	类	症(信息)	统	1 口蹄疫	3 蓝舌病	5 牛黏膜病	67 腐蹄病	68 蹄糜烂	70 蹄叶炎	82 霉稻草中毒	93 硒中毒
21	口	流涎	4	15	5	5					5
22	口色	潮红	2	10	10						
23		发绀	1		10						
24	口-舌	豆大-核桃大水疱	1	15							
25		糜烂∨溃疡	1			10					
26		黏膜-潮红∨发绀	1		10						
27	口-硬腭	糜烂∨溃疡	1			10					
28		黏膜潮红∨发绀	1		10						
29	皮坏死	出血	1							15	
30		紧箍骨骼上，干似木棒	1							25	
31		皮与骨分离如穿长筒靴	1							50	
32		破溃∨化脓∨坏死-久不愈合	1							15	
33		破溃流黄色液	1							50	
34		腥臭	1							15	
35	皮-水疱	经3天破溃烂→愈合留瘢痕	1	15							
36	皮肿	蔓延前肢肩胛∨后肢股部	1							25	
37		消退后皮变干硬状如龟板	1							15	
38	乳房	水疱∨烂斑	1	15							
39	乳-量	减少∨下降∨大减∨骤减	3			5	10	5			
40		停止∨无奶∨丧失	1				10				
41	乳头	坏死∨糜烂	1	15							
42		皮炎-斑块状	1		5						
43		水疱	1	15							
44		肿胀	1	15							
45	乳汁色	发红∨粉红	1	15							
46	身-汗	出汗∨全身出汗∨大出汗	1						5		
47	身-全身	僵直	1						10		
48	身-瘦	消瘦含迅速∨明显等∨高度	6		5	5	5	5	5		5
49	身-卧	喜卧-不愿意站	4				5	10	5	5	
50	食欲	不振∨减	6	5	5		5	5	5		5
51	死因	突然倒地心衰-恶性口蹄疫	1	10							
52	体温	降至常温	1	5							

续表 36 组

序	类	症(信息)	统	1	3	5	67	68	70	82	93
				口蹄疫	蓝舌病	牛黏膜病	腐蹄病	蹄糜烂	蹄叶炎	霉稻草中毒	硒中毒
53		40℃	3	10			5		10		
54		41℃	4	10		5	5		10		
55		42℃	2		5	5					
56		升高∨发热	5		5		5	5	5	5	
57	头	抵物∨抵碰障物(墙∨槽)不动	1								15
58	头-咽	黏膜潮红∨绀	1		10						
59	尾根毛	脱落	1								15
60	尾尖	初变细∨不灵活∨肿烂→干枯断离	1							50	
61	尾梢	坏死干性坏死达 1/3 甚至全部	1							50	
62	消-粪附	黏液∨假膜∨脓物∨蛋清∨绳管物	1			15					
63	消-粪色	浅灰色	1			15					
64	消-粪味	恶臭	1			10					
65	消-粪性	喷射状	1			15					
66	消-粪稀	稀如水∨水样汤	1			15					
67		稀∨软∨糊∨泥∨粥∨痢∨泻∨稠	3		5	10					10
68	消-粪血	血丝∨血凝块	2		10	15					
69	消-腹	蹴腹∨踢腹	1					5			
70	消-腹	腹痛	1								10
71	消-胃	瘤胃-臌气	1								10
72	消-胃肠	黏膜溃疡炎症	1		15						
73	牙-齿龈	豆大-核桃大水疱	1	15							
74		烂斑	1		10						
75		糜烂∨溃疡	1			10					
76	眼视力	减退∨视力障碍	1								10
77		失明	1								10
78	运-步	跛行	7	5	5	5	10	10		10	5
79		强拘∨僵硬	1						10		
80		三脚跳	1					15			
81		痛感	1				10				
82	运-关节	附下发生干性坏疽-病健界限明显	1							15	
83	运-后肢	稍向前伸前肢后踏	1						15		
84	运-前肢	后踏	1						5		

续表 36 组

序	类	症(信息)	统	1	3	5	67	68	70	82	93
				口蹄疫	蓝舌病	牛黏膜病	腐蹄病	蹄糜烂	蹄叶炎	霉稻草中毒	硒中毒
85		交叉负重	1						15		
86		向前伸出	1					15			
87	运-球部	出现小洞∨大洞∨沟	1					15			
88	运-球节	破溃流出乳酪性脓汁	1					15			
89		球节肿胀皮肤失去弹性很痛	1					10			
90		以下屈曲∨站立减负体重	1					10			
91	运-四肢	末端毛脱落	1								15
92	运-蹄	壁叩诊-痛	1						15		
93		壁延长	1						15		
94		变形	1						15		
95		角质:疏松∨碎裂∨糜烂∨化脓	1					15			
96		频频倒步∨打地	1					10			
97		深部病脓肿∨瘘管:流臭脓	1				35				
98		蹄踵高	1						15		
99		系部及球节下沉	1						10		
100		指(趾)前缘弯曲	1						15		
101		趾尖翘起	1						15		
102		趾间:红肿热痛水疱-溃烂→脓	1	15							
103		趾间皮肤红∨肿∨敏感	1				15				
104		肿由蹄底蔓延到腕跗关节	1							10	
105	运-蹄底	出现小洞∨大洞∨沟	1					15			
106		见潜道管内充满深色液体腐臭难闻	1					35			
107		磨灭不正	1					15			
108	运-蹄冠	皮厚失去弹性	1					10			
109		倾斜度变小	1						15		
110		系部皮凉∨环状裂隙∨渗出液体	1							10	
111	运-蹄壳	脱落腐烂变形	1				35				
112	运-蹄轮	向后延伸彼此分离	1						15		
113	运-蹄匣	脱落	3	15						25	10
114	运-异常	无目的徘徊∨游走	1								15
115		喜走软地怕硬地	1						15		

续表 36 组

序	类	症(信息)	统	1	3	5	67	68	70	82	93
				口蹄疫	蓝舌病	牛黏膜病	腐蹄病	蹄糜烂	蹄叶炎	霉稻草中毒	硒中毒
116		转圈	1								10
117	运-站立	时间短	1				10				
118	运-肢	病后频频提举V敲打地面	1				10				
119		间歇性提举	1							10	
120		交替负重常改变姿势	1						15		
121	殖-公牛	阴囊皮肤干硬皱缩	1							15	
122	殖-流产		3		5	10					5
123	殖-新犊	先天畸形V小脑不良V眼(瞎V颤)	1			15					
124		运动失调	2		5	15					

37 组　转　圈

序	类	症(信息)	统	13	28	79	91	93
				疯牛病	酮病	黄曲霉中毒	铅中毒	硒中毒
		ZPDS		15	27	15	27	15
1	运-异常	转圈	5	10	15	10	10	10
2	病	酮病被(前胃弛缓V乳房炎等)掩盖	1		10			
3	病程	数周至数月	1					10
4	病龄	3~9 岁及以上	1	5				
5	病牛	泌乳盛期高产奶牛群	1		10			
6	病因-食	被霉菌污染的饲料	1			15		
7		被铅污染的饲料饮水	1				15	
8		硒含量过高的草料V硒制剂	1					15
9	呼出气	丙酮味	1		15			
10	精神	呆立不动V离群呆立	1				10	
11		对人追击	1				25	
12		发疯样	1	15				
13		感觉过敏对触摸V音响-犊	1				15	
14		横冲直撞-犊	1				15	
15		紧张	1		10			
16		恐惧V惊恐V惊慌	2			10	15	

续表 37 组

序	类	症(信息)	统	13 疯牛病	28 酮病	79 黄曲霉中毒	91 铅中毒	93 硒中毒
17	精神	狂暴∨狂奔乱跑	2		15		15	
18		盲目徘徊(犊)	1			10		
19		爬越围栏(犊)	1				15	
20		神经症状	3	15		5	5	
21		神经质	1	15				
22		敏感∨过敏-对触觉∨对刺激∨对声音	2	15	15			
23	口	吐白沫	1				10	
24	口	流涎	3		15		5	5
25	流-传源	感染朊病毒污染的饲料	1	10				
26		牛羊肉骨粉添加剂-新工艺制作的	1	15				
27	尿量	少	1		15			
28	尿色	淡黄色水样∨丙酮气味∨泡沫状	1		25			
29	皮-黏膜	黄疸∨黄染	1			15		
30	乳-量	减少∨下降∨大减∨骤减	2	5	10			
31	乳汁味	挤出散发丙酮气味	1		15			
32	身-颤	震颤∨颤抖∨战栗	1		10			
33	身后躯	不全麻痹	1		10			
34	身生长	发育缓慢∨延迟∨不良	2			5		5
35		慢长期吃低含铅草料	1				10	
36	身-衰	衰竭	1					5
37	身-体重	减轻	2	5	10			
38	身-卧	横卧-地上被迫	1		15			
39		以头屈曲置肩胛处呈昏睡状	1		35			
40	身-腰	弓腰姿势	1		10			
41	身-姿	畸形长期吃低含铅草料-新犊	1				15	
42	声	吼叫	2	15			10	
43	食-饮欲	废绝∨失∨大减	1		10			
44	食欲	吃些饲草→拒青干草∨厌食精料	1		15			
45	头	抵物∨抵碰障物(墙∨槽)不动	2				25	15
46	头肌	震颤	1				15	

续表 37 组

序	类	症(信息)	统	13 疯牛病	28 酮病	79 黄曲霉中毒	91 铅中毒	93 硒中毒
47	头颈肌	强直∨震颤	2		5		15	
48	尾	举尾	1		10			
49	尾根毛	脱落	1					15
50	消-粪附	黏液∨假膜∨脓物∨蛋清∨绳管物	1			15		
51	消-粪味	恶臭	1				15	
52	消-粪性	里急后重	1			15		
53		停滞∨排球状少量干粪附黏液	1		15			
54	消-粪干	先便秘(干)后腹泻	1				15	
55	消-粪血	血丝∨血凝块	1			15		
56	消-腹	蹴腹∨踢腹	3	5		10	10	
57	消-腹痛		3			5	15	10
58	消-肛门	脱肛	1			5		
59	消-胃	瘤胃-臌气	1					10
60		瘤胃-蠕动减弱∨稍弱∨次数少∨慢	1				10	
61	眼睑	眨眼∨反射减弱∨消失∨眼球转动	1				15	
62	眼视力	减退∨视力障碍	1					10
63		失明	3			5	15	10
64	运-动	盲目走动	1				10	
65	运-肌	乏力	1		10			
66	运-前肢	屈曲卧地起不来	1		15			
67	运-四肢	末端毛脱落	1					15
68		伸展过度	1	15				
69	运-蹄匣	脱落	1					10
70	运-异常	冲撞墙壁∨前奔∨后退	1		15			
71		无目的徘徊∨游走	1					15
72	运-站立	不安	1			10		
73		不能∨时四肢叉开∨相互交叉	1		15			
74		不稳	2	10			5	
75		姿势异常	1	10				

38 组　肘外展∨颤

序	类	症(信息)	统	2	12	23	80	81	87	100
				牛流行热	牛肺疫	创伤性网胃炎	霉麦芽根中毒	霉烂甘薯中毒	有机氯中毒	创伤性心包炎
		ZPDS		22	20	20	28	30	21	18
1	运-肘	外展	2			15				15
2	运-肘肌	间歇性战栗	1					10		
3		震颤	5	15	5	15	15		15	
4	鼻孔	开张如喇叭状∨血样泡沫∨混血丝	1					15		
5	鼻流-液	白沫∨泡沫状	2		5		10			
6		鼻液	4	5	10		5	5		
7		黏液∨脓液	3	15	10			5		
8	病情	加重随氯毒物蓄积	1						15	
9	病史	有急性肺疫史	1		35					
10	病因	食霉烂甘薯	1					15		
11		食霉麦芽根	1				15			
12		食喷洒有机氯农药的植物	1						15	
13	病预后	低于常温 1 周内死	1		10					
14		给良护理和饲养可趋好转	1		15					
15		全身失衡被迫躺地	1						15	
16	呼-咳嗽	偶发间断性干性短咳	1		15					
17		频而无力	1		10					
18	呼吸	促迫∨急促∨加快∨浅表∨频速	5	15	10		5	5		5
19		式-腹式	4	5	10		5			5
20		式-吸气延长	1					15		
21		困难	4	15	5			15		10
22		伴吭吭声如拉风箱	1					25		
23	精神	沉郁∨抑制(高度∨极度)	1							10
24		呆立不动∨离群呆立	1		10					
25		恐惧∨惊恐∨惊慌	1				15			
26		苦闷	1	15						
27		不安∨兴奋(不安∨增强)	2	5					15	
28		敏感∨过敏-对触觉∨对刺激∨对声音	3	5			15		10	
29	口	吐白沫	3				15	5	5	
30		张嘴∨张口伸舌	1					10		
31		空嚼	1						5	
32		流涎	3	15				5	5	

续表 38 组

序	类	症(信息)	统	2 牛流行热	12 牛肺疫	23 创伤性网胃炎	80 霉麦芽根中毒	81 霉烂甘薯中毒	87 有机氯中毒	100 创伤性心包炎
33	身-背	弓腰	2				5			10
34		两侧皮下气肿触诊发捻发音∧蔓延	1					25		
35		捏压疼痛躲闪	1							5
36	身-颤	抽搐∨颤抖∨战栗	3	15			10		10	
37	身后躯	运动障碍	1	15						
38	身平衡	失去-倒地	2	5					10	
39	身-瘦	消瘦含迅速∨明显等∨高度	2		15	5				
40		消瘦-极度∨严重	1							10
41	身-臀肌	战栗-间歇性	1					10		
42	身-卧	被迫躺卧-不能站起	1				10			
43		不愿走动	1							15
44		横卧-时苦闷不安呻吟磨牙	1			15				
45		卧习改变多站立	1							15
46		易跌倒极难站起	1				10			
47	身-胸廓	按压痛∨退避	1		10					
48	身-胸前	水肿	2		5		10			
49	身-胸腔	水平浊音∨积液	1		15					
50	身-姿	角弓反张	3	5			5		10	
51	体温	下降∨降低∨偏低∨低于正常	1		5					
52	头-颌下	水肿∧不易消失	1				10			
53	头颈	静脉-波动明显	1							15
54		静脉-怒张如条索状	2					5		15
55		伸直∨伸展	4		5	15	5	5		
56	消-肠	发炎	1	15						
57	消-反刍	减少∨减弱∨弛缓	2			10	5			
58		痛苦低头伸颈	1			15				
59		紊乱∨异常∨不规律	2			10				5
60	消-粪	附黏液∨假膜∨脓物∨蛋清∨绳管物	3			10	15	15		
61	消-粪色	暗	1	15						
62		黑∨污黑∨黑红色∨褐红色	2			35		15		
63	消-粪味	腐臭∨算盘珠状(硬)	1					15		
64	消-粪性	时苦闷不安呻吟磨牙	1			15				

续表 38 组

序	类	症(信息)	统	2 牛流行热	12 牛肺疫	23 创伤性网胃炎	80 霉麦芽根中毒	81 霉烂甘薯中毒	87 有机氯中毒	100 创伤性心包炎
65	消-粪稀	稀∨软∨糊∨泥∨粥∨痢∨泻∨稠	4				15	10	5	5
66	消-粪干	便秘	2	15		10				
67		干球→稀软→水样	1	15						
68		干如念珠∨干球小∨鸽蛋大	1	15						
69		干少∨干硬少	3			35		15		10
70	消-粪血	血丝∨血凝块	3			35	15	15		
71	消化	紊乱∨异常	1		10					
72	消-胃	瘤胃-触诊满干涸内容物∨坚硬	1					10		
73		瘤胃-蠕动减弱∨消失	2			10		5		
74		异物退症减∨刺伤其他组织病加重	1			10				
75	牙	磨牙	3					5	5	5
76	眼	流泪-暂停	3	15			15	5		
77	眼睑	闪动	1						15	
78	运	卧下时:小心翼翼	1			35				
79	运-步	迟滞强迫运动	1			15				
80		下坡时:小心翼翼	1			35				
81	运-关节	强拘尤其跗关节	1				10			
82	运-后肢	呈鸡跛	1				15			
83		麻痹	1						10	
84	运-肌	松弛	2				10		15	
85	运-前肢	八字叉开	1				15			
86	运-四肢	关节水肿∨疼痛∨僵硬	1	15						
87		划动∨游泳样	1				10			
88		乱蹬	1						10	
89	运-异常	踉跄∨不稳∨共济失调∨蹒跚	3	5				15	10	
90		走上坡灵活不愿下坡∨斜走	1							25
91	运-站立	不稳	3				5	10	10	
92		不稳但不愿卧	1					15		
93		不愿动	1			15				
94		姿-前高后低后腿踏在尿粪沟内	1							15
95	症	反复发作间歇期由长变短∧病情渐重	1						10	
96	殖-流产	早产	1					10		

39 组　发情异常

序	类	症(信息)	统	32 牧草抽搐	35 骨软症	36 铜缺乏症	39 锰缺乏症	40 锌缺乏症	42 维 B_{12} 缺乏症	52 流产	61 子宫内膜炎	62 卵巢功能不全	63 卵巢囊肿	64 持久黄体	92 钼中毒	93 硒中毒
		ZPDS		23	26	17	25	26	19	10	18	9	16	3	26	21
1	殖-发情	安静发情1次	1									10				
2		表现为本病前驱症状	1	15												
3		不含长期	8				10	15	5	15	5	10		35	5	
4		不明显	1									10				
5		不排卵	1									5				
6		长期不发情(瘦牛)	1									15				
7		持久	1		5											
8		高产奶牛周期延长	1									15				
9		弱	1				10									
10		无表现见于初情期∨产后第一次	1									10				
11		异常频繁∨持续时间较长	1										10			
12		周期紊乱∨受胎率低	1													5
13		周期性延迟∨不发情-放牧牛	1			10										
14		周期延长∨延迟	4		5		10	15				15				
15	病牛	成牛缺锰症似犊	1				5									
16		高产奶牛	1	10												
17	病因-食	高钼低铜草料	1												15	
18		硒含量过高的草料∨硒制剂	1													15
19	病因	有原发症	1			10										
20	病预后	持久躺卧发生褥疮被迫淘汰	1		10											
21		轻微运动过后也易发病	1			10										
22	精神	焦急不安∨拴时(刨地∨极力想挣脱)	1										5			
23		惊厥1～2分钟→安静-遇刺激再惊	1	15												
24		意识丧失∨异常∨障碍	1	10												
25		敏感∨过敏-对触觉∨对刺激∨对声音	1	35												
26	肋骨	念珠状肿-肋软骨连接处	1												15	
27		外露∨显露	1												5	
28	毛	粗乱∨干∨无光∨褪色∨逆立∨脆	6		5		15		10				5		10	5
29		黑→白∨变红黄色∨暗灰色	1												35	
30		换毛延迟	2		5				15							

续表 39 组

序	类	症(信息)	统	32 牧草抽搐	35 骨软症	36 铜缺乏症	39 锰缺乏症	40 锌缺乏症	42 维B_{12}缺乏症	52 流产	61 子宫内膜炎	62 卵巢功能不全	63 卵巢囊肿	64 持久黄体	92 钼中毒	93 硒中毒
31		脱毛	1					5								
32	毛	无光黑毛→锈褐色,红毛→暗褐色	1			35										
33	皮创伤	愈合延迟	1					15								
34	皮厚	变薄	1						15							
35	皮角化	不全似犊牛的	1					15								
36	皮鳞屑	残留	1						15							
37	皮瘙痒	粗糙	1					5								
38	皮色	发红(头→躯干→全身)	1												50	
39	皮水肿	指压褪色	1												10	
40	皮-黏膜	苍白∨淡染	2						10							5
41	身-颤	抽搐∨抽搐-倒地	1	10												
42		震颤∨颤抖∨战栗	2	15			10									
43	身后躯	变形∨摇摆	1		10											
44	身生长	发育缓慢∨延迟∨不良	3			5			10							5
45	身-胸廓	变形∨隆起∨扁平	1		10											
46	身-胸前	水肿	1						10							
47	身-腰	背腰凹下	1		15											
48	身-姿	佝偻病	1												15	
49		佝偻病犊生前即肢腿弯曲	1				10									
50		角弓反张	1	10												
51	声	哞叫	1				5									
52		仰头哞叫	1	15												
53	食欲	异食或舔(泥∨粪∨褥草∨铁∨石)	2		15	5										
54		不振∨减	6	5		5	10	5					5			5
55	死率	15%~30%	1				10									
56	死因	治疗不及时∧呼吸中枢衰竭	1	15												
57	头	抵物∨抵碰障物(墙∨槽)不动	1													15
58	头颈	肌肉发颤∨强直痉挛	1	10												
59		伸直∨伸展	1		15											
60	头颈肌	增厚	1										5			

续表 39 组

序	类	症(信息)	统	32 牧草抽搐	35 骨软症	36 铜缺乏症	39 锰缺乏症	40 锌缺乏症	42 维B_{12}缺乏症	52 流产	61 子宫内膜炎	62 卵巢功能不全	63 卵巢囊肿	64 持久黄体	92 钼中毒	93 硒中毒
61	尾根毛	脱落	1													15
62	尾尖	变软∨消失∨被吸收	1												10	
63	尾椎骨	转位∨变软∨萎缩∨最末椎体消失	1		15											
64	消-粪稀	45～60 天	1												10	
65		如水∨水样汤	2	5											15	
66		在采食高钼草料后 8～10 天	1												10	
67		软∨糊∨泥∨粥∨痢∨泻∨稠	6	5	5	15			5						10	10
68	消-粪干	便秘	2		5				15							
69		干如念珠∨干球小∨鸽蛋大	1						15							
70	消-腹	肌肉发颤∨强直痉挛	1	10												
71	消-腹	腹痛	1													10
72	消-腹下	水肿	1						10							
73	消-胃	瘤胃-臌气	1													10
74	循-血	贫血	4		5	15			5						15	
75	牙	牙关紧闭	1	15												
76	眼	目光怒视	1										5			
77	眼视力	减退∨视力障碍	1													10
78		失明	1													10
79	眼瞬膜	露出	1	10												
80	眼周	毛变白似戴眼镜	1												35	
81		毛-无∨白似眼镜外观	1			25										
82	药	服氯化钴 5～7 天顽固厌食消失	1						35							
83	运-步	跛行	2		5											5
84		幅短缩	1		10											
85		强拘∨僵硬	2		10			10								
86		强拘-犊	1												10	
87	运-动	盲目走动	1	10												
88	运骨	发育异常	1					10								
89		肱骨-异常重量∨长度∨抗断性	1				15									
90		股骨端肿大(犊)	1												15	

续表 39 组

序	类	症(信息)	统	32 牧草抽搐	35 骨软症	36 铜缺乏症	39 锰缺乏症	40 锌缺乏症	42 维B_{12}缺乏症	52 流产	61 子宫内膜炎	62 卵巢功能不全	63 卵巢囊肿	64 持久黄体	92 钼中毒	93 硒中毒
91		骨折	1												10	
92		骨质脆弱易骨折	1			10										
93		骨质疏松	1												10	
94		皮质-变薄	1			5										
95	运-关节	僵硬	2					10							10	
96		麻痹	1				5									
97		膝皮角化不全Ⅴ干Ⅴ肥厚Ⅴ弹性减	1					10								
98		肢腿关节:发出爆裂音响	1		15											
99		肿大	1					10								
100	运-后肢	八字形	1		15											
101		弯曲	1					10								
102	运-肌	松弛	2	10					5							
103	运-起立	困难	2				5								5	
104	运-前肢	不时交互负重Ⅴ膝着地Ⅴ	1		15											
105	运-四肢	乏力Ⅴ无力Ⅴ运步无力	1					10								
106		骨骼变形	1		10											
107		划动Ⅴ游泳样	1	10												
108		肌肉发颤Ⅴ强直痉挛	1	10												
109		立姿异常球节肿大突起扭转	1				25									
110		末端毛脱落	1													15
111		皮炎	1					5								
112	运-蹄	皮-皲裂	1					10								
113		跖骨端肿大(犊)	1												15	
114	运-蹄尖	着地	1		10											
115	运-蹄匣	脱落	1													10
116	运-异常	踉跄Ⅴ不稳Ⅴ共济失调Ⅴ蹒跚	2	5												5
117		失调Ⅴ功能障碍Ⅴ失衡	2	5			5									
118		无目的徘徊Ⅴ游走	1													15
119		异常-犊	1												10	
120		转圈	1													10

续表 39 组

序	类	症(信息)	统	32 牧草抽搐	35 骨软症	36 铜缺乏症	39 锰缺乏症	40 锌缺乏症	42 维B_{12}缺乏症	52 流产	61 子宫内膜炎	62 卵巢功能不全	63 卵巢囊肿	64 持久黄体	92 钼中毒	93 硒中毒
121	运-站立	不能持久强迫站现全身颤抖	1		10											
122	运-肢	飞节内肿	1		10											
123	殖	繁殖功能障碍Ⅴ降低	2			5		15								
124	殖-分娩	似正常胎活Λ月份不足	1							10						
125	殖-公牛	睾丸发育受阻	1					10								
126		睾丸萎缩	1				10									
127		精液质量不良	1				5									
128		性欲减退Ⅴ消失	3				10	15							5	
129		阴囊皮炎	1					15								
130	殖-宫缩	胎儿卷缩干瘪硬块Ⅴ胎膜干紧裹干胎	1							15						
131	殖-流产		7		5		5	5	5		5				5	5
132		死胎	4				10	5	5							5
133		隐性	1				5									
134	殖-母牛	大声哞叫	1										10			
135		摸到干瘪胎儿Ⅴ骨碎片	1							50						
136		慕雄狂(使全群在运动场乱跑不安)	1										15			
137		慕雄狂(追逐Ⅴ爬跨他牛)	1										35			
138		牛群性周期紊乱	1					15								
139		排卵停滞	1				5									
140		尾根举高翘起	1										15			
141		尾根与坐骨结节现深凹陷	1										15			
142		无卵泡发育-瘦牛	1									10				
143		性周期-停滞	1											35		
144		性周期无规律	2								5		10			
145		性周期延迟	2			10			5							
146		眼Ⅴ皮Ⅴ胸Ⅴ声音像公牛	1										15			
147		一时性不孕	1			10										
148		已孕但妊娠消失Ⅴ又发情	1							15						
149		早产	3			10		5		5						

续表 39 组

序	类	症(信息)	统	32 牧草抽搐	35 骨软症	36 铜缺乏症	39 锰缺乏症	40 锌缺乏症	42 维B_{12}缺乏症	52 流产	61 子宫内膜炎	62 卵巢功能不全	63 卵巢囊肿	64 持久黄体	92 钼中毒	93 硒中毒
150		早产-能吃奶能活	1							10						
151	殖-受胎	率低∨少	2		5		10									
152	殖-胎	干胎茶褐色∨深褐色	1							15						
153	殖-胎儿	被吸收	1				10									
154		干尸化死胎停滞子宫内	1							15						
155	殖-新犊	跛∨强拘∨两腿相碰∨关节大变形	1			5										
156	殖-阴道	分泌物褐色∨灰褐色含坏死物	1								15					
157		分泌物流出-卧地时	1								15					
158		分泌物稀薄∨增多∨脓性	1								15					
159		分泌物坐骨结节处黏附∨结痂	1								15					
160		内有少量混浊黏液	1								10					
161		物腐臭灰褐→灰白,稀→浓,多→少	1								15					
162		黏膜干燥	1								5					
163	殖-阴门	皮角化不全∨干燥∨肥厚∨弹性减退	1					15								
164	殖-阴检	宫颈口开张 1～2 指	1								15					
165		阴道内有分泌物	1								15					
166		阴道黏膜:充血潮红	1								15					
167		子宫颈黏膜:充血潮红	1								15					
168	殖-阴门	松弛稍肿	1										10			
169	殖-孕	不受孕∨不易受孕	2				10		5							
170		屡配不孕	2					10			10					
171	殖-子宫	(壁∨角)增厚∧触压有痛感	1								15					
172		壁松弛∨肿胀增厚	1										5			
173		角不收缩	1										5			
174		角粗大肥厚∨坚硬感∨收缩微弱	1								10					
175		流出混有脓丝黏液	1								10					
176		内有异物触到沉坠于腹腔	1											10		

40组 公牛性欲减退∨消失

序	类	症(信息)	统	38	39	40	43	92
				碘缺乏症	锰缺乏症	锌缺乏症	维A缺乏症	钼中毒
		ZPDS		18	19	22	16	22
1	殖-公牛	性欲减退∨消失	5	5	10	15	5	5
2	病牛	成牛缺锰症似犊	1		5			
3	病因	食高钼低铜草料	1					15
4	呼吸	困难	1	5				
5		窒息甲状腺肿大压喉致	1	5				
6	精神	呆立不动∨离群呆立	1				10	
7		惊厥	1				5	
8	肋骨	念珠状肿-肋软骨连接处∨显露	1					15
9	毛	黑→白∨变红黄色∨暗灰色	1					35
10		生长发育不良	1	15				
11		无∨稀(新犊)	1	15				
12	皮创伤	愈合延迟	1			15		
13	皮干燥		1	5				
14	皮厚	纸浆状病变(新犊)	1	15				
15	皮角化	不全似犊牛的∨瘙痒粗糙	1			15		
16	皮色	发红(头→躯干→全身)	1					50
17	皮水肿	指压褪色	1					10
18	身-颤	震颤∨颤抖∨战栗	2		10		5	
19	身-瘦	消瘦含迅速∨明显等∨高度	2				5	10
20	身-体重	停增-持续2周	1			15		
21	身-姿	佝偻病	1					15
22		佝偻病犊生前即肢腿弯曲	1		10			
23		侏儒牛-停长	1	10				
24	声	对声过敏	1				5	
25		哞叫	1		5			
26	食欲	不振∨减	3		10	5	5	
27	死率	15%~30%	1		10			
28	尾尖	变软∨消失	1					10
29	尾椎骨	被吸收	1					10
30	腺	甲状腺肿大(成牛)	1	35				
31		甲状腺肿大(犊大脖子)	1	15				
32	消-粪稀	45~60天	1					10

续表 40 组

序	类	症(信息)	统	38 碘缺乏症	39 锰缺乏症	40 锌缺乏症	43 维 A 缺乏症	92 钼中毒
33		如水∨水样汤∨泻∨稠	1					15
34		在采食高钼草料后 8～10 天	1					10
35	循-血	贫血	2				5	15
36	眼	对光反射减弱-消失	1				10	
37		干病(泪腺细胞萎缩∨坏死∨鳞片化)	1				15	
38		夜盲∨目盲	1				25	
39	眼-角膜	发炎∨肥厚∨干燥∨混浊∨损伤	1				10	
40	眼球	突出	1				10	
41	眼周	毛变白似戴眼镜	1					35
42	运-步	强拘∨僵硬	2			10		10
43	运骨	发育异常	1			10		
44		肱骨-异常重量∨长度∨抗断性	1		15			
45		股骨-端肿大-犊	1					15
46		骨质疏松∨骨折	1					10
47	运-骨骼	发育不全∨受阻(犊)	2	15			5	
48	运-关节	僵硬	2			10		10
49		腕关节:着地(新犊)	1	15				
50		膝皮角化不全∨肥厚∨弹性减∨肿	1			10		
51	运-后肢	弯曲	1			10		
52	运-四肢	乏力∨无力∨运步无力	1			10		
53		骨弯曲变形(新犊)	1	15				
54		立姿异常球节肿大突起扭转	1		25			
55	运-蹄	皮-皲裂	1			10		
56		跖骨端肿大(犊)	1					15
57	运-异常	无方向小心移步	1				10	
58		异常(犊)	1					10
59	运-站立	困难	1	5				
60	殖	繁殖功能障碍∨降低	1			15		
61	殖-发情	不含长期	3		10	15		5
62		弱	1		10			
63		周期延长∨延迟	2		10	15		
64	殖-公牛	睾丸发育受阻	1			10		
65		睾丸萎缩	1		10			

续表 40 组

序	类	症(信息)	统	38	39	40	43	92
				碘缺乏症	锰缺乏症	锌缺乏症	维 A 缺乏症	钼中毒
66		阴囊皮炎	1			15		
67	殖-流产	死胎	3		10	5	5	
68		隐性	1		5			
69	殖-卵巢	萎缩	1		10			
70	殖-母牛	牛群性周期紊乱	1			15		
71		妊娠期延长	1	15				
72		早产	2	10		5		
73	殖-受胎	率低 V 少	2	5	10			
74	殖-胎儿	被吸收	1		10			
75		早死 V 被吸收	1	5				
76	殖-阴门	皮角化不全 V 干燥 V 肥厚 V 弹性减退	1			15		
77	殖-孕	不受孕 V 不易受孕	1		10			
78		屡配不孕	1			10		

41 组　畏光 V 流泪

序	类	症(信息)	统	2	5	7	42	80	81	86	89	95	97
				牛流行热	牛黏膜病	红眼病	维 B_{12} 缺乏症	霉麦芽根中毒	霉烂甘薯中毒	有机磷中毒	慢性氟中毒	泰勒虫病	弓形虫病
		ZPDS		25	21	21	17	25	29	19	24	18	14
1	眼	流泪	10	15	5	15	5	15	5	10	5	5	5
2		畏光	3	5		10					5		
3	嗳气	减少 V 消失 V 功能紊乱	1							3			
4	鼻镜	糜烂	1		10								
5	鼻孔	开张如喇叭状	1						15				
6	鼻流-血	血样泡沫 V 混血丝	1						15				
7	鼻流-液	白沫 V 泡沫状	1					10					
8		鼻液	4	5				5	5	10			
9		黏液 V 脓液	2	15					5				
10	病发	突然	2	5									5
11	病季	温湿雨季 V 洪水泛滥	2			5							5
12		炎热季节干燥刮风尘土飞扬	1			5							
13		有蜱季	1									10	

续表 41 组

序	类	症(信息)	统	2 牛流行热	5 牛黏膜病	7 红眼病	42 维B_{12}缺乏症	80 霉麦芽根中毒	81 霉烂甘薯中毒	86 有机磷中毒	89 慢性氟中毒	95 泰勒虫病	97 弓形虫病
14		幼龄	1		10								
15		青年牛	1		10								
16	病牛	带虫免疫达 2~6 年	1									10	
17	病情	加剧虫体大量进入红细胞	1									10	
18	病因-食	霉烂甘薯	1						15				
19		霉麦芽根	1					15					
20		喷洒有机磷农药的植物	1							15			
21		饮用含氟高的草料和水	1								15		
22	呼-咳嗽		1										10
23	呼吸	促迫∨急促∨加快∨浅表∨频速	5	15				5	5			5	10
24		吸气延长	1						15				
25		100~120 次/分	1	15									
26	呼吸-难		3	13					15	5			
27		伴吭吭声如拉风箱	1						25				
28	精神	恐惧∨惊恐∨惊慌	1					15					
29		苦闷	1	15									
30		狂暴∨狂奔乱跑	2	5						15			
31		敏感∨过敏-对触觉∨对刺激∨对声音	2	5				15					
32	口	吐白沫	2					15	5				
33		张嘴∨张口伸舌	1						10				
34	口唇	糜烂∨溃疡	1		10								
35	口-流涎		5	15	5				5	10			5
36	口-舌	糜烂∨溃疡	1		10								
37	口-硬腭	糜烂∨溃疡	1		10								
38	肋骨	两侧有鸡卵大的骨赘	1								15		
39	淋巴结	体表淋巴结肿大∧痛	1									5	
40	流-传媒	牛身上叮有蜱	1									15	

续表41组

序	类	症(信息)	统	2 牛流行热	5 牛黏膜病	7 红眼病	42 维B_{12}缺乏症	80 霉麦芽根中毒	81 霉烂甘薯中毒	86 有机磷中毒	89 慢性氟中毒	95 泰勒虫病	97 弓形虫病
41	流行	在牧区	1									10	
42	毛	粗乱V干V无光V褪色V逆立V脆	3		5		10				5		
43		换毛延迟	1				15						
44	皮厚	变薄	1				15						
45	皮鳞屑	残留	1				15						
46	皮-黏膜	苍白V淡染	3				10			5		5	
47		黄红色	1									10	
48	身-背	弓腰	2					5			5		
49		两侧皮下气肿触诊发捻发音Λ蔓延	1						25				
50	身-颤	抽搐V抽搐-倒地	2	5				10					
51		震颤V颤抖V战栗	2	15						10			
52		痉挛(由头开始→周身)	1							15			
53	身-汗	出汗V全身出汗V大出汗	1							15			
54	身后躯	运动障碍	1	15									
55	身生长	发育缓慢V延迟V不良	1				10						
56	身-瘦	消瘦-极度V严重	1									10	
57	身-衰	衰竭	1				5						
58	身-体表	下部水肿	1										15
59	身-体重	减轻	1				5						
60	身-臀肌	战栗-间歇性	1						10				
61	身-卧	被迫躺卧-不能站起V易跌难起	1					10					
62	身-胸前	水肿	2				10	10					
63	身-腰	腰荐凹陷	1								15		
64	身-坐骨	肿大向外突出	1								15		
65	头骨	肿大	1								15		
66	头-颌下	水肿Λ不易消失	1					10					
67	头-面肌	震颤	1							10			

续表 41 组

序	类	症(信息)	统	2 牛流行热	5 牛黏膜病	7 红眼病	42 维B_{12}缺乏症	80 霉麦芽根中毒	81 霉烂甘薯中毒	86 有机磷中毒	89 慢性氟中毒	95 泰勒虫病	97 弓形虫病
68	头-下颌	骨肿胀	1								15		
69	尾骨	扭曲∧1~4椎骨软化∨被吸收消失	1								15		
70	消-肠	发炎	1	15									
71	消-粪附	黏液∨假膜∨脓物∨蛋清∨绳管物	5		15			15	15			15	15
72	消-粪色	暗	1	15									
73		淡灰∨浅灰色	1		15								
74		黑∨污黑∨黑红色∨褐红色	2						15				15
75	消-粪味	恶臭∨喷射状	1		10								
76		腐臭∨黑算盘珠状(硬)	1						15				
77	消-粪稀	稀如水∨水样汤	2		15					15			
78		稀∨软∨糊∨泥∨粥∨痢∨泻∨稠	7		10		5	15	10	15	5	5	
79	消-粪干	便秘	4	15			15				5	5	
80		干	1										15
81		干球→稀软→水样	1	15									
82		干如念珠∨干球小∨鸽蛋大	2	15			15						
83		干少∨干硬少	1						15				
84	消-粪血	血丝∨血凝块	4		15			15	15			15	
85	消-腹	紧缩∨缩腹∨下腹部卷缩	2							10		5	
86	消-腹	腹痛	1							15			
87	消-腹下	水肿	1				10						
88	消-胃	瘤胃-触诊满干涸内容物∨坚硬	1						10				
89	循-血	稀薄不易凝固	1									15	
90	牙	斑釉对称	1								15		
91		大面积黄∨黑色锈斑(氟斑牙)	1								50		
92		淡黄黑斑点∨斑块∨白垩状	1								15		
93		氟斑牙氟骨症	1								15		
94	牙-齿龈	糜烂∨溃疡	1		10								

续表 41 组

序	类	症(信息)	统	2	5	7	42	80	81	86	89	95	97
				牛流行热	牛黏膜病	红眼病	维B_{12}缺乏症	霉麦芽根中毒	霉烂甘薯中毒	有机磷中毒	慢性氟中毒	泰勒虫病	弓形虫病
95	牙-臼齿	波状磨损尤其前几个严重∨脱落	1								15		
96	牙-门齿	松动排列不整∨高度磨损	1								15		
97	眼	红眼病	1			35							
98	眼虹膜	脱出	1			10							
99		睫状体炎	1			15							
100	眼睑	痛	1			15							
101		震颤	1							10			
102		肿∨水肿	2	5		15							
103	眼-角膜	白色	1			10							
104		瘢痕	1			25							
105		混浊	2		5	35							
106		溃疡穿孔	1			15							
107		突起呈尖圆形∨翳	1			35							
108		周围血管充血	1			35							
109	眼-结膜	充血∨潮红	5	5		10			5		5	5	
110		角膜炎-重剧	1			35							
111		炎肿	3			10					5		10
112	眼-前房	蓄脓	1			15							
113	眼球	突出	2					10	5				
114		发炎	1			15							
115	眼视力	减退∨视力障碍	1							5			
116	眼瞬膜	充血肿胀	1			10							
117	药	服氯化钴 5～7 天顽固厌食消失	1				35						
118	运-关节	髋关节:肿大向外突出	1								15		
119		强拘尤其跗关节	1					10					
120	运-后肢	呈鸡跛	1					15					
121	运-肌	松弛	3				5	10					10

续表 41 组

序	类	症(信息)	统	2 牛流行热	5 牛黏膜病	7 红眼病	42 维B_{12}缺乏症	80 霉麦芽根中毒	81 霉烂甘薯中毒	86 有机磷中毒	89 慢性氟中毒	95 泰勒虫病	97 弓形虫病
122	运-起卧	小心-痛卧地不起	1								5		
123	运-前肢	八字叉开	1					15					
124	运-四肢	变形肿胀	1								15		
125		关节水肿∨疼痛∨僵硬	1	15									
126		划动∨游泳样	1					10					
127	运-异常	踉跄∨不稳∨共济失调∨蹒跚	4	5					15	5			5
128	运-站立	不稳	2					5	10				
129		姿势异常	1					10					
130	运-肘肌	间歇性战栗	1						10				
131		震颤	2	15				15					
132	殖-母牛	死胎	1				5						
133		流产	3		10				10				10
134	殖-母牛	早产	1						10				
135	殖-新犊	先天畸形∨缺陷:小脑不良∨瞎眼	1		15								
136	殖-新犊	眼球震颤	1		15								
137		运动失调	1		15								

42 组　乳房疾病

序	类	症(信息)	统	46 乳房炎	47 乳房水肿	48 乳头管乳池狭窄	49 血乳	50 乳头状瘤	51 酒精阳性乳
		ZPDS		22	24	14	8	10	6
1	病率	高产牛病多	1		15				
2	皮瘤	突起	1					10	
3	皮色	暗紫	1		5				
4	乳	pH值7以上偏碱性	1	15					
5		电导值增加	1	5					
6		理化变化	1	5					

续表 42 组

序	类	症(信息)	统	46 乳房炎	47 乳房水肿	48 乳头管乳池狭窄	49 血乳	50 乳头状瘤	51 酒精阳性乳
7		氯化钠增至0.14%以上	1	5					
8		体细胞升高至50万个/毫升以上	1	5					
9		无肉眼可见异常	2	5	5				
10		细菌数增加∨变化	1	5					
11		血乳	1				25		
12		异常	1	15					
13	乳池	闭锁	1			5			
14		棚肉芽肿	1			15			
15		棚周成环状∨乳突状∨块状隆起	1			15			
16		棚周使2乳池通道变狭窄∨阻乳难下	1			5			
17		通道闭锁乳头瘪细无奶可挤	1			10			
18		黏膜增厚	1			10			
19	乳房	瞎乳头	1	15					
20		被侵害1～4个乳区	1		5				
21		变硬	1	15					
22		病-头胎比经产牛多	1		15				
23		充满乳汁按压留指痕	1		15				
24		触诊捏粉袋样	1		5				
25		发热-轻度	1	10					
26		水肿波及胸下∨会阴∨四肢∨下腹	1		10				
27		基部-溃烂	1		5				
28		基部-轻度水肿	1		10				
29		挤有痛感不安∨躲避	1				15		
30		扩张∨膨胀	1		15				
31		冷凉	1		5				
32		瘤多形	1					10	
33		内有硬块	1		5				
34		乳头瘤挤奶＋环境污染	1					10	
35		痛	1	15					
36		萎缩	1	5					
37		无肉眼可见异常	1	5					
38		无痛	1		5				

续表 42 组

序	类	症(信息)	统	46	47	48	49	50	51
				乳房炎	乳房水肿	乳头管乳池狭窄	血乳	乳头状瘤	酒精阳性乳
39		下垂∨悬垂	1		15				
40		发炎	1					10	
41		有热感	1				15		
42		肿瘤	1			10			
43		肿-水肿	1		5				
44		肿胀	2	15			15		
45	乳房皮肤	渗出清亮淡黄液体	1		5				
46		增厚按压坚实∨数条纵纹	1		15				
47		增厚失去弹性	1		5				
48	乳房	充血	1		15				
49	乳房色	红	1	15					
50	乳	含暗红色血凝块	1				15		
51		内含乳块∨絮状物∨纤维	1	15					
52		水样含絮片∨凝块	1	15					
53	乳-挤奶	困难(瘤旺盛)∧数目多∧个较大	1					15	
54		困难乳汁细线状∨点滴状	1			15			
55		困难尤其机器挤奶-难放乳杯	1					10	
56	乳-量	减少∨下降∨大减∨骤减	2	10	5				
57	乳色	鲜红∨棕红	1				15		
58	乳头池	挤时充涨慢∨挤出后充奶慢∨无	1			5			
59	乳头端	捏感括约肌厚结实∧中央条状凹陷	1			5			
60	乳头管	闭锁(乳池充满乳汁∧挤不出)	1			15			
61		口狭窄(挤奶射向一侧∨四方)	1			15			
62		窄[感有增生物(形∨质∨大小)不同]	1			10			
63	乳头基	捏触知有结节不能移动	1			15			
64	乳头瘤	不侵害乳管	1					5	
65		多形	1					10	
66		牛痛(外力+瘤损伤+扯掉)	1					15	
67		影响较小	1					5	
68	乳腺	萎缩	1		5				
69	乳汁色	发红∨粉红	1				10		

续表 42 组

序	类	症(信息)	统	46 乳房炎	47 乳房水肿	48 乳头管乳池狭窄	49 血乳	50 乳头状瘤	51 酒精阳性乳
70	身	脱水	1	5					
71	身-股内	溃烂	1		5				
72	身-全身	反应轻微∨不明显	2		5		5		
73	体温	升高∨发热40℃	1	10					
74	循-脉	增数∨加快	1	5					
75	循-血	红细胞降低	1						5
76	药-酒精	70%2毫升+奶2毫升轻振30秒见粒∨絮判	1						50
77		阳性乳:成分如常∨做试验时发现	1						15
78		阳性乳:眼观无异常	1						10
79	症	无全身状况正常	1						5
80		应激综合征表现	1						15

43 组　产科病

序	类	症(信息)	统	52 流产	53 阴道脱	54 阵缩努责微弱	55 子宫颈狭窄	56 子宫捻转	57 产后瘫痪	58 胎衣不下	59 子宫脱	60 子宫复位不全	61 子宫内膜炎	62 卵巢功能不全	63 卵巢囊肿	64 持久黄体	65 不妊症
		ZPDS		12	9	9	6	15	28	20	17	9	26	13	18	9	0
1	精神	沉郁	4					5		5	5		5				
2		沉郁∨抑制(高度∨极度)	1						10								
3		昏睡∨嗜睡	1						35								
4		焦急不安∨拴时(刨地∨极力想挣脱)	1												5		
5		不安∨兴奋(不安∨增强)	3						10	5	5						
6		敏感∨过敏-对触觉∨对刺激∨对声音	1						10								
7	乳-量	减少∨下降∨大减∨骤减	1												10		
8	乳-量	停止∨无奶∨丧失	1										5				
9	身-颤	震颤∨颤抖∨战栗	1								5						
10	身-力	四肢无力左右摇晃摔倒	1						15								
11		无力∨易疲∨乏力	2						10		5						
12	身-全身	无任何症状∨无异常	2							5		10					

续表 43 组

序	类	症(信息)	统	52 流产	53 阴道脱	54 阵缩努责微弱	55 子宫颈狭窄	56 子宫捻转	57 产后瘫痪	58 胎衣不下	59 子宫脱	60 子宫复位不全	61 子宫内膜炎	62 卵巢功能不全	63 卵巢囊肿	64 持久黄体	65 不妊症
13	身-衰	衰弱∨虚弱	1								5						
14	身-卧	安然静卧几次挣扎而不能站后	1						15								
15		瘫痪被迫躺卧地上∧企图站起	1						35								
16		卧地不起∨躺卧姿势	2						10		10						
17	身	虚脱	1								5						
18	身-腰	弓腰	2							10	10						
19	身-姿	努责	1								10						
20		犬坐姿势卧地∨前肢直立后肢无力	1						15								
21	食欲	不振∨减	4					5	5	5					5		
22		厌食∨废绝∨停止	2						10				5				
23	死因	休克含(虚脱∨低血容量)	1								5						
24	体温	下降∨降低∨偏低∨低于正常	1						10								
25		37℃	1						10								
26	头	偏于体躯一侧	1						15								
27	头颈	肌群痉挛性震颤	1						10								
28		静脉压降低∨凹陷	1						10								
29	头颈	弯曲S状	1						15								
30	头颈肌	增厚	1												5		
31	尾	举尾	2							10			5				
32	消-反刍	停止∨消失	1						10								
33	消-腹痛	轻∨不安常被忽略	1					5									
34	消-肛门	反射消失	1						10								
35		松弛	1						10								
36	消-胃	瘤胃臌气	1						10								
37	消-直肠	直肠转向一侧	1					15									
38	眼	目光怒视	1												5		
39	眼瞳孔	散大∨对光反射消失	1						15								
40	运-关节	球关节弯曲	1						15								
41	运-四肢	肌肉发颤∨强直痉挛	1						10								
42		末端冷∨缩于腹下	1						10								

续表 43 组

序	类	症(信息)	统	52 流产	53 阴道脱	54 阵缩努责微弱	55 子宫颈狭窄	56 子宫捻转	57 产后瘫痪	58 胎衣不下	59 子宫脱	60 子宫复位不全	61 子宫内膜炎	62 卵巢功能不全	63 卵巢囊肿	64 持久黄体	65 不妊症
43		伸直无力平卧于地	1						10								
44	运-站立	不稳∨步踉跄∨不稳∨蹒跚∨僵硬	1						10								
45	殖-产道	开张良好	1			10											
46		可触及胎儿各种异常状态	1			35											
47		轻度狭窄	1			15											
48	殖-产后	恶露排出时间延长	1									15					
49	殖-发情	安静发情 1 次	1											10			
50		不含长期	4	15									5	10		35	
51		不明显	1											10			
52		不排卵	1											5			
53		长期不发情(瘦牛)	1											15			
54		高产奶牛周期延长	1											15			
55		无表现(见于初情期∨产后第一次发情)	1											10			
56		异常频繁∨持续时间较长	1												10		
57		周期延长∨延迟	1											15			
58	殖-分娩	前兆已有	1			10											
59		轻努责	1							10							
60		似正常胎活∧月份不足	1	10													
61		头胎牛举尾∨弓腰∨不安∨轻努责	1							10							
62		无进展	1			10											
63		异常	1					5									
64		阵缩努责正常	2				10	5									
65		总不见胎水流出∨胎膜露出	1					35									
66	殖-宫颈	1 度狭窄胎头＋两肢进产道∨牵引能行	1				25										
67		2 度狭窄胎头面＋两前肢入宫颈管	1				25										
68		3 度狭窄仅两前肢伸入	1				25										
69		4 度狭窄仅开一小口触摸不到胎儿	1				25										
70	殖-宫缩	胎儿卷缩干瘪硬块∨胎膜干紧裹干胎	1	15													

续表 43 组

序	类	症(信息)	统	52 流产	53 阴道脱	54 阵缩努责微弱	55 子宫颈狭窄	56 子宫捻转	57 产后瘫痪	58 胎衣不下	59 子宫脱	60 子宫复位不全	61 子宫内膜炎	62 卵巢功能不全	63 卵巢囊肿	64 持久黄体	65 不妊症
71	殖-流产		1										5				
72	殖-卵巢	一侧或两侧Ⅴ多个卵泡囊增大如鸡蛋Ⅴ拳	1												35		
73		一侧或两侧体积增大	1													15	
74		扁平(瘦牛)	1											10			
75		黄体大小数目不一	1													15	
76		黄体质异捏粉样Ⅴ较硬	1													15	
77		功能不全	1											10			
78		无发情卵泡Ⅴ黄体	1											10			
79		形质正常Ⅴ无变化	1											10			
80		有持久黄体	2										5			15	
81	殖-卵泡	持久黄体凸出卵巢表面	1													15	
82	殖-母牛	大声哞叫	1												10		
83		摸到干瘪胎儿Ⅴ骨碎片	1	50													
84		慕雄狂使全群在运动场乱跑不安	1												15		
85		慕雄狂追逐Ⅴ爬跨他牛	1												35		
86		尾根举高翘起	1												15		
87		尾根与坐骨结节现深凹陷	1												15		
88		无卵泡发育(瘦牛)	1											10			
89		性欲旺盛强烈过度兴奋	1												10		
90		性周期-停滞	1													35	
91		性周期无规律	2										5		10		
92		眼Ⅴ皮Ⅴ胸Ⅴ声音像公牛	1												15		
93		已孕但妊娠消失Ⅴ又发情	1	15													
94		早产	1	5													
95		早产-能吃奶者能活	1	10													
96		阵缩努责微弱	1			10											
97	殖-胎儿	干胎茶褐色Ⅴ深褐色	1	15													
98		不见产出	1				15										
99		干尸化死胎停滞子宫内	1	15													

续表 43 组

序	类	症(信息)	统	52 流产	53 阴道脱	54 阵缩努责微弱	55 子宫颈狭窄	56 子宫捻转	57 产后瘫痪	58 胎衣不下	59 子宫脱	60 子宫复位不全	61 子宫内膜炎	62 卵巢功能不全	63 卵巢囊肿	64 持久黄体	65 不妊症
100	殖-胎儿	宫口密闭胎物吸收	1	15													
101		骨滞留 V 骨碎片随腐臭液排入产道	1	15													
102		停滞产道中	1			35											
103		自溶死胎腐败 V 液化	1	15													
104	殖-胎膜	悬垂阴门 V 看不见胎衣	1							15							
105	殖-胎囊	不破	1			15											
106	殖-胎盘	粘连	1							10							
107	殖-胎水	流出缓慢	1			10											
108	殖-胎衣	停留在子宫内	1							35							
109		脱落悬于阴门外	1							15							
110	殖-阴唇	发绀	1										5				
111		壁脱出部分 V 全部	1		15												
112		分泌物褐色 V 灰褐色含坏死物	1										15				
113		分泌物流出-卧地时	1										15				
114		分泌物稀薄 V 增多 V 脓性	1										15				
115		分泌物坐骨结节处黏附 V 结痂	1										15				
116		积有褐色稀薄腥腐臭分泌物	1							5							
117		内温度增高	1							5							
118		内有少量浑浊黏液	1										10				
119		全部脱出可见宫颈口	1		15												
120		脱出可见膀胱 V 肠管	1		15												
121		脱出可能触及胎儿的肢体	1		15												
122		物腐臭灰褐→灰白,稀→浓,多→少	1										15				
123	殖-阴检	产道管腔狭窄仅能伸进 1~3 指	1					15									
124		发现胎衣不下	1							15							
125		宫颈弛缓 V 开张	1									15					
126		宫颈口开张 1~2 指	1										15				
127		宫颈能摸到扭转>180°	1					15									
128		阴唇缩入阴道内 V 皱襞致阴门不对称	1					15									
129		阴道内恶露潴留褐色 V 灰褐色	1									15					

续表 43 组

序	类	症(信息)	统	52 流产	53 阴道脱	54 阵缩努责微弱	55 子宫颈狭窄	56 子宫捻转	57 产后瘫痪	58 胎衣不下	59 子宫脱	60 子宫复位不全	61 子宫内膜炎	62 卵巢功能不全	63 卵巢囊肿	64 持久黄体	65 不妊症
130	殖-阴检	阴道内有分泌物	1										15				
131		阴道腔变窄漏斗状∨在深部成螺旋状	1					15									
132		阴道∨宫颈黏膜充血潮红	1										15				
133	殖-阴门	垂:胎衣粉红色	1							15							
134		垂:胎衣难闻臭味	1							15							
135		垂:胎衣熟肉样	1							15							
136		垂:胎衣污染(粪∨草∨泥)∨腐败	1							15							
137		哆开露出红色球样物-卧露站缩回	1		35												
138		松弛稍肿	1												10		
139		脱出物:增大不能回缩	1		35												
140		脱物:变暗变干∨水肿∨苍白色∨变硬	1		35												
141		脱物:排球大粉红色光滑湿润柔软	1		35												
142		脱物:污染(粪便∨褥草∨泥土)∨溃死	1		35												
143		悬垂:椭圆袋状物-在跗关节附近	1								35						
144		悬垂:物水肿黑红∨干裂∨渗血∨撕裂	1								15						
145		悬垂:物因与后肢摩擦污染粪尿泥	1								15						
146		悬垂:物黏膜分布母体胎盘红∨紫红	1								15						
147	殖-孕	屡配不孕	1										10				
148	殖-子宫	(壁∨角)增厚∧触压有痛感	1										15				
149		右侧扭转-从左后上方向右前下方	1					15									
150		左侧扭转-从右后上方向左前下方	1					15									
151		壁肥厚∨不均	1										10				
152		壁稍厚∨收缩微弱	1									10					
153		壁松弛∨肿胀增厚	1												5		
154		出血	1								10						
155		角不收缩	1												5		
156		角粗大肥厚∨坚硬感∨收缩微弱	1										10				
157		角增粗	1										10				
158		颈大而软	1									15					
159		颈开张	1							5							
160		流出混有脓丝黏液	1										10				

续表 43 组

序	类	症(信息)	统	52 流产	53 阴道脱	54 阵缩努责微弱	55 子宫颈狭窄	56 子宫捻转	57 产后瘫痪	58 胎衣不下	59 子宫脱	60 子宫复位不全	61 子宫内膜炎	62 卵巢功能不全	63 卵巢囊肿	64 持久黄体	65 不妊症
161	殖-子宫	内膜炎	1									10					
162		内有异物触到沉坠于腹腔	1													10	
163		扭转方向依据直检阴检判	1					10									
164		腔存恶露触有波动感	1									15					
165		韧带:一侧紧张∨另侧松弛	1					15									
166		收缩微弱	2										5			5	
167		损伤	1								10						
168		下垂	1									15					
169		发炎∨黏膜腐败坏死	1										5				
170		黏膜苍白	1								5						

44 组　肢蹄病

序	类	症(信息)	统	66 蹄变形	67 腐蹄病	68 蹄糜烂	69 指(趾)间赘生	70 蹄叶炎	71 关节炎	72 腕前黏液囊炎
		ZPDS		17	17	20	8	25	12	9
1	乳-量	减少∨下降∨大减∨骤减	2		10	5				
2		停止∨无奶∨丧失	1		10					
3	身-背	弓腰	2	5				5		
4	身-全身	反应明显	1						5	
5		僵直	1					10		
6		症状重	2		5	5				
7	身-瘦	消瘦含迅速∨明显等∨高度	3		5	5		5		
8		喜卧-不愿意站	3		5	10		5		
9	食欲	不振∨减	4		5	5		5	5	
10	体温	40℃	2		5			10		
11		41℃	2		5			10		
12		升高∨发热	4		5	5		5	5	
13	循-心搏	亢进	1					5		
14	运-步	跛行	4		10	10	10		5	

续表 44 组

序	类	症(信息)	统	66 蹄变形	67 腐蹄病	68 蹄糜烂	69 指(趾)间赘生	70 蹄叶炎	71 关节炎	72 腕前黏液囊炎
15		跛行支跛为主	1						15	
16		强拘∨僵硬	1					10		
17		三脚跳	2			15			15	
18		痛感	1		10					
19	运-关节	积液	1						15	
20		局部增温	1						15	
21		站立时减负体重∨不敢负重	1						15	
22		肿大	1						15	
23	运-后肢	跗关节以下向外侧倾斜成X状	1	15						
24		稍向前伸前肢后踏	1					15		
25		向后方延伸	1	10						
26	运-前肢	后踏	1					5		
27		交叉负重	1					15		
28		向前伸出	1			15				
29	运-球部	出现小洞∨大洞∨沟	1			15				
30	运-球节	破溃流出奶酪样脓汁	1			15				
31		球节肿胀皮肤失去弹性很痛	1			10				
32		以下屈曲∨站立减负体重	1			10				
33	运-蹄	背部翻卷变为蹄底∧负重不均	1	10						
34		壁叩诊-痛	1					15		
35		壁延长	1					15		
36		变形	1					15		
37		变形分长∨宽∨翻卷	1	25						
38		长蹄角质向前过度伸延∨外观长形	1	15						
39		长蹄两侧支超过正常蹄支长度	1	15						
40		翻卷(内侧支∨外侧支)蹄底翻卷	1	5						
41		角质:疏松∨碎裂∨糜烂∨化脓	1			15				
42		宽蹄-角质部较薄	1	15						
43		宽蹄-两侧支长度和宽度均超正常值	1	15						

续表 44 组

序	类	症(信息)	统	66 蹄变形	67 腐蹄病	68 蹄糜烂	69 指(趾)间赘生	70 蹄叶炎	71 关节炎	72 腕前黏液囊炎
44		宽蹄-蹄踵部较低	1	15						
45		宽蹄-外观大而宽(大脚板)	1	15						
46		频频倒步∨打地	1			10				
47		深部病脓肿∨瘘管:流臭脓	1		35					
48		蹄踵高	1					15		
49		系部及球节下沉	1					10		
50		站∨步蹄前缘负重不实向上翻返回难	1	10						
51		指趾间隙-背侧穹隆部皮肤红肿∧有一舌状突起	1				15			
52		指趾前缘弯曲	1					15		
53		趾尖翘起	1					15		
54		趾间皮肤红∨肿∨敏感	1		15					
55		赘生物-坏死∨损伤	1				10			
56		赘生物-痂盖溃面∨形成疣样乳头状	1				10			
57		赘生物-破溃流渗出物恶臭	1				10			
58		赘生物-压蹄使指趾分开	1				15			
59		赘生物-增大∨填满趾间隙∨达地面	1				35			
60		赘生物-真皮暴露受到挤压疼痛异常	1				15			
61	运-蹄底	出现小洞∨大洞∨沟	1			15				
62		见潜道管内充满深色液体腐臭难闻	1			35				
63		磨灭不正	1			15				
64		外侧缘过度磨灭	1	10						
65	运-蹄冠	红∨炎∨肿∨痛∨烂	3		15	10		15		
66		皮厚失去弹性	1			10				
67		倾斜度变小	1					15		
68	运-蹄尖	部细长向上翻卷	1	15						
69	运-蹄壳	脱落腐烂变形	1		35					
70	运-蹄轮	向后延伸彼此分离	1					15		
71	运-蹄支	翻卷变窄小呈翻卷状	1	10						
72	运-腕	渗出物增多囊壁紧张∨腕前如皮球样隆起	1							50

续表 44 组

序	类	症(信息)	统	66	67	68	69	70	71	72
				蹄变形	腐蹄病	蹄糜烂	指(趾)间赘生	蹄叶炎	关节炎	腕前黏液囊炎
73		痛触痛∨增温∨捻发音∨捏粉样	1							15
74		肿-跛	1							15
75		肿有波动圆形∨椭圆形	1							35
76	运-腕囊	壁-肥厚肿胀变得硬固	1							15
77		变脓肿	1							10
78		腕囊穿刺滑液透明含絮状纤维素	1							35
79	运-腕囊	腕囊大使邻近皮肤硬化∨角化	1							5
80	运-异常	困难拖拽式(翻蹄,亮掌,拉拉胯)	1	35						
81		喜走软地怕硬地	1					15		
82	运-站立	时间短	1		10					
83	运-肢	病后频频提举∨敲打地面	1		10					
84		功能障碍不明显	1							5
85		交替负重常改变姿势	1					15		
86		皮下水肿	1						10	
87		屈曲状态	1						15	

45 组　新生犊牛(1～7 日龄)病

序	类	症(信息)	统	b1	b2	b3	b4	34	b5	b6	b7	b8	b9	b10	b11
		注:“b1”为补充病 1 号病,b2 为补充病 2 号病;以下同。		窒息	脐出血	孱弱	先天失明	佝偻病	脑积水	便秘	锁肛	抽搐	脐炎	脐瘘	大肠杆菌病
		ZPDS		9	2	10	2	8	17	5	4	9	4	4	22
1	一般	娩出松软	1	10											
2	身体	衰弱	3			10		10	10						
3		小∨轻	1			15									
4		极瘦∨衰竭快	1												5
5		毛粗乱无光	1												5
6		弓腰	1					15							
7		末梢发凉	1												5
8	脐	滴∨涌血	1		45										
9		滴∨流尿	1											45	

续表 45 组

序	类	症(信息) 注:“b1”为补充病1号病,b2为补充病2号病,以下同。	统	b1 窒息	b2 脐出血	b3 孱弱	b4 先天失明	34 佝偻病	b5 脑积水	b6 便秘	b7 锁肛	b8 抽搐	b9 脐炎	b10 脐瘘	b11 大肠杆菌病
10		肿∨热∨痛∨脓	1										45		
11	精神	沉郁	3										10	10	10
12	神经	意识障碍	1						15						
13		知觉消失	1									10			
14		呆立	1						10						
15		对刺激无反应	1						15						
16		突然痉挛∨惊厥	1									20			
17		角弓反张	1									15			
18	体温	正常 37.5℃~39.5℃	7		5		5	5	5	5	5	5			
19		低<37.5℃	2			10									10
20		升高≥39.6℃	3										5	5	5
21	呼系	鼻充黏液∨羊水	1	10											
22		呼吸少∨慢	1			10									
23		呼吸弱∨无	2	5											5
24		呼吸快	1												5
25	循环	脉搏少∨慢	1			10									
26		脉搏快	1												5
27		心跳:弱	2	10											10
28		心跳快	1	10											
29	头颈	肿变形软∨空音	1						15						
30		颈伸直	1									20			
31	口	口臭	1						10						
32		充黏液∨羊水	1	10											
33	舌	垂口外∨呆滞	2	10					10						
34	涎	流涎	5	5		5		5	5						5
35		泡沫涎	1									10			
36	眼	瞎	1				45								
37		脱水∨下陷	1												5

续表 45 组

序	类	症(信息) 注:"b1"为补充病 1 号病,b2 为补充病 2 号病,以下同。	统	b1 窒息	b2 脐出血	b3 孱弱	b4 先天失明	34 佝偻病	b5 脑积水	b6 便秘	b7 锁肛	b8 抽搐	b9 脐炎	b10 脐瘘	b11 大肠杆菌病
38		球颤	1									15			
39		黏膜发绀	1	10											
40	耳	一竖一耷	1						15						
41	消系	减食	3										5	5	5
42	吃	拒食	1												5
43		不会吃	2			15			15						
44		乳积于腮	1						10						
45		乳从鼻出	1					10							
46	牙关	紧闭	1									15			
47		空嚼	1									10			
48	粪	泻V血V乳块	1												5
49		含黏液V气泡	1												5
50		色红	1												5
51		味腥恶腐酸臭	1												10
52		污尾V臀	1												5
53		不见排粪	1							20					
54	腹痛	腹痛	1							10					
55	肛	膨隆	1								15				
56		无肛	1								45				
57		内有硬粪	1							20					
58		努责V翘尾	3							10	10				5
59	运动	不能站V不起	4			5		5	5						5
60		站不稳	3			5		5	5						
61		站时系部弯	1					30							
62		肢无力	2			5									5
63		蹒跚V直进	1						5						
64		遇障呆立	1						5						
65		变肢位难矫正	1						5						

二、四个牛病诊断附表

附表 2-1　由病名找诊断卡提示

序	病名	进卡号	序	病名	进卡号	序	病名	进卡号
1	口蹄疫	11 组	44	维生素 D 缺乏症	16 组	87	有机氯中毒	8 组
2	牛流行热	17 组	45	维生素 E 缺乏症	60 组	88	有机氟中毒	7 组
3	蓝舌病	11 组	46	乳房炎	42 组	89	慢性氟中毒	16 组
4	牛传鼻气管炎	37 组	47	乳房水肿	42 组	90	铜中毒	12 组
5	牛黏膜病	11 组	48	乳头管乳池狭窄	42 组	91	铅中毒	7 组
6	牛白血病	14 组	49	血乳	42 组	92	钼中毒	28 组
7	红眼病	41 组	50	乳头状瘤	42 组	93	硒中毒	28 组
8	炭疽	17 组	51	酒精阳性乳	42 组	94	肝片吸虫病	65 组
9	布鲁氏菌病	58 组	52	流产	43 组	95	泰勒虫病	14 组
10	结核病	17 组	53	阴道脱	43 组	96	球虫病	29 组
11	牛副结核病	20 组	54	阵缩努责微弱	43 组	97	弓形虫病	29 组
12	牛肺疫	47 组	55	子宫颈狭窄	43 组	98	皮蝇蛆病	28 组
13	疯牛病	87 组	56	子宫捻转	32 组	99	支气管肺炎	4 组
14	皮肤真菌病	13 组	57	产后瘫痪	6 组	100	创伤性心包炎	38 组
15	钩端螺旋体病	12 组	58	胎衣不下	43 组	101	中暑	17 组
16	食管梗塞	9 组	59	子宫脱	43 组	102	荨麻疹	13 组
17	消化不良	20 组	60	子宫复位不全	43 组			
18	前胃弛缓	25 组	61	子宫内膜炎	39 组	b1	窒息	45 组
19	瘤胃食滞	32 组	62	卵巢功能不全	39 组	b2	脐出血	45 组
20	瘤胃臌气	32 组	63	卵巢囊肿	39 组	b3	孱弱	45 组
21	瘤胃酸中毒	30 组	64	持久黄体	39 组	b4	先天失明	45 组
22	瘤胃角化不全	14 组	65	不妊症	附表 2-3	b5	脑积水	45 组
23	创伤性网胃炎	27 组	66	蹄变形	16 组	b6	便秘	45 组
24	瓣胃阻塞	29 组	67	腐蹄病	34 组	b7	锁肛	45 组
25	皱胃阻塞	33 组	68	蹄糜烂	34 组	b8	抽搐	45 组
26	皱胃左方移位	25 组	69	指(趾)间赘生	34 组	b9	脐炎	45 组
27	胃肠炎	29 组	70	蹄叶炎	36 组	b10	脐瘘	45 组
28	酮病	3 组	71	关节炎	34 组	b11	大肠杆菌病	45 组
29	妊娠毒血症	3 组	72	腕前黏液囊炎	63 组	b12	衣原体病	附表 2-1
30	母牛卧倒不起综合征	8 组	73	氢氰酸中毒	22 组	b13	病毒性腹泻	附表 2-1
31	血红蛋白尿	12 组	74	硝酸盐和亚硝酸盐中毒	32 组	b14	弯杆菌病	附表 2-1
32	牧草抽搐	17 组	75	淀粉渣浆中毒	28 组	b15	毛滴虫病	附表 2-1
33	运输抽搐	3 组	76	棉籽饼中毒	14 组	b16	新孢子虫病	附表 2-1
34	佝偻病	25 组	77	酒糟中毒	12 组	b17	卵泡囊肿	附表 2-2
35	骨软症	21 组	78	尿素中毒	17 组	b18	黄体囊肿	附表 2-2
36	铜缺乏症	25 组	79	黄曲霉毒素中毒	14 组	b19	卵巢功能不全	附表 2-3
37	铁缺乏症	25 组	80	霉麦芽根中毒	8 组	b20	胎儿木乃伊	附表 2-3
38	碘缺乏症	40 组	81	霉烂甘薯中毒	1 组	b21	黄体功能不全	附表 2-3
39	锰缺乏症	39 组	82	霉稻草中毒	1 组	b22	卵巢静止	附表 2-3
40	锌缺乏症	39 组	83	麦角中毒	2 组	b23	卵巢萎缩	附表 2-3
41	硒缺乏症	1 组	84	牛蕨中毒	12 组	b24	隐性发情	附表 2-3
42	钴维 B_{12} 缺乏症	39 组	85	栎树叶中毒	26 组			
43	维生素 A 缺乏症	9 组	86	有机磷中毒	17 组			

附表 2-2　牛流产的疾病鉴别

序	类	症(信息)	统	9	4	b12	15	b13	14	b14	b15	b16
		注:b12 是补充病 12,b13 是补充病 13,以下同。		布鲁氏菌病	牛传鼻气管炎	衣原体病	钩端螺旋体病	病毒性腹泻	皮肤真菌病	弯杆菌病	毛滴虫病	新孢子虫病
	ZPS			9	7	10	9	11	7	10	7	6
1	临床	病时发生于急性发热期	1				10					
2		不育	1								10	
3		不孕	1							10		
4		产弱犊	1			10						
5		冬季发病	1					10				
6		发情周期不规律,适度延长	1							10		
7		公牛精索炎	1			10						
8		呼吸道炎	1		10							
9		黄疸	1				10					
10		流产	9	10	10	10	10	10	10	10	10	10
11		流产-死产	1			10						
12		流产-早产	1			10						
13		妊娠早期	1					10				
14		血红蛋白尿	1				10					
15		殖-不育	1	10								
16		子宫积脓	1								10	
17	流产率	10%～40%	1			10						
18		25%～30%	1				10					
19		25%～50%	1		10							
20		30%～40%	1					10				
21		5%～30%	1								10	
22		低 5%～2%	1							10		
23		感染后有免疫力 V 产生畜群免疫	2			10		10				
24		高	1	10								
25		易感群大 90%	1	10								
26		占流产的 6%～7%	1						10			
27	流产时间	1～2 月份发病率最高	1						10			

续附表 2-2

序	类	症(信息) 注:b12 是补充病 12,b13 是补充病 13,以下同。	统	9 布鲁氏菌病	4 牛传鼻气管炎	b12 衣原体病	15 钩端螺旋体病	b13 病毒性腹泻	14 皮肤真菌病	b14 弯杆菌病	b15 毛滴虫病	b16 新孢子虫病
28		2～4 个月	1								10	
29		3～7 个月	1						10			
30		4～6 个月	2			10						10
31		5～6 个月	1							10		
32		6～8 个月	2	10				10				
33		6 个月	1		10							
34		迟,大于 6 个月	1				10					
35		妊娠最后 3 个月	1						10			
36	胎儿	腹水	1					10				
37		干尸	2		10			10				
38		肝病	2			10		10				
39		活犊有神经肌肉症状	1									10
40		可能有肺炎	1	5								
41		内脏腹膜有脓的絮片	1							10		
42		脑炎	1									10
43		皮下水肿	1					10				
44		皮有斑块,界限清楚	1						10			
45		皮增厚	1						10			
46		死胎	3		10		10	10				
47		心肌炎	1									10
48		自溶 V 浸溶	3		10						10	10
49	胎膜	半透明	1							10		
50		混浊	1	10								
51		局部水肿	1							10		
52		尿膜羊膜间水肿	1				10					
53		稍增厚	1							10		
54		水肿	1	10								
55		胎衣迟排	1			10						
56		有淤血点	1							10		
57		子宫渗出物带絮状	1								10	
58		子叶呈黄褐色,缺乏张力	1				10					
59		子叶坏死	1	10								

附表 2-3　牛不妊疾病的鉴别与治疗

序	类	症(信息)	统	61	61	b19	64	b20	b17	b21	b22	b23	b24
				隐性子宫内膜炎	慢性子宫内膜炎	卵巢功能不全	持久黄体	胎儿木乃伊	卵泡囊肿	黄体功能不全	卵巢静止	卵巢萎缩	隐性发情
		ZPDS		8	8	6	11	6	6	6	6	6	6
1	性功能	正常	2	10	10								
2	临床表现	长期不发情	1				10				10	10	10
3		发情缩短(发情周期短)	2						10	10			
4		发情延迟(发情周期延长)	3			10	10	10					
5		屡配不孕	2	10	10								
6		性周期正常	2	10	10								
7	卵巢	大、硬、有黄体	1				10						
8	卵巢	光滑凸出于卵巢表面	2						10	10			
9		卵巢无黄体	3			10	10	10					
10		卵巢无明显卵泡	3			10	10	10					
11		卵巢增大∨硬∨表面不光滑	3			10	10	10					
12		缩小,无卵泡、黄体	1									10	
13		无卵泡和黄体	1								10		
14		有卵泡,但发情不明显	1										10
15		增大,有1～2个囊肿直径2.5厘米	2						10	10			
16		正常	2	10	10								
17	阴道排出	混浊黏液	2	10	10								
18	治疗	1%盐水;1%苏打水冲洗	2	10	10								
19		促卵泡素	4				10				10	10	10
20		促卵泡素;氯前列烯醇	3			10	10	10					
21		己烯雌酚	4				10				10	10	10
22		前列腺素 $F_{2\alpha}$	8			10	10	10	10	10	10	10	10
23		人绒毛膜促性腺激素	6				10		10	10	10	10	10
24		孕酮肌内注射	2						10	10			
25		子宫注入青霉素、链霉素	2	10	10								
26	子宫	正常	2	10	10								

附表 2-4　牛病辅检项目提示

数学诊断是为辅助检查提供根据的。诊断者应该知道辅检项目，并为检验者提供正确的病料。取材于以蓝本的实验室检查。		
1	口蹄疫	病毒分离鉴定；采血清做血清学试验
2	牛流行热	病毒分离鉴定；采血清做血清学试验
3	蓝舌病	病毒分离鉴定；采血清做血清学试验
4	牛传鼻气管炎	病毒分离鉴定；采血清做血清学试验
5	牛黏膜病	病毒分离鉴定；采血清做血清学试验
6	牛白血病	采血做细胞计数、见淋巴细胞增多 V 异常；采血清做血清学试验
7	红眼病	病原体分离鉴定；采病料进行荧光染色观察
8	炭疽	耳尖采血涂片染色镜检；采血清做血清学的环状沉淀试验
9	布鲁氏菌病	采流产胎儿胃盲肠内容物及各脏器做细菌分离鉴定；采血清做血清试验
10	结核病	颈部皮内做结核菌素反应
11	牛副结核病	粪便涂片检查，沉淀法或浮集法集菌。沉淀制作涂片抗酸染色后镜检，见排列成团或成丛的抗酸染色呈红色的小杆菌，可确诊此病
13	疯牛病	采脑组织做切片镜检
14	皮肤真菌病	直接镜检法：采取鳞屑痂皮置于载玻片上，滴加 10%～20%氢氧化钾数滴，或徐徐缓加热使角质溶解镜检，可见孢子。或分离培养法
15	钩端螺旋体病	病原分离鉴定和血清学诊断
21	瘤胃酸中毒	瘤胃液 pH 值 4～6.5，瘤胃液中乳酸含量比正常值高 5 倍以上；或采血做红细胞压积值，血中乳酸、血糖等；尿液 pH 值 5～6，尿液酮体反应阳性
22	瘤胃角化不全	采血做常规；尿液 pH 值降低。瘤胃液 pH 值降低，挥发性脂肪酸和乳酸含量增多。肝功检查
23	创伤性网胃炎	采血做常规，检查腹腔积液，其中混有大量茶色液体，腐臭气味

续附表 2-4

24	瓣胃阻塞	病理变化：瓣胃坚实，内物干燥似泥；胃小叶坏死。皱胃及肠发炎
25	皱胃阻塞	根据右腹部皱胃区局限性膨隆，在此部位用双手掌进行冲击式触诊便可感到阻塞皱胃的轮廓及硬度，这是诊断该病的最关键的方法。在肷窝进行叩诊，在肋骨弓进行叩诊，呈现叩来钢管清朗的铿锵音，与皱胃穿刺测定其内容物，pH 值 1～4，即可确诊，但须注意与前胃弛缓、皱胃变形位和肠阻塞相鉴别
26	皱胃左方移位	穿刺：左侧腹壁中 1/3 处，第 10～11 肋间，用 18 号针头穿刺皱胃抽取胃液，呈黄褐色微带绿色，pH 值低于 5，多无纤毛虫。尿液酮体检查，95％呈阳性
27	胃肠炎	根据严重的全身症状，食欲紊乱以及粪便中的病理产物进行确诊
28	酮病	①采血化验血糖含量和血酮含量；②采尿液化验尿酮含量；③采乳汁化验乳酮含量
29	妊娠毒血症	采尿测尿液 pH 值、尿酮反应；采血测白细胞总数；采血清测血清总胆固醇和血糖含量；血清游离脂肪酸和胆红素含量，血清谷草转氨酶活性
30	母牛卧倒不起征	辅检暂缺。请依据数诊结果采取措施
31	产后血红蛋白尿(症)	采血测红细胞数、血红蛋白含量、红细胞压积；采血清测无机磷、血清胆红素定性间接反应；采尿测潜血
32	牧草抽搐	采血测血镁含量(特征项目)；采尿做尿常规；采胃液测 pH 值
33	运输抽搐	采血测血钙、血磷、血镁、血中乳酸、血酮含量，测白细胞数和分类
34	佝偻病	采血测血钙、血磷含量
35	骨软症	采血测血钙、血磷含量；采尿测血红蛋白尿；采乳汁做乳汁酒精反应。病理变化：头骨和骨盆骨骨膜肥厚、变形，肋骨骨瘤、弯曲或骨折

续附表 2-4

36	铜缺乏症	辅检暂缺。请依据临床症状进行初步诊断，补铜效果显著进行判定
37	铁缺乏症	采血测血清铁含量、血红蛋白含量、红细胞数；采乳汁测乳汁铁含量
38	碘缺乏症	采血测碘含量；采乳汁测碘含量
39	锰缺乏症	采血测锰含量；采乳汁测锰含量；采被毛测锰含量
40	锌缺乏症	采血测锌含量；采乳汁测锌含量
41	硒缺乏症	采血测血清硒含量(<0.03mg/100ml)
42	钴维 B_{12} 缺乏症	采血测红细胞数和大小，测血红蛋白含量，测血浆钴含量，采肝测钴和 B_{12} 含量
43	维生素 A 缺乏症	采血测血浆中维生素 A 含量，和胡萝卜素含量；采肝测维生素 A 含量
44	维生素 D 缺乏症	采血测维生素 D 含量
45	维生素 E 缺乏症	采血测血清谷草转氨酶活性；采尿测尿蛋白阳性反应
46	乳房炎	采乳做乳汁中白细胞检查，体细胞计数
47	乳房水肿	辅检暂缺。请依据智能卡诊断结果采取措施
48	乳头管乳池狭窄	不需辅检，只需探针探查。将探针从乳头管插入，可探到狭窄部位、程度和质地
49	血乳	乳汁中潜血检查
50	乳头状瘤	请依据智能卡诊断结果采取措施，不需辅检
51	酒精阳性乳	采乳汁送检，采血做血常规和生化检查
52	流产	采流产胎儿胃盲肠内容物及各脏器做细菌分离鉴定；采母体血液进行细菌、血清学检查
53	阴道脱	不需辅检，请依据智能卡诊断结果采取措施
54	阵缩努责微弱	采血测血钙水平
55	子宫颈狭窄	请依据智能卡诊断结果采取措施
56	子宫捻转	阴道检查确诊
57	产后瘫痪	采血测血钙、血磷含量和血糖含量
58	胎衣不下	阴门外未悬吊胎衣时做子宫内探查
59	子宫脱	不需辅检，请依据智能卡诊断结果采取措施

续附表 2-4

60	子宫复位不全	直肠检查,以子宫颈进入骨腔为准
61	子宫内膜炎	子宫黏液病原分离鉴定
62	卵巢功能不全	采血卵泡刺激素(FSH)及雌激素水平测定
63	卵巢囊肿	直肠检查
64	持久黄体	采血测血清孕酮水平。间隔 7～10 天,测 2 次
65	不妊症	直肠检查,B 超检查,采血生殖激素测定
66	蹄变形	请依据智能卡诊断结果采取措施
67	腐蹄病	采病料做病原分离鉴定
68	蹄糜烂	采病料做病原分离鉴定
69	指趾间赘生	辅检暂缺。请依据数诊结果采取措施
70	蹄叶炎	做 X 线检查蹄骨变位、下沉等
71	关节炎	穿刺抽取滑囊液,病原分离鉴定,风湿因子测定
72	腕前黏液囊炎	抽取滑囊病病原鉴定
73	氢氰酸中毒	采血,高铁血红蛋白含量测定
74	硝酸盐和亚硝酸盐中毒	采血(血凝不全,巧克力色)测血中的硝酸盐和亚硝酸盐含量,高铁血红蛋白含量
75	淀粉渣浆中毒	采血测血钙含量;采尿测 pH 值;采瘤胃内容物测 pH 值和硫化物含量
76	棉籽饼中毒	辅检暂缺。请依据数诊结果采取措施
77	酒糟中毒	辅检暂缺。请依据数诊结果采取措施
78	尿素中毒	采血测血氨含量;采瘤胃液测氨含量;采尿测蛋白和潜血
79	黄曲霉毒素中毒	采血,测黄曲毒毒素
80	霉麦芽根中毒	采血测血常规,测血钙含量;采粪测潜血
81	霉烂甘薯中毒	采血测血细胞压积值,测白细胞数;采粪测潜血;采尿测尿糖、尿蛋白
82	霉稻草中毒	辅检暂缺。请依据智能卡诊断结果采取措施
83	麦角中毒	辅检暂缺。请依据智能卡诊断结果采取措施
84	牛蕨中毒	采血测血凝时间、血常规、血红蛋白含量
85	栎树叶中毒	采血测非蛋白氮含量;采尿测比重和尿非蛋白氮,测尿沉渣中的细胞
86	有机磷中毒	采血,胆碱酯酶活性检查
87	有机氯中毒	辅检暂缺。请依据智能卡诊断结果采取措施
88	有机氟中毒	辅检暂缺。请依据智能卡诊断结果采取措施

续附表 2-4

89	慢性氟中毒	采尿测尿氟含量，采血测血液氟含量，采当地水样、草样测定氟含量
90	铜中毒	采血测血细胞压积值，测血铜含量；采尿测血红蛋白尿阳性反应
91	铅中毒	辅检暂缺。请依据智能卡诊断结果采取措施
92	钼中毒	采血测血中钼的含量和血铜含量
93	硒中毒	采血测血红蛋白，测血硒含量；采尿测尿液中的硒含量
94	肝片吸虫病	采粪检查虫卵；采血清做血清学反应
95	泰勒虫病	采血测红细胞数大小，测血红蛋白含量；穿刺淋巴结制涂片检查石榴体。做血涂片染色检查红细胞也有虫体
96	球虫病	采粪用饱和盐水浮集法镜检、采直肠刮取物直接镜检，可见球虫卵囊
97	弓形虫病	生前采取腹股沟淋巴结，死后取肺门淋巴结涂片、染色镜检；采肺、淋巴结制触片、染色、镜检。可见到滋养体
98	皮蝇蛆病	皮蝇蛆桑葚大。不需辅检，临床可诊
99	支气管肺炎	采血检查血常规；采尿测 pH 值，做尿蛋白定性；做 X 线检查
100	创伤心包炎	采血检查血常规；心包穿刺液可见腐臭渗出液、甚至食糜成分。遇空气易凝固
101	中暑	采血做 CO_2 结合率、止氧饱和度、DIC 检测
102	荨麻疹	采血做血钙检测、过敏因子检测

第三章　牛病防治

一、当前我国牛病发生及流行特点

我国牛病主要是传染病、寄生虫病和普通病。

目前我国牛疫病主要防控对象是口蹄疫、布鲁氏菌病、结核病、牛传染性鼻气管炎(IBR)、黏膜病(BVD)、牛流行热等。这几种疫病在全国各地均有不同程度的发生和流行,给畜牧业造成很大损失,同时严重地危害人类的健康。例如,布鲁氏菌病目前在我国部分地区人、畜间频繁发生,给养牛业及畜产品加工从业人员的健康带来危害。自2000年后,我国人畜布鲁氏菌病疫情出现了快速上升的势头。1993年全国新发病人数只有329例,迄今,全国布鲁氏菌病疫情回升的省区已超过10个,2009年全国新发病例报告总数为35 816例。需要注意的是,以上的统计数据也仅仅主要是就诊数据统计,估算实际数据应该是统计数据的至少2倍以上。口蹄疫每3～5年流行1次,持续2～3年,冬春季节容易发生,这几年国家花大力气进行防控,牛口蹄疫流行势头已大大受到遏制。结核病、牛传染性鼻气管炎、黏膜病、牛流行热等只在我国部分地区散发,并有季节性,多发于炎热夏季及雨季。

寄生虫病主要见于放牧牛群,以牛焦虫、肝片吸虫、附红细胞体、疥螨等多见,在不同草原牧区散发。

普通病,奶牛发病率高,肉牛发病率低,除传染病外,奶牛四大普通病发病率一直居高不下,给奶牛养殖业造成巨大经济损失,这四大疾病是:营养代谢病、乳房病、蹄病和繁殖障碍疾病。如奶牛乳房炎在我国发病率高达20%～70%。饲养管理水平差的地区和养殖场发病率高。

二、牛病综合防控措施

(一)对传染性疾病防控措施

第一,最好自繁自养,尽量不从外地引入易感动物。必须引进时,选择从无病地区引进。

第二,牛场建在相对偏僻处,远离人群及动物相对稠密区。

第三,牛场尽量做到与外界相对封闭。

第四,对牛群进行定期检疫和监测。每年监测 4 次,每次按 5%～10%的比例采血化验。

第五,采取严格的防疫制度,人员固定,不能到其他牧场,不接触场外动物。不用来自疫区的饲草、料。

第六,牛群发现第一例病例时,应立即隔离病牛,对病牛进行血清学检验,如为阳性则按病牛处理,立即淘汰。按污染牧场处理。

第七,做好免疫接种工作。

(二)对普通病的防控措施

(1)加强饲养管理　①喂给高质量的配合饲料,并提供盐砖。②根据牛体况饲喂精饲料,精料量不能太大。③保证不喂腐败、发霉、变质、含毒及贮存时间过久的饲草、料。④特别注意饲草、料里不能混入铁丝、铁钉、玻璃片、塑料布(袋)等异物,平时注意防止被牛食入这些异物。⑤平时可在饲料中添加益生素、酵母、阴离子盐如氯化镁、硫酸钙等助消化添加剂。⑥每 1～2 个月肌内注射消食开胃注射液(复合维生素 B),每天 1 次,连用 2～3 天。

(2)健康检查　每月对牛进行健康评估和体况评分 1 次。

(3)新产牛保健　提高机体抵抗力,促进食欲,加快生殖器官恢复,预防产后病。

(4)奶牛乳房保健　①保证奶牛饲养生活环境的干燥、干净。②对6月龄育成牛乳房按摩。③搞好挤奶卫生。④冬季寒冷阶段，防止乳房乳头冻伤，采取防冻措施，如暖棚内过夜、运动场设挡风墙等。保证奶牛生活环境、牛床等处，不能有对奶牛乳房构成伤害的物体。

(5)修蹄　产后1～2个月之间，为牛检蹄及修蹄。用4%硫酸铜溶液或用3%～5%溶液(水温15℃以上)蹄浴，间隔4～5周1次。

三、牛场消毒、免疫接种和驱虫

(一)牛场消毒

1. 消毒设施的建立　场门口建消毒池、紫外线消毒室，场内有污物处理池，备有高压消毒机等消毒器械，备有3种以上可供交替使用的高效消毒药品。

2. 建立消毒制度　规模饲养场必须建立并实施消毒制度。牛舍每周1次，环境每2周1次，走道每日消毒1次；发病时每日全场消毒1～2次；每1～2日更换消毒药。

3. 消毒的方法　预防性消毒时应先清除污物，冲洗后再用药物消毒。有疫情时，清扫出的粪便和污物直接堆积发酵或倒入无害化处理池，然后全面消毒，保持2小时再用水冲洗，反复消毒数日。带牛消毒时还应选用对人、畜体无害的消毒药，消毒药要交替使用。消毒浓度要达到要求，有疫情时加大浓度1～2倍。消毒药液用量要足，被消毒物的表面要全部湿润。温度要适宜(6℃～30℃)，时间要充分(应保持半小时以上)。消毒次序应从上到下，牛转群时应带牛全群消毒。

(1)机械性消毒　用清扫、洗刷、通风等机械方法，清除粪、垫草、污物等。该方法应与其他消毒方法结合进行。

(2)物理消毒法　主要有阳光和高温两类。阳光是天然的消毒剂，其中的紫外线有较强的杀菌能力，暴晒可起到干燥、灭菌的作用。高温消毒方法主要是对器械、玻璃用具、衣物等进行蒸煮，达到消毒的目的。

(3)化学消毒法　常用的化学消毒剂及其用法如下。

①氢氧化钠(烧碱)　能溶解蛋白质，对细菌和病毒有较强杀灭力。常用2%～5%的热溶液消毒牛舍地面和用具等。该溶液有腐蚀性，使用时注意。

②氧化钙(生石灰)　用新鲜石灰1千克，加水1升搅拌，然后再加水4升，用于牛栏和地面的消毒。

③含氯石灰(漂白粉)　用前配成5%～20%的混悬液或1%～5%的澄清液用于牛舍、土壤、粪池的消毒。

④来苏儿　1%～3%来苏儿溶液用于洗手消毒，3%～5%溶液用于牛栏、地面及器械、用具消毒。

⑤甲醛　常用2%～4%甲醛溶液喷洒墙壁、地面、用具等。

(4)生物热消毒　主要用于粪便的处理。粪便堆积过程中，微生物发酵产热，温度高达70℃以上，经过一段时间，可以杀死病毒、病菌和寄生虫卵等病原体。

(二)免疫接种

做好疫苗的免疫接种是牛场防疫工作的关键。牛场应根据当地疫情流行情况制订免疫程序，并严格按免疫程序实施免疫接种。现将犊牛主要传染病常用免疫程序(表3-1)和成年牛主要传染病常用免疫程序推荐如下，供参考。

表3-1　犊牛主要传染病常用免疫程序

免疫时间	疫苗种类	使用方法	预防疾病	免疫期
1月龄内	牛副结核病疫苗	胸垂或颈部皮下	牛副结核病	2年

续表 3-1

免疫时间	疫苗种类	使用方法	预防疾病	免疫期
1～1.5月龄	牛沙门氏菌病弱毒疫苗	皮下或肌内注射	牛沙门氏菌病	1年
	牛沙门氏菌病灭活疫苗	皮下或肌内注射		6个月
1～2月龄	牛气肿疽灭活疫苗	皮下或肌内注射	牛气肿疽	1年
4月龄	牛巴氏杆菌病灭活疫苗	皮下或肌内注射	牛巴氏杆菌病	9个月
4～5月龄	牛口蹄疫疫苗	皮下或肌内注射	牛口蹄疫	6个月
4.5～5月龄	牛巴氏杆菌病灭活疫苗	皮下或肌内注射	牛巴氏杆菌病	9个月
5～6月龄	牛传染性鼻气管炎疫苗	皮下或肌内注射	牛传染性鼻气管炎	1年
6月龄	牛气肿疽灭活疫苗	皮下或肌内注射	牛气肿疽	1年

引自孙建宏《常用畜禽疫苗使用指南》[M]. 北京:金盾出版社,2003.

表 3-2 成年牛主要传染病常用免疫程序

免疫时间	疫苗种类	使用方法	预防疾病	免疫期
每年春季	牛巴氏杆菌病灭活疫苗	皮下或肌内注射	牛巴氏杆菌病	9个月
每年春、秋各免疫1次(妊娠母牛在分娩前2～3个月免疫)	牛口蹄疫疫苗	皮下或肌内注射	牛口蹄疫	6个月
于每年7月份以前免疫,间隔4周加强免疫1次	牛流行热疫苗	皮下或肌内注射	牛流行热	6个月

续表 3-2

免疫时间	疫苗种类	使用方法	预防疾病	免疫期
春、秋两季各免疫1次	牛气肿疽灭活疫苗	皮下或肌内注射	牛气肿疽	1年
种用母牛应在配种前接种疫苗，其他牛每年春季免疫1次	牛传染性鼻气管炎疫苗	皮下或肌内注射	牛传染性鼻气管炎	1年
按疫苗说明书免疫，或在产前免疫	牛乳房炎疫苗	皮下或肌内注射	牛乳房炎	1年
成年牛每年春、秋两季各免疫1次，妊娠牛产前2个月免疫	牛沙门氏菌病灭活疫苗	皮下或肌内注射	牛沙门氏菌病	6个月

引自孙建宏《常用畜禽疫苗使用指南》[M]. 北京：金盾出版社，2003.

（三）疫病发生后的扑灭措施

第一，发现疑似传染病时，应及时隔离，及早确诊，迅速上报有关主管部门。病原不明或不能确诊时，应取病料送往有关部门检验。

第二，结核病检疫出现可疑反应的牛只，应隔离饲养，复检为阳性的牛，应及时扑杀。对结核病检疫出现阳性反应牛舍的牛应停止调动，每1～1.5个月复检1次，直至连续2次不出现阳性反应牛为止。在复检期间应增加对牛舍的消毒次数。

第三，凡是确诊为结核病的牛应及时做出扑杀。并使用效果较好的消毒剂，如5%漂白粉乳剂、20%新鲜石灰乳、15%石炭酸-氢氧化钠合剂，对全场进行彻底消毒。

第四，被病牛或可疑病牛污染的场地、用具、工作服等必须彻底消毒，粪便、垫草等应作无害化处理。

第五，严禁调出或出售传染病患牛和隔离封锁解除之前的健康牛。

第六，一旦确诊为口蹄疫，应划定疫区，严格封锁，就地扑灭，严防蔓延。用2%氢氧化钠溶液或其他有效消毒药物进行彻底消毒，对病死奶牛进行深埋或烧毁。在最后1头病牛康复或死亡15日后，经报请上级主管部门批准后，方可解除封锁。

(四)牛群的驱虫

1. 牛的常见寄生虫　牛疥螨和痒螨、牛肝片吸虫、牛住血孢子虫、犊牛球虫、牛眼线虫、犊新蛔虫、牛绦虫、牛附红细胞体等。

2. 制订驱虫计划　为保证牛群的健康应做好驱虫工作，针对牛的各种寄生虫要做到提前预防，并制订合理有效的驱虫计划。

结合本地情况，选择驱虫药物。一般是每年春、秋两季各进行1次全牛群的驱虫，平常结合转群时实施。

每年春、秋各进行1次疥螨等体表寄生虫的检查，6～9月份，焦虫病流行区要定期检查并做好灭蜱工作，必要时可以注射焦虫病疫苗。10月份对牛群进行1次肝片吸虫等的预防驱虫工作，春季对犊牛群进行球虫的普查和驱虫工作。犊牛1月龄和6月龄各驱虫1次。

3. 常用驱虫药

(1)丙硫苯咪唑　每千克体重10～15毫克，一次内服，驱除牛新蛔虫、胃肠线虫、肺线虫。

(2)吡喹酮　每千克体重30～50毫克，一次内服，驱除血吸虫及绦虫。

(3)硫氯酚(别丁)　每千克体重40～50毫克，一次内服，驱除肝片吸虫。

(4)血虫净(贝尼尔)　为牛焦虫病专用特效药，疗效显著，每千克体重5～7毫克。临用前用注射水配成5%～7%注射液，深部肌内注射。

(5)磺胺二甲嘧啶　每千克体重100毫克，一次内服，驱除牛球虫。

(6)1%敌百虫溶液　喷于患部,可杀死牛皮蝇蛆和牛疥螨。

(7)伊维菌素　每千克体重0.2毫克,皮下注射,驱除螨虫及肠道内寄生虫。

四、牛常见病防治

(一)口蹄疫

又名流行性口疮,口疮蹄癀。是由口蹄疫病毒引起的急性热性高度接触性传染病。本病以体温升高、口腔黏膜、鼻镜、蹄冠、趾间皮肤和乳房的皮肤发生水疱和烂斑为主要临床特征。

【治　疗】　当牛发生口蹄疫后,病牛及同群牛一律扑杀。

【预　防】

(1)坚持自繁自养　必须从外地引进优良品种时,一定要请动物检疫部门帮助做好检疫工作,坚决不能从疫区购入病牛。

(2)在疫区和周围的受威胁区,要进行疫苗注射

①牛口蹄疫O型—亚洲Ⅰ型二价灭活苗　犊牛出生后3～4个月首免,肌内注射2毫升/头,首免1个月后进行二免(方法、剂量同首免),以后每隔4个月接种1次,肌内注射4毫升/头。成年母牛分娩前2个月肌内注射,剂量为4毫升/头。种公牛每隔4个月免疫1次,剂量为4毫升/头。

②牛口蹄疫A型灭活疫苗　牛颈部肌内注射,剂量为2毫升/头。

应激反应的处理:注苗后,若奶牛出现不安、食欲减退、体温稍高者,不需治疗。若牛出现气喘、发抖、口吐白沫、站立不稳、抽搐倒地等,应及时抢救。迅速皮下注射0.1%盐酸肾上腺素注射液5毫升/头,或用地塞米松磷酸钠注射液(30毫克/头)肌内注射。

(二)牛流行热

又名牛流行性感冒、暂时热、3日热。是由弹状科牛流行热病毒引起的牛的急性热性传染病。本病以急性高热、流泪、流涎、浆性鼻液、呼吸困难、四肢关节痛、后躯运动障碍等为主要临床特征。

【治　疗】　目前还没有特效药物，病初可试用退热药、强心药和输液。也可用一些抗生素或磺胺类药物，来控制继发感染。

【预　防】　①一旦发现病牛，早隔离、早治疗，消灭吸血蚊蝇，对保护其他健康牛效果好。②在发病区定期预防接种牛流行热疫苗。

(三)蓝舌病

是由病毒引起的牛的急性传染病。主征：发热，口、鼻和胃肠道黏膜溃疡，舌、齿龈、颊黏膜充血、淤血，后变为青紫色故称蓝舌病。

【治　疗】　对发病牛，要细心护理，喂些容易消化的草料，每日用消毒药液洗涤口腔和蹄部的患处。可用抗生素或磺胺类药物控制继发感染。

【预　防】　①不要从有该病的国家和地区买牛、羊，必须引种时要严格检疫。②夏季放牛时，最好选择高燥的牧场，要用药物驱赶蚊蝇。③在发病地区，应对牛、羊注射疫苗。

(四)牛传染性鼻气管炎

又名红鼻子病、流行性流产、坏死性鼻炎、牛媾疫。是由牛疱疹病毒引起的牛的急性热性高度传染性疫病。主征：鼻气管发炎、发热、咳嗽、流鼻液、呼吸困难，伴发结膜炎、角膜炎、阴道炎、龟头包皮炎、脑膜脑炎、子宫内膜炎和流产等。

【治　疗】　对患传染性鼻气管炎的病牛，要做好隔离，用抗生素控制感染和对症治疗，有一定的效果。

【预　防】　①在引种时要加强检疫，防止引入病牛。②用弱毒苗和灭活苗免疫接种。③对阳性牛和病牛进行扑杀,净化牛场。

(五)牛黏膜病

又名牛病毒性腹泻,牛病毒性腹泻-黏膜病。是由牛病毒性腹泻-黏膜病病毒引起的牛的热性传染病。主征:厌食、腹泻、脱水、体重减轻、黏膜发炎、糜烂、坏死,以及流产和胎儿发育异常。

【治　疗】 目前还没有有效的治疗办法,只能对症治疗。对贵重的发病牛,可用防腐消毒药处理体表的糜烂和溃疡,然后涂一些收敛药(口腔可用明矾),腹泻脱水严重的可以输液,配合用一些抗生素或磺胺类药物,能控制继发感染和减少损失。

【预　防】 ①要加强口岸检疫和引种检疫,防止引进带毒牛。②发现牛群有这个病,最好应该急宰病牛,彻底消灭传染源。③在有本病的地区可用弱毒疫苗进行预防接种。

(六)牛白血病

又名牛病毒性造血细胞组织增生症、牛淋巴肉瘤、牛恶性淋巴瘤、牛白血病复合症。是由病毒引起的淋巴网状系统全身性恶性肿瘤。并使淋巴组织的一种或多种白细胞成分恶性增生后进入血液中,使白细胞异常增多。主征:恶病质和高死亡率。病原为白血病病毒。分地方流行型白血病和散发型白血病两类。

【治　疗】 呈现临床症状的病牛,药物治疗的价值不大。

【预　防】 ①对全群牛做血清学诊断,检出阳性牛,有临床症状的牛立即淘汰。②做好引进牛的检疫工作,防止引入病牛。③加强消毒工作,保持圈舍内的卫生。④防止犊牛感染,以代乳品饲喂犊牛直至断奶。

(七)红眼病

又名牛传染性角膜结膜炎。是由牛嗜血杆菌立克次氏体等引起的牛的一种急性接触性传染病。主征:畏光、流泪、结膜角膜发炎并发展为不同程度角膜混浊和溃疡。

【治　疗】 对病牛可用2%～4%硼酸水洗眼，干后滴入青霉素溶液。如发现角膜混浊或角膜白斑时，可在患眼内涂1%～2%黄降汞软膏。

【预　防】 ①用牛嗜血杆菌制成的菌苗，给犊牛注射后，过4周可产生免疫力。②要加强一般的卫生措施。③消灭蝇类，切断传播途径。④避免强烈日光照射。

(八)炭　疽

是由炭疽杆菌引起的人兽共患的急性热性败血性传染病。主征：高热、黏膜发绀、天然孔出血、间或体表出现局灶性炎性肿胀(炭疽痈)等。炭疽杆菌对外界的抵抗力虽然不强，但见到空气可形成芽胞，其抵抗力变得很强，在土中可存活数十年。

【治　疗】 发生该病时不采取治疗措施，要及时焚烧深埋。

【预　防】 ①对经常发生牛炭疽的地区，应进行预防注射。②无病地区在引进牛时要严格检疫，不要买进病牛。③对病牛污染环境可用20%漂白粉混悬液彻底消毒。疫区应封锁，疫情完全消灭后15天才能解除。

(九)布鲁氏菌病

又名传染性流产。是由布鲁氏菌引起的人兽共患传染病。布鲁氏菌侵害生殖系统，引起子宫、胎膜、关节、睾丸等炎症。主征：流产、不孕、睾丸炎和不育以及关节炎。

【治　疗】 一般不对病牛进行治疗，应淘汰屠宰。

【预　防】 ①在引进种牛时，一定要搞好检疫工作，防止引进病牛。②在有本病发生的地区，可对牛群用猪2号苗进行免疫。③对发病牛群坚持进行检疫，每年至少1次，淘汰病牛。从业人员应预防职业性感染该病。

(十)结 核 病

是由结核分枝杆菌引起的人兽共患传染病。主征:贫血、消瘦、体虚乏力、精神不振、生产力下降。在多种组织器官形成结节和干酪样钙化灶。该菌对链霉素、异烟肼等药敏感,对青霉素、磺胺类药不敏感。

【治　疗】 淘汰不予治疗。

【预　防】 ①引种时要做好检疫工作,不要引进病牛。②对有病牛场,每年都应该用结核菌素进行检疫,坚决淘汰阳性病牛,尽快建立健康牛群。③病牛污染场所要进行彻底消毒。

(十一)牛副结核病

又名牛副结核性肠炎。由副结核分枝杆菌引起。多呈隐性感染,以持续性顽固性腹泻和渐进性消瘦、泌乳性能降低等为主征的慢性传染病。病牛下颌水肿,剖检肠壁增厚。

【治　疗】 本病目前还没有特效治疗药物和方法。用止泻等对症疗法效果不明显。

【预　防】 ①不要从有病地区买进牛和羊。②对发病的牛群,应开展检疫,用副结核菌素进行皮内注射。③对检出的有明显临床症状的病牛,应扑杀。④对病牛污染的场所,要用生石灰、来苏儿、苛性钠、漂白粉、石炭酸等进行彻底消毒。

(十二)牛 肺 疫

又名牛传染性胸膜肺炎。由丝状支原体感染牛引起的危害严重的一种接触性传染病。以纤维性肺炎和浆液纤维性肺炎为主要临床症状。

【治　疗】 对疑似病牛应尽早做出病性确诊。病牛应隔离并加强护理与治疗。①用抗生素如土霉素 3～4 克或链霉素 3～6 克,分别肌内注射,每日 2 次,连用 3～7 日为 1 个疗程。②针对病牛病情，可行强心、补液、保肝和健胃等辅助治疗。

【预　防】 ①非疫区（安全区）不从疫区进牛。必须引进时，需预先对引进的牛做两次检疫，凡阴性反应的牛，于接种疫苗4个月后起运，到达后隔离观察3个月，确证无病时，方可与原牛群接触。原牛群也应事先接种疫苗。②疫区牛禁止流动。对疫区和受威胁区的牛，每年接种1次牛肺疫兔化弱毒疫苗。连续3年无本病发生时，可停止疫苗接种。③奶牛场内凡发现病牛即应淘汰。并严格实行封锁，限制牛只出场。全场应采取全面、彻底的大消毒措施。

（十三）疯牛病

又称牛海绵状脑病。病原属于朊病毒。病牛行为反常，运动失调，烦躁不安，瘙痒，全身麻痹，体重锐减，最后死亡。

【治　疗】 本病不采取治疗措施，一旦发病坚决扑杀销毁。

【预　防】 ①坚决扑杀和销毁病牛。②禁止在牛饲料中加入反刍动物蛋白质饲料肉骨粉。③严禁销售和食用病牛肉。④加强进口检疫。

（十四）皮肤真菌病

又名脱毛症、匐行疹、钱癣。由皮肤癣菌（丝状菌）中的疣状发（毛）癣菌引起。皮肤圆形脱毛、渗出液和痂皮为特征。慢性经过的浅在性真菌性皮炎。传染快、蔓延广。

【治　疗】

（1）*局部疗法*　先将病灶局部剪毛，清除鳞屑、痂皮等污物，然后涂搽10%水杨酸酒精乳剂（水杨酸10，石炭酸1，甘油25，酒精100）、氧化锌软膏或3%～5%噻苯达唑软膏、1%～3%克霉唑水、复方雷琐辛擦剂、复方十一烯酸锌软膏等制剂，每日1～2次，连用数日。若结合应用紫外线灯照射疗法，其疗效更满意。

（2）*全身疗法*　①维生素AD注射液（每毫升含维生素A

15 000 单位、维生素 D 5 000 单位)，5～10 毫升，一次肌内注射，连用 2 天。②投服灰黄霉素，按 5～10 毫克/千克体重用药，每日 2 次，连用 7 天，疗效明显。

【预　防】 ①加强健康牛群管理，保持牛舍环境、用具和牛的躯体卫生，给予足够的日光照射时间，在饲养上要饲喂全价日粮，尤其要注意维生素、微量元素等添加剂的补充，以增强奶牛体质。②被病牛污染的环境，用具等都要严格消毒。常用的消毒药有：2.5%～5%来苏儿液、5%硫化石灰液、1.5%硫酸铜液和甲醛溶液等。③本病能感染人，故接触病牛的工作人员都应戴上手套，加强防护。工作完后应用碘伏、肥皂水等彻底清洗。

(十五)钩端螺旋体病

是由多种血清型致病性的钩端螺旋体引起的人兽共患病和自然疫源性传染病。以突然发热、出血素质性贫血、黄疸、血红蛋白尿、流产、皮肤和黏膜坏死、水肿为特征。常用消毒药以及各种抗生素都能将钩端螺旋体杀死。

【治　疗】 ①对症治疗和支持疗法，早期应给予高热及含维生素 B、维生素 C 高的饲草、料。②抗菌治疗，及时给予有效的抗生素。

【预　防】 ①做好疫区内的灭鼠工作，发现病牛及时隔离并对其排泄物进行彻底消毒。②加强引种时的检疫。③使用相应的钩端螺旋体菌苗进行预防接种。

(十六)食管梗塞

是食管腔突然被食物或异物阻塞，吞咽障碍、流涎、瘤胃臌气的食管疾病。多因饥饿后贪吃、采食过急或惊吓或根块料加工不当，多在吞食萝卜、甘薯、马铃薯、甜菜和玉米棒等块根饲料时发生。

【治　疗】

第一，挤压法。适用于马铃薯、萝卜阻塞于颈部食管。将病牛横卧保定，用平板或砖垫在食管阻塞部位；然后以手掌抵于阻塞物下端，朝咽部方向挤压，将阻塞物挤压到口腔，即可排除。

第二，推送法（适用于胸部食管阻塞）。若阻塞物在食管下部，宜用直径2～2.5厘米且有弹力的橡胶胃管，在胃管外面涂液状石蜡，给牛带上开口器，然后插入食管中，轻轻地将阻塞物推入胃内。

第三，锐利的异物阻塞时，不宜强拉取、按摩或推送，以防止食管破裂。可进行食管切开术，取出异物。

第四，当继发瘤胃臌气时，应及时施行瘤胃穿刺放气，并向瘤胃内注入防腐消毒药。病程较长者，应消炎、强心、输糖补液或营养液灌肠，维持机体营养，增进治疗效果。

【预　防】　①加强饲养管理，定时饲喂，防止饥饿。②饲喂块根、块茎饲料时，应切碎后再喂。③堆放马铃薯、甘薯、胡萝卜、萝卜、苹果、梨的地方，不能让牛群通过或放牧，防止骤然采食。④施行全身麻醉的病牛，在食管功能未复苏前，更应注意护理，以防发生食管阻塞。

（十七）迷走神经性消化不良

因支配前胃和网胃的迷走神经遭受损伤，使牛的消化功能受损。表现前胃臌胀、厌食、排少量糊状粪便。病因是该迷走神经受伤或受压。常见于牛创伤性网胃—腹膜炎。偶见瘤胃炎、腹膜炎、肝脓肿、皱胃变位、淋巴结肿、膈疝等。

【治　疗】　此病一般不需要治疗可治愈，如严重时对症治疗即可。

【预　防】　①加强饲养管理不要随意改变饲喂规律，不能突然更换饲料。②禁止饲喂发霉变质饲料，保证饲料质量。

（十八）前胃弛缓

前胃弛缓又称脾胃虚弱。病因比较复杂，分原发性和继发性两种。病牛前胃功能紊乱，兴奋性降低，收缩减弱或缺失，导致食欲减少、反刍和嗳气紊乱、瘤胃蠕动减弱或异常等症。原发性病因与饲养管理和自然气候的变化有关。饲养不合理，如精饲料（蛋白质）过多，造成消化紊乱；日粮配合不均衡，如粗饲料不足而过多饲喂糟粕类（酒糟、糖糟、豆腐渣、啤酒糟）；粗劣饲料加工不当，长期饲喂单一的或难消化的秸秆，如麦秸、稻草等。管理不科学，如突然改变饲喂次数、舍饲突然变为放牧、密集饲养在不良环境中等，皆可诱发前胃弛缓类疾病。继发性前胃弛缓常见于某些疾病后。

【治　疗】

（1）增强瘤胃收缩能力，促进瘤胃兴奋　10%氯化钠注射液200～400毫升、10%氯化钙注射液100～150毫升、20%安钠咖注射液10～20毫升，一次静脉注射。选用硫酸新斯的明注射液4～20毫克，或氨甲酰胆碱注射液1～2毫克，一次皮下注射。

（2）洗胃疗法　应用1%氯化钠液7000～10000毫升，灌入瘤胃，再用胃导管将其排出，反复多次冲洗。冲洗后，再用5%葡萄糖注射液500～1000毫升、5%碳酸氢钠注射液500～600毫升、20%安钠咖注射液10～20毫升，一次静脉注射。

（3）经口投服制酵、轻泻、健胃制剂　制酵和轻泻可用硫酸镁500克、松节油30～40毫升、酒精80～100毫升或液状石蜡1～2升、苦味酊20～40毫升，加常水适量，一次经口投服。龙胆草粉10克、干姜粉10克、碳酸氢钠50克、番木鳖粉4克，混匀，加常水适量，经口投服，每日1次，连服3～4天为1个疗程。

【预　防】①注意饲料的选择、保管，防止霉败变质。②饲养过程中要注意给予足够的饮水，保证足够的运动量。③注意圈舍卫生和通风、保暖，做好预防接种工作。

(十九)瘤胃食滞

又名瘤胃积食,瘤胃扩张。是采食大量难于消化的饲草或容易膨胀的饲料所致。以瘤胃机械性阻塞、腹围增大、胃肌痉挛性疼痛为特征。继发的瘤胃食滞,在前胃弛缓、瓣胃阻塞、创伤性网胃炎、皱胃变位或阻塞等病中,常继发瘤胃食滞。

【治　疗】 ①尽快消除瘤胃内积食,可用硫酸镁或硫酸钠500～600克、碳酸氢钠50～100克,再用常水配制成10%溶液,一次灌服;或用液状石蜡1 000～1 500毫升、鱼石脂20克,加常水适量,一次灌服。②促进瘤胃兴奋,可用10%氯化钠注射液300～400毫升,10%氯化钙注射液100～200毫升、20%安钠咖注射液10～20毫升,一次静脉注射。③补充体液,防止酸中毒。可用5%糖盐水2 500～3 000毫升、5%碳酸氢钠液300～600毫升,一次静脉注射,酌情连用2～3天。④瘤胃切开术。当通过上述药物治疗很难奏效时,应尽快采用手术疗法,取出大部分瘤胃内容物。有条件时,可灌服健康牛的瘤胃内容物适量,疗效理想。

【预　防】 关键是建立合理的饲养管理制度。严格控制精料、糟粕类饲料的喂量,且不能随意增加;饲料尤其是粗劣难消化的麦秸、稻草、花生秧和甘薯秧等,应加工粉碎、铡短后喂;及时清除饲料中混杂的异物,严防被牛误食、偷吃。当牛患有前胃弛缓或其他疾病时,应及时合理地治疗,治愈后还要注意控制饲喂量,防止复发。

(二十)瘤胃臌气

是瘤胃、网胃内容物急剧发酵,产生大量气体,以瘤胃过度膨胀为主的瘤胃消化功能紊乱性前胃疾病。有的气体积聚在固形物之间,有的泡沫化气体与液体及固形物混合在一起。前者称为单纯性或非泡沫性瘤胃臌气,后者称为泡沫性瘤胃臌气。根据病因,有原发性和继发性之分;从其性质上看又有泡沫性和非泡沫性的不同类型。原发性瘤胃臌气多因过食或采食大量易发酵产气饲草，如含水过大的开花前的幼嫩豆科牧草，尤其是苜蓿和三叶草等，加之瘤胃过度膨满压迫胃壁血管，使其吸收气体的能力减退和嗳气反射功能受到压抑等。继发性瘤胃臌气，多是由于食管狭窄或梗塞等使迷走神经胸支或腹支损伤，影响瘤胃蠕动、反刍和嗳气反射功能，导致反复性瘤胃臌气。泡沫性瘤胃臌气，与采食了能提高瘤胃液表面张力以及增大黏稠度的植物性饲料饲草有密切关系。这些草料含有一定量的蛋白质、皂角苷、果胶和半纤维素等成分所致。

【治　疗】

(1)排出瘤胃气体　除对急性瘤胃臌气病牛立即用套管针穿刺瘤胃放气(宜缓慢放气)外，还可从口腔送入胃导管使气体通过胃导管排出，其疗效比较明显。若为泡沫性瘤胃臌气病牛，尤其是伴发高度呼吸困难时，宜果断地施行瘤胃切开术，取出瘤胃内大部分内容物。如有条件，再移植健康的瘤胃内容物(3～5 升)，疗效更好。

(2)制止发酵产气　常用花生油、亚麻仁油、大豆油 200 毫升，做成 2%乳剂，一次灌服，每日 2 次；或用松节油 50～60 毫升、鱼石脂 20～30 克、酒精 100～150 毫升，混合一次灌服；或用液状石蜡 500～1 000 毫升，一次灌服。对泡沫性瘤胃臌气病牛，可用消泡片(即二甲硅油和氢氧化铝合剂)40～50 片，加常水适量灌服。对反复发生瘤胃臌气的病牛，宜用酒石酸锑钾 4～6 克与硫酸镁 400～500 克，加常水配成 5%～8%溶液，一次经胃管投服。

【预　防】 加强饲养管理是预防的关键。①切忌过多饲喂豆科牧草(尤其是未开花的牧草)。若需喂上述牧草时，最好在收割稍干后喂，并要控制喂量。豆饼等也应限制喂量，并宜用开水浸泡后再喂，这样较为安全。②谷实类饲料不应粉碎过细，精饲料应按需要量供应，宜混加 10%～15%的粗饲料，如铡细的青干草、秸秆类。③加强饲料保管，防止腐败、霉烂，饲喂时要严防草料中混入尖锐异物，防止因创伤性网胃炎而引起继发性瘤胃臌气。

（二十一）瘤胃酸中毒

过多饲喂谷类或糖类饲料后，导致瘤胃内发酵异常，产生大量乳酸，瘤胃液 pH 值降低、渗透压升高和瘤胃内微生物区系改变等为主征的一种瘤胃消化功能紊乱的疾病。病因：过饲大麦、玉米等富含碳水化合物的精饲料，以及各种块根饲料，如甜菜、萝卜、马铃薯及其副产品等尤其是各类加工成粉状的饲料；或者由于饲料突然改变，如由饲喂牧草而突然改喂谷类或甜菜、马铃薯等，致使瘤胃内发酵过程变为纯粹的乳酸发酵过程，产生大量乳酸而发病。

【治　疗】 为了纠正瘤胃酸中毒和机体脱水，应用5%碳酸氢钠注射液 600 毫升或糖盐水 3 000～4 000 毫升，一次静脉注射。宜在调整瘤胃液 pH 值以前，先将瘤胃内容物清洗排出，再投服碱性药物，如碳酸氢钠 100～150 克或氧化镁 250 克，以及碳酸钙 120 克等，每日 1 次。必要时间隔 1 日后再投服 1 次。当重型病牛经上述治疗效果不太明显时，可进行瘤胃切开术，将其内容物取出大半后，有条件时可投入健康牛瘤胃液 3～5 升（即移植疗法），效果明显。为了促进乳酸的排泄并增强心肌收缩和全身肌肉张力，可用10%葡萄糖酸钙注射液 500～600 毫升，一次静脉注射。为了抑制瘤胃内发酵产生乳酸过程，可将盐酸土霉素按 5～10 毫克/千克体重溶于 500～600 毫升 5%氧化镁和盐酸普鲁卡因溶液中，一次静脉注射。

【预　防】 主要对策是有效控制精饲料与粗饲料的搭配比例，通常以精饲料占 40%～50%、粗饲料占 50%～60%为宜。坚持合理的饲养制度，不要突然改变饲料或变更饲养管理措施，即使变更也宜逐渐更换，以使瘤胃内微生物区系有个适应过程。对谷类精饲料加工、压片或粉碎即可，颗粒不宜太小，大小要匀称，尽量防止成细粉料。

(二十二)瘤胃角化不全症

瘤胃角化不全症是瘤胃黏膜发生变性的一种病理变化。由于某些原因是瘤胃黏膜角化不全时,使残核鳞状角化上皮细胞过多地堆积,以致发生瘤胃黏膜乳头硬化、增厚等,对这种非典型角化层病态,称为瘤胃角化不全症。

精饲料过多粗饲料不足或缺乏,过饲以颗粒性或粉碎性饲料为主的日粮,或瘤胃黏膜的刺激性损伤,都可导致瘤胃角化不全症的发生。

【治　疗】 首要的是饲喂青、干牧草,并控制饲喂精料量。同时投服一定量的碳酸氢钠粉,最好移植健康牛瘤胃液 2～5 升,可望有些效果。后期即使用广谱抗菌药物治疗,也多无实际意义。

【预　防】 改善饲养方法,限制精饲料的饲喂量,多喂粗饲料及青干草,如奶牛每 100 千克体重不应少于 1.5 千克粗料量。不要将饲草铡切过短,更不要将颗粒料粉碎过细。加强管理,注意牛舍、放牧草场以及运动场地的清洁卫生,从饲料中和牛群活动场地范围内清除一切可能损伤瘤胃黏膜的尖锐异物,尤其是金属性异物。

调整瘤胃液的 pH 值,可投服碳酸氢钠粉(以占精饲料饲喂量的 3%～7.5%为宜),这对预防瘤胃炎、瘤胃角化不全症的发生有明显效果。为了增强牛群的机体抵抗力和肝组织的抗病能力,防止坏死杆菌等致病性细菌的侵染,可补饲适量的维生素 A 制剂。

(二十三)创伤性网胃—腹膜炎

因饲料混入各种尖锐异物被牛吞食进入瘤胃,再到网胃,刺激网胃壁所引起的前胃疾病。出现突然不食、泌乳性能降低、腹痛、局限性腹膜炎和瘤胃反复臌气等症状。

【治　疗】

(1)保守疗法　具体措施:首先使病牛驻立在前方较后方高出

15～20 厘米的斜面床位上，同时用药物治疗，如普鲁卡因青霉素 300 万单位、双氢链霉素 5 克，溶于注射用水中，一次肌内注射，每日 2～3 次，连用 3～5 天。或用 5%糖盐水 1 000 毫升、25%葡萄糖注射液 500 毫升、10%磺胺嘧啶钠注射液 200 毫升，一次静脉注射，每日 1～2 次，连用 3～5 天。其次是往胃内投放磁铁，即由铅、钴、镍合金制成的长 5.71～6.27 厘米、宽 1.27～2.54 厘米的永久性磁棒，经口投入网胃，使异物尤其是金属性异物被吸附在磁棒上并将其固定或取出。

(2)*手术疗法* 在尽早确诊的基础上，尽快手术取出异物。常用的手术方法是瘤胃切开术，用手伸入网胃探摸异物并将其取出。

【预 防】 加强饲草、饲料的加工、调制与保管，防止各种尖锐异物混入草料中。应用磁性棒、磁筛、磁性鼻环等吸出草料中的各种金属性异物；胃内投放永久性磁铁，以将金属性异物固定在胃内；日粮中注意供应全价饲料，防止牛群发生异嗜癖，以杜绝牛吞食各种异物的不良习惯。

(二十四)瓣胃阻塞

瓣胃阻塞，中兽医称“百叶干”。病牛前胃植物神经运动功能紊乱，瓣胃收缩蠕动能力减弱，食糜向皱胃排空困难甚至停滞，造成瓣胃内蓄积大量干涸、坚硬的内容物，瓣胃肌麻痹和胃小叶压迫性坏死等。原发性病因是牛长期饲喂过于细碎的饲草饲料，如麸皮、糠麸或其中混杂大量泥沙的饲草；或饲喂坚韧而难以消化的粗纤维饲草，如苜蓿秆、豆秸，加上饮水严重不足等引起；继发性病因，多见于前胃弛缓、瘤胃食滞和瓣胃炎等。

【治 疗】 ①投服盐类泻药或油类泻药，如硫酸镁 500～1 000 克，用常水配制成 80%溶液，一次灌服；或用液状石蜡 1 000 毫升，一次灌服。在药物泻下不明显或无疗效时，为了恢复瓣胃蠕动功能，可用 10%氯化钠注射液 500 毫升，10%安钠咖注射液 20 毫升，一次静脉注射。②防止脱水，可用 5%糖盐水 1 500～2 000

毫升、5%碳酸氢钠注射液300～1 000毫升和10%葡萄糖酸钙注射液500～1 000毫升，一次静脉注射，每日2次。③瓣胃注入泻剂疗法：在病牛右侧第十肋骨末端上方3～4指宽处，用10厘米长的针头，经肋间隙处，略向后向下刺入瓣胃，用注射器抽取瓣胃内容物，必要时先注入少量生理盐水后再抽吸，如抽吸出混有食糜污染了的液体，证明已刺入瓣胃内。然后向瓣胃内注入25%硫酸镁液250～500毫升，或液状石蜡750～800毫升。必要时，还可考虑行瘤胃切开术或皱胃切开术，通过网瓣孔或皱瓣孔将胶管送入瓣胃，用大量生理盐水或常水反复冲洗，直至瓣胃内容物松软、阻塞疏通为止。

【预　防】 加强护理，供给足够的饮水，喂饲多汁青绿饲草，防止发生前胃疾病。一旦发病，应及时正确的治疗。日粮配合保持营养平衡，饲草料中严防混入泥沙和异物。

(二十五)皱胃阻塞

又名皱胃积食。皱胃阻塞是因为皱胃内容物异常积滞、膨胀和皱胃弛缓而向十二指肠排空停止，导致机体脱水、电解质平衡失调、代谢性碱中毒和进行性消瘦为主征的严重疾病。主要是饲养管理和饲料加工不当所致。饲料性的阻塞，如长期缺乏优质干草，大量饲喂麦秸、玉米秸、高粱秸等粗硬饲料，或对其铡切过短，甚至粉碎成草末，使其通过前胃速度过快，尚未消化或难以消化而滞留于皱胃；机械性的阻塞，因平时日粮中缺乏矿物质和微量元素，导致牛异食癖，吞食胎衣、麻袋、毛球、塑料袋、泥沙、木屑、褥草等各种异物，致使幽门阻塞。犊牛饮食大量酪蛋白牛奶，形成凝乳块阻塞幽门的病例也时有发生。

【治　疗】

(1)*药物治疗*　首先尽快应用5%糖盐水1 500～2 000毫升、25%葡萄糖注射液500～1 000毫升，一次静脉注射，每日2次。当纠正了代谢性碱中毒后，可应用稀盐酸30～50毫升(或乳酸

50～80 毫升，或稀醋酸 100～150 毫升)，加水适量，一次投服。为了纠正低钾血症，可应用 5%～10%葡萄糖注射液 1 000 毫升、10%氯化钾注射液 50 毫升，一次静脉注射。

(2)手术治疗　切开部位在腹中线与右侧腹下静脉之间，从乳房基部起向前 12～15 厘米，与腹中线平行切开 20 厘米。切开皱胃后，清除其中阻塞物。必要时做瘤胃切开术，瘤胃切开后，用胶管通过网胃、瓣胃、进入皱胃，直接用大量消毒液反复冲洗，排空皱胃；或将液状石蜡 2 000 毫升注入皱胃，以使其内容物软化并促其排空。

【预　防】　科学饲养管理，保持日粮平衡，供给的营养一定要满足牛机体的需要量，包括矿物质、微量元素和维生素在内。日粮要注意精、粗料比，粗饲料加工时不能粉碎过细，饲喂时要补充一些多汁饲料、青绿饲料。保证有足够的饮水，清除饲草料中混杂的各种异物，尤其在饲喂块根饲料，如甘薯、甜菜、胡萝卜时，应将泥沙冲洗净再喂。

(二十六)皱胃左方移位

是指位于腹底壁正中线偏右侧的皱胃移位到左侧腹壁与瘤胃之间的一种皱胃变位。在临床上以慢性消化功能紊乱为主征。本病多发生于 4～5 胎次的分娩前后的母牛。病因主要是干奶期精饲料喂量过多，粗饲料不足所致。诱因是母牛患子宫内膜炎、乳房炎、母牛肥胖综合征和低钙血症等疾病时，多成为皱胃左方移位的诱因。

【治　疗】

(1)非手术法　即翻滚法。将病牛四蹄捆缚住，腹部朝天，猛向右滚又突然停止，以期使皱胃自行复位。实施翻滚前两天应禁食并限制饮水，使瘤胃体积缩小。本法的优点是方便、简单、快速，缺点是疗效不确实，易复发。

(2)手术法　即切开腹壁，整复移位的皱胃。手术方法有站立式两侧腹壁切开法和侧卧保定腹中旁线手术切开法。手术法适用于病后的任何时期，由于将皱胃固定，疗效确实，是根治疗法。

【预　防】 加强围产期母牛的饲养管理，严格控制干奶期母牛精饲料的饲喂量，保证足够的干草。例如，精饲料喂量每日 3～4 千克，青贮饲料每日 10～15 千克，优质干草可自由采食。每日有 1～1.5 小时的运动量，以增强牛的体质，防止母牛肥胖。对产后母牛，应加强监护，精饲料应逐渐增加，不能为了催奶而过多加料。对消化功能降低的病牛，除保证干草供给外，也应及时药物治疗，尽快使之康复。

(二十七)胃肠炎

是指皱胃和肠管黏膜及其深层组织的炎性疾病。临床上以体温升高、腹痛、腹泻、脱水、酸中毒或碱中毒等为特征。病程发展急剧，死亡率较高。

【治　疗】

(1)清除肠胃内容物　可用盐类泻药配合应用防腐剂，如常用硫酸镁(钠)500～600 克、鱼石脂 15～20 克、酒精 80～100 毫升，添加常水 3 000～4 000 毫升，一次灌服；或用液状石蜡 1 000 毫升、松节油 20～30 毫升，加常水适量，一次灌服。待清除主要肠胃内容物后，病牛腹泻不止时，可投服 0.1%高锰酸钾液 2 000～3 000 毫升，或用药用炭末 100～200 克，加常水适量，一次投服。

(2)消炎并解除败血症　磺胺脒 30～50 克、碳酸氢钠 40～60 克，加常水适量，一次投服，每日 2 次，连用 3～5 天。

(3)扩充血容量，纠正酸中毒　常用 5%糖盐水 2 500～3 000 毫升、5%碳酸氢钠液 500 毫升、20%安钠咖注射液 10～20 毫升，一次静脉注射，每日 2 次，连用 2～3 天。为了纠正病牛酸中毒，可用 5%碳酸氢钠注射液 500～1 000 毫升，一次静脉注射，酌情连用 1～2 日。

(4)改善肠胃功能　可用 10%氯化钠注射液 300～500 毫升，

10%氯化钙注射液100～200毫升、20%安钠咖注射液10～20毫升，一次静脉注射。

【预　防】

(1)加强饲养管理　日粮保持平衡，满足营养需要；加强饲草料的保管，防止饲草料发霉变质；对已霉败的饲草料，应坚决废弃，绝对禁喂；保证饲料、饮水清洁卫生，严禁饲喂有毒饲草料。

(2)做好兽医防疫工作　定期进行疫病检疫，预防疫病的发生与传播。牛棚、运动场地及产房等处要定期用火碱水消毒。

(二十八)酮　病

是由于碳水化合物、脂肪代谢障碍致使血糖含量减少，而血酮含量异常增多。主征：消化功能、神经系统紊乱。在临床上不显示任何症状，只是血酮含量高的称酮血病，尿酮含量增高的称酮尿病，乳酮含量增多称酮乳病等，统称为酮病。

【治　疗】　该病治疗原则是补糖抗酮，促进糖原异生，提高血糖含量，减少体脂动员，最常用和有效的治疗方法有以下几种。

(1)加强饲养管理　首先应加强护理，调整饲料，减喂豆饼类等富含脂肪的饲料，增喂富含糖和维生素的饲料如胡萝卜、优质干草等。

(2)补糖　可用25%葡萄糖，静脉注射，这是提供葡萄糖的最快途径，对大多数病牛有效，而注射产生的高血糖是暂时的，2小时后就会降低。应反复用药，每日2次，连用数天。

(3)补充产糖物质　可用丙酸钠、乳酸钠或乳酸钙，每日1次，连用2天。

(4)激素疗法　可用氢化可的松或醋酸可的松，肌内注射或静脉注射。

(5)解除酸中毒　可静脉注射5%碳酸氢钠注射液或内服碳酸氢钠，每日1～2次。

【预　防】　加强饲养管理，注意饲料搭配，不可偏喂单一饲料。妊娠后期和产犊后，应减喂精饲料，增喂优质干草、甜菜、胡萝卜等含糖和维生素多的饲料。

（二十九）妊娠毒血症

又名肥胖母牛综合征、奶牛脂肪肝病。本病是由于干奶期母牛采食过多精饲料造成过度肥胖的代谢病。主征：食欲废绝、渐进性消瘦、伴发酮病、产后瘫痪、胎衣不下和乳房炎。剖检可见严重的肝、肾脂肪变性。

【治　疗】 应用促进脂肪代谢、降低血脂、保肝、解毒疗法。①12.5％肌醇注射液、25％葡萄糖注射液、维生素C，5％碳酸氢钠等，静脉注射每日1～2次。葡萄糖浓度不宜太高。必须坚持用药3～5天，直至食欲恢复为止。②15克复方胆碱片、酵母粉（食母生）、1克磷酸酯酶片。每次1剂，内服，每日1～2次。③可用氢化可的松（加入5％糖盐水中静脉注射）、复合维生素B肌内注射。加用抗弥散性血管内凝血药物（如肝素），可以提高治愈率。④中药方剂治疗，有助于改善病情；可用龙胆泻肝丸、决明散等。每日1剂，连用3天为1个疗程。⑤加强饲养管理。饲喂新鲜青草、苜蓿、胡萝卜及麸皮，或者在草发芽时将病牛牵至青草地，任其自由活动，可改善病情，促进病牛痊愈。

【预　防】 ①针对发病原因，应在妊娠期间对母牛合理饲养和增加运动。②有条件时最好放牧。经常运动可以增强母牛的代谢功能，防止或大大减少本病的发生。

（三十）母牛卧倒不起综合征

又名母牛爬行综合征。牛分娩前后，以不明原因而突发起立困难或站不起来为主征的一种临床综合征。四季可发，夏、春为多。

【治　疗】 ①应先进行血液生化指标测定，如为低血钾，静脉注射10％氯化钾；如为低血磷，静脉注射20％磷酸氢二钠或15％磷酸钠；抽搐及感觉过敏者，20％硫酸镁静脉注射。低血钙，牛可静脉注射:10%葡萄糖酸钙、25%葡萄糖注射液,复方氯化钠;每日1次或隔日1次,有良好效果;也可每日1次静脉注射10%氯化钙及5%葡萄糖。②为了促进钙盐吸收,肌内注射骨化醇(维生素D_2)(1毫升含40万单位)或维生素AD,隔2日1次。2~5日后运动障碍症状即有好转。如有消化紊乱、便秘、瘤胃臌气等,应对症治疗。③加强护理。妊娠母牛产前截瘫的治疗,往往时间拖延很长。必须耐心护理,并给以含矿物质及维生素丰富的易消化饲料,给病牛多垫褥草;每日要翻转数次,并用草把等摩擦腰间部及后肢,促进后肢的血液循环。

病牛有可能站立时,每日应抬起几次;抬牛的方法是在胸前及坐骨粗隆之下围绕四肢捆上一条粗绳,由数人站在病牛两旁,用力抬绳,只要牛的后肢能够站立,就能把它抬起。

【预　防】 ①妊娠母牛的饲料中须含有足够的钙、磷及微量元素,根据当地草料饮水中钙、磷的含量,添加相应的矿物质。粗、精、青饲料要合理搭配,要保证妊娠母牛吃上青草及青干草。②如因草场不好,牛在冬末产犊期前发生的较多,可将配种时间推后,使产犊期移至青草长出以后。产前1个多月如能吃上青草,预防母牛生病效果良好。

(三十一)产后血红蛋白尿(症)

多发生在分娩后1~4周的母牛。以低磷血症、血管内溶血性血红蛋白尿、贫血和黄疸为主征的高产奶牛代谢病。奶牛群在干旱年度缺磷的草场上放牧,或舍饲牛群饲喂上述草场收割的青干草,或单纯饲喂磷含量仅占干物质0.1%的块根类、甜菜叶及其残渣,或饲喂含硫氰酸盐等溶血因子的十字花科植物芜菁、甘蓝等多汁饲料,致使奶牛红细胞膜磷脂丧失、红细胞存活期缩短,引发溶血,是本病发生的主要原因。此外,泌乳过多,使矿物质尤其是磷大量的丧失,又得不到及时的补充,也是形成本病的诱因。

【治　疗】 ①补充钙、磷为主。轻度的,每日补饲磷酸二氢钠或磷酸氢钙 100～150 克，至症状消失为止。②重症的，静脉注射钙磷镁注射液，每日 1 次。连用 3～5 天。饲养上停喂甜菜渣，多给麦麸。

【预　防】 注意补磷。饲养上停喂甜菜渣，多给麦麸。

（三十二）牧草抽搐

又名青草蹒跚、泌乳抽搐、低镁血性抽搐和低镁血症等。指饲料镁含量低的牧草所引起的血液中镁含量减少，在临床上以兴奋、惊厥等神经症状为主征的矿物质代谢紊乱的疾病。

【治　疗】 ①在发病的季节，可在精饲料中补充氧化镁，每头每日 50～60 克，亦可将其舔砖中加入镁制剂。②对病牛可缓慢静脉注射 25％硫酸镁注射液 100～200 毫升，并静脉注射钙、镁合剂，注射时应检查心跳节律、强度和频率，心动过速时即停止注射。此外应对病牛酌情应用镇定药，同时要防止引起外伤。

【预　防】 ①春、夏季节，特别是早春，要防止牛突然饱食青草。②在此病的高发季节，如果在饮水中添加少量的醋酸镁，则有好的预防效果。

（三十三）运输抽搐

是指营养良好的牛群长途运输或驱赶中，或到达目的地后突然发病，表现运动失调、意识障碍、卧地不起，呈昏睡状的一种代谢病。

【治　疗】 首选药物：10％葡萄糖酸钙注射液 300～400 毫升、5％糖盐水 1 000～2 000 毫升，一次静脉注射。若与 10％硫酸镁注射液 150～200 毫升和 5％葡萄糖注射液 1 000～2 000 毫升，混合静脉注射，疗效更加明显。对异常兴奋和痉挛的病牛，可用水合氯醛 15～25 克，溶解于淀粉水 500 毫升中后灌服。

【预　防】 计划运输或驱赶的奶牛群，尤其是妊娠后期的母牛群，要预先减少饲料量，或改为舍饲，控制采食量。运输前几小时肌内注射复方氯丙嗪注射液（0.5～1 毫克/千克体重），以减少运输中各种应激作用，有预防发病的效果。在运输中不要过于拥挤，保持通风良好，不过热，并保证饮水供应和适当的休息。到达目的地后 24 小时内，将牛群拴系于冷凉处，在 2～3 天内限制饮水量和运动量。

（三十四）佝偻病

犊牛在新生骨骼钙化过程中，由于矿物质和维生素 D 缺乏而导致骨组织钙化不全性软骨肥大和骨骺增大。临床上以消化功能紊乱、跛行和长骨弯曲变形等为主要特征。

【治　疗】 除加强哺乳母牛的饲养管理外，对患病犊牛须早发现早治疗，依病情轻重，采取综合性治疗措施。及时补给维生素 D 和钙质；若骨骼变形时，则采取骨矫正术；伴发消化不良时，应给予健胃助消化药治疗。具体方法是：①首先肌内注射维生素 D 注射液，每日 1 次，连续注射 3～5 天；②补充钙质，可静脉注射 10% 葡萄糖酸钙注射液，隔日注射 1 次，也可同时肌内注射维丁胶性钙注射液或维生素 AD（鱼肝油）注射液，每日 1 次，直至痊愈，轻者 3 天，重者 10 日左右可愈；③患犊骨骼变形时，用夹板绷带或石膏绷带加以矫正，7～10 日为 1 个疗程，一般 1～2 个疗程可拆除绷带。

【预　防】 调整母牛的饲养管理，增加饲料营养，多喂富含维生素 D、钙和磷的饲料，如青绿饲料，配合饲料（补充矿物质、微量元素和蛋白质）等，并保持经常日晒，确保母牛的健康发育。另外，慢性消化不良和体内寄生虫病均是犊牛发生佝偻病的诱因，应及早杜绝。

（三十五）骨软症

是成年牛钙、磷代谢障碍的一种慢性全身性疾病。剖检见软骨骨化不全、骨质疏松和过量未钙化的骨基质。临床表现：消化功能紊乱、骨骼变软、肢势异常、蹄变形、尾椎骨吸收和跛行等。高产奶牛常发。

【治　疗】 ①注意运动，加强护理，着重补钙，调整日粮平衡与钙、磷比例，多晒太阳。②药物治疗。碳酸钙、乳酸钙或牡蛎粉、骨粉、小苏打等量混匀，每次在饲料中添加少许，每日1次，连喂数日。对于跛行奶牛，可给予骨粉，在跛行消失后，仍应坚持1～2周的治疗。③对严重病例，除喂给骨粉外，可同时配合10%氯化钙注射液，或20%葡萄糖酸钙注射液，静脉注射，每日1次，连用3～5天。同时，配合肌内注射维生素 D_3 液，每周1次，连用2～3次，有很好的效果。④对犊牛可用维生素 AD 注射液，每日1次。⑤为了防止诱发低钙血症的发生，可每日静脉注射20%葡萄糖酸钙注射液，连用1周。

【预　防】 ①注意饲料搭配，日粮中添加优质高效的骨粉、维生素 AD 粉或鱼肝油。②母牛在妊娠和哺乳期间应注意补充钙质饲料，在日粮中每日喂胡萝卜。对高产奶牛和老龄牛，定期补钙质饲料或静脉注射钙制剂和亚硒酸钠、维生素 E 制剂，可预防本病的发生。③让牛只适当运动，多晒太阳，增强体质，促进钙、磷的吸收，是预防本病的重要措施。

(三十六)铜缺乏症

因饲草或饮水中铜含量过少、钼含量过多造成的。临床上以被毛褪色、腹泻、贫血、骨质异常和繁殖性能减低等为主征的地方性代谢病。

【治　疗】 ①补铜。犊牛从2～6月龄开始，每周补硫酸铜，每日1克或每周2克，经口投服，连续3～5周，间隔3个月后再治疗1次。对原发性和继发性缺铜症都有较好的效果。②在牛饲料中应补充铜，或者直接加到矿物质补充剂中。

【预　防】 ①在低铜草地上，如 pH 值偏低可施用含铜肥料，这样可提高牛血清、肝脏中的铜浓度。②直接给牛只补充铜。可在精饲料中按牛对铜的需要量补给，或投放含铜盐砖，让牛自由舔食。

(三十七)铁缺乏症

因牛群摄取铁含量过低的饲料,以生长发育缓慢和贫血为主征的营养代谢病。

【治　疗】 ①停止饲喂含铁低的饲料,补充铁质,增加机体铁的储备量,并适当补充B族维生素和维生素C。②食欲尚佳的病牛,可在肌肉深部注射右旋糖酐铁,并配合应用叶酸、维生素B_{12}、复合维生素等。③有食欲的牛可在所喂饲料中添加硫酸亚铁、柠檬酸高铁、柠檬酸铁铵。④用生理盐水溶解硫酸亚铁后,再用水稀释成1%的溶液灌服犊牛并投喂葡萄糖,每日1次,连续服3天。

【预　防】 改善牛只的饲养管理,并口服或肌内注射铁制剂,如硫酸亚铁、葡聚糖铁等药物。

(三十八)碘缺乏症

又名甲状腺肿。碘缺乏症是由于长期饲喂缺碘草料,临床上是以新生犊牛死亡、脱毛、生长发育缓慢和成牛繁殖功能障碍为主征的地方性疾病。

【治　疗】 ①舍饲或人工饲喂的牛只,一般是将碘化物按矿物质剂量的1%添加到舔剂中,制成舔砖,让牛只自由采食。也可将海带、海草或海洋中其他生物制品及副产品,直接掺入精饲料中,定期饲喂,可成功地预防碘缺乏。②放牧牛可不定期补充碘。主要通过口服或在饮水中添加碘化合物或在妊娠后期及产后在肚皮、乳头等处涂搽碘酊,也有较好的预防效果。③补充碘时要注意剂量不能过大,摄入过多的碘会造成牛只的高碘甲状腺肿。

(三十九)锰缺乏症

锰缺乏症是由于长期饲喂锰含量过少的饲草料,在临床上以成牛不孕、犊牛先天或后天骨骼变形、生长发育缓慢等为主征的一种地方病。

【治　疗】 ①牛在低锰草地放牧时，应口服硫酸锰，或将硫酸锰制成舔砖，让牛只自由舔食。②牛患有锰缺乏症时，常把锰盐或锰的氧化物按 20～30 毫克/千克的剂量掺入到矿物质补充剂中，或掺入粉碎的日粮内。

(四十)锌缺乏症

锌缺乏症是由于牛群长期采食的饲草料锌含量过少，导致生长发育缓慢或停滞、皮肤角化不全、骨骼异常或变形、繁殖性能障碍，创伤愈合延迟等的一种微量元素缺乏症。

【治　疗】 ①一旦出现本病，应迅速调整饲料锌含量，并肌内注射锌制剂(剂量为每周 1 克)或口服硫酸锌或氧化锌(剂量为每日 2 克)，连续 10 天，补锌后食欲迅速恢复，3～5 周内皮肤症状消失，使用锌制剂的同时，配合应用维生素 A 效果更好。②也可用锌和铁粉混合制成的缓释丸，投服在前胃内，让其缓慢释放锌，供机体利用。

【预　防】 对放牧或饲养在锌缺乏地带的奶牛群，平时要严格控制饲草料中钙含量(0.5%～0.6%)，并在饲草料中添加硫酸锌 25～50 毫克/千克饲料。在饲喂新鲜青绿牧草时，适量添加一些大豆油，对预防和治疗锌缺乏症都有较好的效果。

(四十一)硒缺乏症

又名白肌病、犊牛硒反应性衰弱病。本病是由于牛群长期饲喂缺硒的饲草料，临床上以营养性肌萎缩、生长缓慢以及成年母牛繁殖障碍等为主征的地方性微量元素缺乏症。

【治　疗】 定期肌内注射亚硒酸钠注射液，剂量为 3 毫克/50 千克体重，或经口投服亚硒酸钠液 10 毫克/50 千克体重，间隔 2～3 天再投服 1 次。也可配合应用维生素 E 注射液，剂量为 150 毫克/50 千克体重，皮下注射，连用 3～5 天。

【预　防】 ①在缺硒地区，应在饲料中补加含硒和维生素 E

的饲料添加剂。②尽可能采用硒和维生素E较丰富的饲料喂牛，如小麦、麸皮含硒较高，种子的胚乳中含维生素E较多。

(四十二)维生素B_{12}缺乏症

因饲草料缺乏钴，以及维生素B_{12}合成受到阻碍，临床表现以厌食、异嗜、营养不良、消瘦、贫血等为主要特征。属于慢性营养代谢病。犊牛比成牛病重，高产奶牛易发病，发病季节在早春至初夏。

【治　疗】 ①补钴是主要手段，常用口服钴盐制剂，配合肌内注射维生素B_{12}效果更好，但不主张钴针注射。氧化钴、硫酸钴、硝酸钴添加剂，连用30～45天。②重症病牛，肌内注射维生素B_{12}和右旋糖酐铁合剂每3日1次。

【预　防】 ①调整日粮组成，添加复合维生素饲料添加剂，补充富含B族维生素的全价饲料或糠麸及青绿饲料。B族维生素在青绿饲料、酵母、麸皮、米糠及发芽的种子中含量最高。预防本病可向饲料中直接添加钴盐，也可对土壤采取增钴措施。饲料中钴含量应在6～7毫克/千克饲料。如低于此水平，可将钴添加于饲盐或矿物质混合料中，用量为每日0.3～1毫克；或在舔砖中添加钴。也可饮水添加。②对土壤采取增钴措施。缺钴草地，每年按300～375克硫酸钴/千米^2，喷洒草地1～2次，可改善植物含钴量。

(四十三)维生素A缺乏症

维生素A缺乏是由于日粮中维生素A及其前体物——胡萝卜素含量不足或缺乏所引起的一种慢性营养代谢病。在临床上以病牛嗜睡、消瘦、贫血、骨质疏松、运动失调、水肿和繁殖障碍为特征。

【治　疗】 当牛群发生本病初期，全牛场立即调整饲草料，供应富含维生素A或胡萝卜素的新鲜青草、胡萝卜多汁饲料、优质干草和维生素A强化饲料，同时对病牛从速应用维生素A制剂，剂量按正常需要量（30～40单位/千克体重）的10～20倍，即300～400单位/千克体重，肌内注射，每日1次或2～3日1次，连用7天为1个疗程。也可应用维生素AD注射液5～10毫升，肌内注射，每日1次，连用7天。

【预 防】 ①做好全年饲草料贮备工作，备足富含维生素A和胡萝卜素的饲草料，如苜蓿、优质干草和多汁饲料胡萝卜等。奶牛体重在500千克、时处5～6月份，饲喂的青绿饲草每日不能少于3～4千克。冬季胡萝卜素奇缺时，务必补饲维生素A添加剂或鱼肝油制剂。②加强犊牛和育成牛群的饲养，对初生犊牛及时供应初乳，保证足够的喂乳量和哺乳期，不要过早断奶。在饲喂代乳品时，要保证质量和足够的维生素A含量。提供良好的环境条件，防止牛舍潮湿拥挤，保证通风、清洁、干燥和阳光充足。运动场地要宽敞，任牛只自由活动。

（四十四）维生素D缺乏症

因牛自身皮肤或日粮草料受日光照射不足所致。临床症状以食欲不振、生长发育缓慢和骨骼营养不良为主征。

【治 疗】 ①补充母牛维生素D的需要量，确保冬季牛舍有足够日光照射和摄入经太阳晒过的青干草。饲料中补加鱼肝油或经紫外线照射过的酵母，饲喂配合饲料。②犊牛或小育成牛可肌内注射维生素D_2、维生素D_3或维丁胶性钙，剂量为2.5万～5万单位。也可肌内注射维生素AD注射液。③浓缩鱼肝油每日混于奶中喂给。钙制剂一般与维生素D配合应用，磷酸钙或乳酸钙内服。也有很好的疗效。

【预 防】 首先要调整日粮中维生素添加剂比例，选用优质产品。将牛置于阳光充足、温暖的牛舍，适当进行舍外运动。

（四十五）维生素E缺乏症

因牛群饲喂青绿饲料过少，尤其是接近成熟的青绿饲料少，导致维生素E缺乏症。临床症状以肌肉营养不良和肝营养性坏死为主征。

【治　疗】 肌内注射维生素E制剂(醋酸生育酚),剂量为每日750～1000毫克,2～3日1次,连用3次。

【预　防】 注意给犊牛饲喂青绿饲料,种子的胚乳中含维生素E较多,尽量饲喂。

(四十六)乳房炎

乳房炎是奶牛最常见的疾病。分临床型和隐性型。前者产奶量低而且还得废弃。后者隐性乳房炎流行广,是前者的15～40倍。产奶量降低4%～10%。奶的品质大大降低,乳糖、乳脂、乳钙也减少,乳蛋白升高、变性,钠和氯增多。隐性乳房炎也是临床型乳房炎发生的基础,其发生率是健康牛的2～3倍。牛场因乳房炎造成的经济损失巨大,难以估计。

【治　疗】

(1)注入法　方法是将药液稀释成一定的容量,通过乳头管直接注入乳池,可以在局部保持较高浓度,达到治疗目的。但要注意消毒。注入后,按乳头池向乳腺池再到腺泡腺管系顺序轻度向上按摩挤压,迫使药液渐次上升并扩散到腺管、腺泡。每日注入1～2次,连用3～5天。常用的有抗生素类和中药制剂等,也可用市售成药,如乳炎清、乳炎灵等。中药制剂如双丁注射液,由蒲公英、紫花地丁、赤芍、连翘组成。

(2)辅助治疗　①局部冷敷。乳房高度肿胀热痛时,可冷敷、冰敷、冷淋浴以缓解局部症状。②药物外敷。也可缓解肿胀和疼痛,如中药糊剂、鱼石脂软膏,樟脑油膏等。③乳房基底封闭。即将0.25%或0.5%盐酸普鲁卡因注射液加入适量青霉素或其他抗生素注入发炎乳区基底结缔组织中并用2%普鲁卡因注射液进行股神经封闭,对浆液性乳房炎有一定疗效。④增加挤奶次数,可促使乳腺中病原体及其毒素、变质乳汁的排出,减少炎性物对乳腺的刺激。

(3)全身治疗　严重者隔离,全身用抗生素治疗,奶废弃。

【预　防】

(1)搞好环境和牛体卫生　可减少病菌的存在和感染可能，如运动场平整、排水畅通、干燥，经常刷拭牛体，保持乳房清洁等。

(2)搞好挤奶卫生，提倡正确的挤奶方法　擦洗乳房用毛巾和水桶要保持干净，定期消毒。机器挤奶时，要保持负压正常和防止空吸，保护乳头管黏膜。挤奶杯要及时消毒。定期检查机器和挤奶杯，及时维修、更换。

(3)乳头药浴是防治隐性乳房炎行之有效的方法　在奶牛业发达的国家已成为常规。据试验，挤奶前后都药浴，比仅在挤奶后药浴效果更好。浸泡乳头的药液，常用的有碘甘油、洗必泰、次氯酸钠、新洁尔灭等。乳头药浴需每次挤完奶后进行，长期使用才能见效。但我国北方冬季寒冷干燥，药浴后常引起乳头皮肤皲裂，故冬季用0.3%～0.5%碘甘油效果最好。

(4)乳头保护膜　乳房炎的主要感染途径是乳头管，挤奶后将乳头管口封闭，防止病原菌侵入，也是预防乳房炎的一个途径。乳头保护膜是一种丙烯溶液，浸润乳头后，溶液干燥，在乳头皮肤上形成一层薄膜，徒手不易撕掉，用温水洗擦才能除去。保护膜通气性好，对皮肤没有刺激性；不仅能保护乳头管不被病原体侵入，对乳头表皮附着的病原菌还有固定和杀灭作用。

(5)添加清热解毒等中药添加剂　如芸薹子(即油菜籽)有破坏细菌细胞壁某些酶的活性和促进白细胞吞噬作用的能力，对隐性乳房炎有一定疗效。按牛体重大小，生芸薹子适量(精饲料量的3%左右)，拌于精饲料内自食，隔日1剂，3剂为1个疗程，效果优于青、链霉素乳头注入。

(6)干奶期预防　干奶期预防主要是向乳房内注入长效抗菌药物，杀灭已侵入和以后侵入的病原体，有效期可达4～8周。现市售有多种干奶药。干奶后10日内和预产期前10日，每日1～2次乳头药浴。干奶后使用乳头保护膜，都有预防效果。

（四十七）乳房水肿

又名乳房浆液性水肿。是由乳房、后躯静脉循环障碍及乳房淋巴循环障碍所致的乳房明显肿胀。临床特征是肿胀的乳房无热、无痛、按压有凹陷。

【治　疗】 ①轻症往往可以自愈，不需治疗。对一般病例，适当加强运动，营养负平衡者增加精料和多汁饲料，适量减少饮水，增加挤奶次数即可。②长期或严重病例，对产后未孕者，中药治疗可收良效，如市售奶牛“奇消乳肿散”对此病有明显疗效，每日1剂，连用2剂。③也可用10％～20％硫酸镁溶液温敷水肿部等。④西药可用强心利尿剂，或静脉注射少量钙剂及高浓度葡萄糖，并配合抗生素。但不得“乱刺”皮肤放液。

【预　防】 ①加强妊娠后期牛饲养管理，严格控制精饲料和食盐的用量，加强运动，保证充足的干草采食量。②积极治疗原发病。

（四十八）乳头管乳池狭窄

是奶牛乳头常见病，多为后天造成。其临床特征是挤奶异常或挤不出奶。

【治　疗】 尚无好的疗法或难于根治。①闭锁时，每次挤奶前用导乳针捅开闭锁部，向外导奶。奶自然流出或加以挤奶；然后用乳头棉条（市场有售）蘸抗生素经乳头管插入闭锁部位，防止再次堵塞，但要注意乳头棉条要系一根缝合线留一头在外，防止乳头棉条进入乳池而无法取出。②可行手术扩张闭锁部并希望使之持久开通。手术在麻醉下进行。采用改进的手术方法，将乳头乳池的结节状病变剪除，效果较好，复发率低。器械为改制的锐匙、半圆形铲、枪式麦粒头剪及枪式麦粒头钳。先用导乳管通入乳头管，探诊病变部位。左手捏住病变部位，右手持枪式麦粒头剪经乳头管轻轻送至病变部，在左手指感觉指引下，逐次剪下硬结块，再用枪式麦粒头钳夹出。最后用改制的锐匙搔扒和修整创面，至感觉不到硬结且挤奶通畅为止。

【预　防】 ①调好挤奶机，防止空挤和挤奶过度。②发现早期乳头炎，及时用抗生素治疗，防止转为慢性增生。

（四十九）血　乳

乳房受外力作用，致使输乳管、腺泡及其周围组织血管破裂，血液进入乳汁。外观呈淡红色或血红色。为奶牛常见病。

【治　疗】 ①乳牛产后血乳不需治疗，1～2日即可自愈。②超过2日的，可给以冷敷或冷淋浴，但不可按摩。③乳房内打入过滤灭菌的空气，可使腺泡腺管充气，压迫血管止血。也可使用止血药。④可以小心、少量地挤奶。停给精饲料及多汁饲料，减少食盐及饮水。⑤对乳房较长期出现血乳，而用止血药无效时，可试用中药治疗。

【预　防】 产房、运动场地面要平整，不能有可能损伤乳房的凸起物等，也不能太滑。防止牛摔倒损伤。

（五十）乳头状瘤

又名“疣”。由牛乳头状瘤病毒引起的体表皮肤或黏膜的慢性增生。奶牛以乳头上最为常见，为良性瘤。

【治　疗】 涂以5%碘酊，很快痊愈。

【预　防】 ①本病通过伤口感染，避免外伤是关键。②多发地区，可试用自身疫苗免疫。

（五十一）酒精阳性乳

是指与68%～70%酒精发生凝结现象乳的总称。分高酸度和低酸度两种。

高酸度酒精阳性乳：指乳的滴定酸度增高（0.2以上），与70%酒精凝固的乳。挤奶过程消毒不严、环境卫生不良、保管运输不当以及未及时冷却等，使细菌混入繁殖生长，乳糖分解乳酸，乳酸升高，蛋白变性所致。

低酸度酒精阳性乳：指乳的滴定酸度正常(0.1～0.18)，乳酸含量不高，与70%酒精发生凝固的乳。这种乳在欧洲、前苏联和日本普遍发生。据日本资料，酒精阳性乳可占总乳量的5%～12%。

多年来，酒精试验已成为乳品厂收购奶时所惯用的监测牛奶质量的方法，常用来作为评定牛奶酸度变化的依据。凡属酒精阳性乳多按不合格处理，致使大批牛奶被废弃。

【治　疗】 低酸度酒精阳性乳发生率高的牛场，主要应从改善饲养管理着手进行纠正，也可服用下列药物进行治疗。①饲料中添加三代磷酸钙[$Ca_3(PO_4)_2$]，用量为精饲料的3%～5%，每日1次，但不得用碳酸钙或酸性磷酸钙代替。②服用碘制剂或甲状腺制剂，增强乳腺功能，可使阳性乳较快恢复至阴性。碘化钾每日10克，连用2天。③因喂料过多而产生阳性乳时，可适当服用磷酸盐或柠檬酸盐，使之与钙离子结合，有一定效果。④对因病而影响乳的酸度时，及时治愈疾病，即可纠正。

低酸度酒精阳性乳不是乳房炎乳，不必丢弃，可做他用。

【预　防】 低酸度酒精阳性乳主要是由于饲养不当，青贮品质不佳、青饲料不足、饲料中钙量过多，或管理不当引起的。因此，加强饲养管理，减少应激因素，合理调配饲料是最主要的预防手段。

(五十二)流　产

又名妊娠中断。由于各种原因的作用，使胎儿和母体之间的正常关系遭到破坏，致使胎儿早期死亡或从子宫排出。

【治　疗】 首先应确定属于何种流产以及妊娠能否继续进行，在此基础上再确定治疗原则。

(1)对先兆流产的处理　临床上出现孕牛阴门肿胀、流黏液、腹痛、起卧不安、呼吸脉搏加快等现象，可能流产。处理的原则为安胎，使用抑制子宫收缩药，但必须诊断胎儿死活，如死胎，促进其尽快排出、净化子宫;如活胎,为此可采用如下措施。

①肌内注射孕酮　每日或隔日1次,连用数次。为防止习惯性流产,也可在妊娠的一定时间,试用孕酮。

②给以镇静药　如硫酸镁等。

③禁行阴道检查　尽量控制直肠检查,以免刺激母牛。可进行牵遛,以抑制努责。

先兆流产经上述处理,病情仍未稳定下来,阴道排出物继续增多,起卧不安加剧;阴道检查,子宫颈口已经开放,胎囊已进入阴道或已破水,流产已难免,应尽快促使子宫内容物排出,以免胎儿死亡腐败后引起子宫内膜炎,影响以后受胎。如子宫颈口已经开大,可用手将胎儿拉出。子宫内放入抗生素。

(2)对于延期流产,胎儿发生干尸化或浸溶者,要取出

①先打开子宫颈　首先可使用前列腺素制剂,继之或同时应用雌激素,溶解黄体并促使子宫颈扩张。

②取出干尸或胎骨　在干尸化胎儿,由于胎儿头颈及四肢蜷缩在一起,且子宫颈开放不大,必须用一定力量或先截胎才能将胎儿取出。同时因为产道干涩,应在子宫及产道内灌入润滑剂。

在胎儿浸溶,如软组织已基本液化,须尽可能将胎骨逐块取净。分离骨骼有困难时,须根据情况先加以破坏后再取出。如治疗得早,胎儿尚未浸溶,仍呈气肿状态,可将其腹部抠破,缩小体积,然后取出。操作过程中,术者须防止自己受到感染。

③子宫处理　取出干尸化及浸溶胎儿后,因为子宫中留有胎儿的分解组织,可用消毒液冲洗子宫,并注射子宫收缩药,使液体排出。对于胎儿浸溶,因为有严重的子宫炎及全身变化,必须在子宫内放入抗生素,并须特别重视全身治疗,以免发生不良后果。子宫内投消炎药2日1次,连用3～5次。

注意流产后如有全身症状,必须进行全身治疗。另外内服加味生化汤促进生殖器官和机体恢复。

【预　防】 引起流产的原因是多种多样的,各种流产的症状

也有所不同。除个别流产在刚一出现症状时可以试行抑制以外,大多数流产一旦有所表现,往往无法阻止。尤其是群牧牛只,流产常常是成批的,损失严重。因此,在发生流产时,除了采用某些治疗方法保证母牛健康和其生殖功能以外,还应对整个牛群的情况进行详细调查分析,观察流出的胎儿及胎膜,必要时进行实验室检查,首先做出确切诊断,然后才能提出有效的具体预防措施。

(五十三)阴 道 脱

阴道壁部分或全部内翻脱离正常位置而突出于阴门之外,叫阴道脱。分不完全脱出和完全脱出。多发生在妊娠后期,病程较长,多不危及生命,为奶牛常发病。

【治　疗】

(1)阴道部分脱出　因病牛起立后能自行缩回,所以仅防止脱出部分继续增大、避免损伤及感染发炎即可。为此,可将病牛拴于前低后高的厩舍内,同时适当增加逍遥运动,减少卧下的时间;将尾拴于一侧,以免尾根刺激脱出的黏膜。给予易消化饲料;对便秘、腹泻及瘤胃弛缓等病,应及时治疗,给予中药补中益气汤内服即可。对阴道轻度脱出的孕牛注射孕酮,可能收到一定的治疗效果。为此,可每日肌内注射孕酮,至分娩前 10 日左右停止注射。

(2)阴道完全脱出　必须迅速整复,并加以固定,以防复发。整复及固定后用 1 个疗程抗生素及磺胺类药。

【预　防】 ①对妊娠母牛要注意饲养管理。舍饲奶牛应适当增加运动,提高全身组织的紧张性。②病牛要少喂容积过大的粗饲料,给予易消化的饲料。③及时防治便秘、腹泻、瘤胃臌胀等疾病,可减少本病的发生。

(五十四)阵缩努责微弱

阵缩和努责是分娩过程中的正常生理功能,分娩开始后阵缩努责力量弱,常引起胎儿排出延迟。原发性病因,多见于母牛体质不好；继发生病因，如胎儿过大、子宫颈开张不全等，都伴有子宫阵缩微弱或宫缩消失。

【治　疗】 可以根据分娩持续时间的长短、子宫颈扩张的大小、胎水是否排出或胎囊是否破裂(已经破裂的现象是胎囊皱缩)、胎儿死活等，确定何时及怎样进行助产。①如子宫颈已松软开大，特别在胎水已经排出和胎儿死亡时，应立即施行牵引术，将胎儿拉出。拉动胎儿可增强母畜的阵缩和努责。如子宫颈尚未开大或松软，且胎囊未破，胎儿还活着，就不要急于牵引。否则，强行拉出会使子宫颈受到损伤。②助产可采用先输液，后行牵引术。一般先静脉注射葡萄糖和钙剂，子宫颈开张后可行牵引术。

【预　防】 加强产前饲养管理，防止营养不良和分娩发生低钙血症；继发性的则应首先治疗原发病。

(五十五)子宫颈狭窄

在分娩过程中，由于激素分泌不足，致使子宫颈肌肉不能松弛、变软，引起不开张或开张不全，胎儿排出受阻。多见于初产母牛。

【治　疗】 ①如阵缩努责不强，胎囊未破，且胎儿还活着，宜稍等待，使子宫颈尽可能扩大，越大越容易拉出；过早拉出会使胎儿或子宫颈受到损伤。但在此期间应密切注意阵缩努责的强弱、子宫颈扩张的程度、胎囊是否破裂等，确定如何助产。子宫颈还封闭未开时，也必须等待。②药物扩张和机械扩张法扩张子宫颈。胎囊未破前，可以注射雌激素，如苯甲酸雌二醇，在牛，为了使子宫颈开大，可配合试用机械性(用手及器械)扩张等方法，然后再注射催产药等，以增强子宫的收缩力，帮助扩张。当胎囊及胎儿的一部分已进入子宫颈管时，应向子宫颈管内涂以润滑剂，再慢慢牵引胎儿。③可试用前列腺素(PG)子宫颈外口部肌内注射。有的报道在子宫颈周围注射 2%普鲁卡因，几分钟后子宫颈可望开大，但此法尚需进行验证。切开子宫颈的方法常引起大出血，不宜采用。④助产方法可根据子宫颈开张的程度、胎囊破裂与否及胎儿的死活等，选用牵引术、剖宫产及截胎术等。

【预　防】 注意不要助产太早，以免胎水流失太早，影响子宫颈扩张。

（五十六）子宫捻转

是指子宫围绕自身纵轴发生的扭转，多发生于妊娠后期或临产以前，但都在分娩发生难产时才被发现。

【治　疗】 矫正子宫的方法通常有以下几种。

（1）产道矫正　这种方法仅适用于分娩过程中发生的捻转，且捻转程度小，手能通过子宫颈握住胎儿。矫正时母牛站立保定，并前低后高。手进入子宫后，伸到胎儿的捻转侧之下，握住胎儿的某一部分，向上向对侧翻转。在活胎儿，用手指掐两眼窝的同时，向捻转的对侧扭转，这样可引起胎动，有时可使捻转得到矫正。也可使用扭正梃矫正。

（2）直肠矫正　向右捻转时将右手尽可能伸至子宫右下方，向上向左翻转，同时一个助手用肩部顶在右侧腹下向上抬，另一助手在左侧肷窝部由上向下施加压力。如果捻转程度较小，可望得到矫正。向左捻转时，操作方向相反。

（3）翻转母体　这是一种间接矫正子宫的方法，用于比较严重的捻转，有时能立即矫正成功。

翻转前，如病牛挣扎不安，可行硬膜外麻醉，或注射肌肉松弛药，使腹壁松弛；施术场地必须宽敞、平坦；病牛头下应垫以草袋。奶牛必须先将奶挤净，以免转动时乳房受伤。翻转方法有以下 3 种。

①直接翻转母体法　子宫向哪一侧捻转，使母牛卧于哪一侧。把前后肢分别捆住，并设法使后躯高于前躯。两组助手站于母畜的背侧，分别牵拉前、后肢上的绳子。准备好以后，猛然同时拉前、后肢，急速把母牛仰翻过去；与此同时，另一人把母牛的头部也转过去。由于转动迅速，子宫因胎儿重量的惯性，不随母体转动，而

恢复正常位置。翻转如果成功,可以摸到阴道前端开大,阴道皱襞消失;无效时则无变化;如果翻转方向错误,软产道会更加狭窄。因此,每翻转 1 次,须经产道进行 1 次验证,检查是否正确有效,从而确定是否继续翻转。

如果第一次未成功,可将母牛慢慢翻回原位,重新翻转。有时要经过数次,才能使子宫复原。产前很久发生的捻转,因为胎儿较小,子宫周围常有肠管包围,有时甚至由于子宫与周围组织发生粘连,翻转时子宫亦会随母体转动,不易成功。

②产道固定胎儿翻转母体法　分娩时发生的捻转,如果手能伸入子宫,最好从产道将胎儿的一条腿弯起来抓住,这样可把它牢牢固定住,避免翻转母体时子宫随着转动,矫正就更加容易。

③腹壁加压翻转法　操作方法和直接翻转母体法基本相同。但另用一长约 3 米、宽 2～2.5 米的木板,将其中部置于牛腹胁部最突出的部位上,一端着地,术者站立或蹲于着地的一端上。然后将母牛慢慢向对侧仰翻,同时另由一人翻转其头部;翻转时助手尚可从另一端帮助固定木板,防止它滑向腹部后方不能压住子宫及胎儿。翻转后同样进行产道或直肠检查。第一次不成功,可重新翻转。

拉出胎儿后,有时发现捻转处的组织有破口或出血。因而,术后应仔细触诊产道,如有异常,应及时处理。

(4)剖腹矫正或剖宫产　应用上述方法如达不到目的,可以剖腹,在腹腔内矫正;矫正不成功则行剖宫产。

【预　防】　加强饲养管理。防止牛发生急性体位变化。

(五十七)产后瘫痪

又名乳热症、分娩低钙血症。临床表现:兴奋、痉挛、运动麻痹、感觉丧失、体温降低、低钙血症。

【治　疗】　静脉注射钙剂或乳房送风是治疗生产瘫痪最有效的惯用疗法,治疗越早,疗效越高。

(1)静脉注射钙剂　①静脉注射10%葡萄糖酸钙注射液，最常用。②硼葡萄糖酸钙溶液(制备葡萄糖酸钙溶液时，按溶液数量的4%加入硼酸，这样可以提高葡萄糖酸钙的溶解度和溶液的稳定性，高浓度的葡萄糖酸钙溶液对此病的疗效更好)。③5%氯化钙注射液，一般与其他钙剂配合使用。

注射后6～12小时病牛如无反应，可重复注射。

其他配合药物：25%葡萄糖，复方氯化钠，10%维生素C，10%安钠咖等。注射时速度要慢，并密切监视心脏情况。

(2)乳房送风疗法(向乳房内打入空气)　至今仍然是治疗牛产后瘫痪有效和最简便的疗法，特别适用于应急及对钙疗法反应不佳或复发的病例。其缺点是技术不熟练或消毒不严时，可引起乳腺损伤和感染。

乳房送风疗法的机制是在打入空气后，乳房内的压力随即上升，乳房的血管受到压迫，因之流入乳房的血液减少，随血流进入初乳而丧失的钙也减少，血钙水平(也包括血磷)得以增高。与此同时，全身血压也升高，可以消除脑的缺氧、缺血状态，使其调节血钙平衡的功能得以恢复。另外，向乳房打入空气后，乳腺的神经末梢受到刺激并传至大脑，可提高脑的兴奋性，解除其抑制状态。但应注意消毒措施，防止发生乳房炎。

【预　防】 ①干奶期饲喂低钙高磷饲料：许多试验研究证明，在干奶期中，最迟从产前2周开始，给母牛饲喂低钙高磷饲料，减少从日粮中摄取的钙量，是预防产后瘫痪的一种有效方法。这样可以激活甲状旁腺的功能，促进甲状旁腺素的分泌，从而提高吸收钙及动用骨钙的能力。为此在干奶期间，可将每头奶牛每日摄入的钙量限制在100克以下，增加谷物精饲料的数量，减少饲喂豆科植物干草及豆饼等，使摄入的钙、磷比例保持在1.5∶1至1∶1之间。分娩之前及以后，立即将摄入的钙量增加到每日每头125克以上。干奶期中，最迟从产前2周开始，减少富含蛋白质的饲料；用健胃中药，促进母牛消化功能，避免发生便秘或腹泻等疾病；对于防止生产瘫痪的发生都有一定的作用。②高产奶牛，产后立即静脉注射葡萄糖酸钙注射液。③应用维生素 D 制剂预防产后瘫痪。④产后不立即挤奶及产后 3 日之内不将初乳挤净等。⑤分娩后立即饮 1 桶温麸皮糖盐水汤。⑥产前 4 周到产后 1 周，每天在饲料中添加 30 克氧化镁，可以防止血钙降低时出现的抽搐症状。

（五十八）胎衣不下

又名胎衣停滞。指母牛产出胎犊后，在一定时间内，胎衣不能脱落而滞留于子宫内。根据 479 头奶牛产后胎衣脱落时间的统计，10 小时内脱落者占 95%以上，故可以认为超过此时间的为胎衣不下。胎衣不下以老龄而高产牛多发，夏季比冬、春季多发。其发病率在 12%～18%。虽不致引起死亡，但使产奶量降低，也是子宫内膜炎发生的主要原因，并招致屡配不孕。

【治　疗】 对部分不下，子宫内投药，防止发炎，一般 2 日 1 次，连用 3～5 天。对全部不下的应尽早治疗。

治疗胎衣不下的方法很多，概括起来可以分为药物疗法和手术疗法两大类。对牛的胎衣不下，首先可采用药物治疗；无效时应用手术剥离的方法，也有人只主张采用药物疗法。

(1)药物疗法　牛产后经过 12 小时，如胎衣仍不排出，即应根据情况选用下列方法进行治疗。

①内服中药　可用母牛排衣散，益母生化散等，每日 1 剂，连用 2 剂。

根据中医辨证施治，胎衣不下为里虚证，属于气虚血亏、气血运行不畅，胞宫活力减弱。治则补气养血为主，佐以温经、行滞、祛瘀药物；如加味生化汤等。

②促进子宫收缩　肌内或皮下注射催产素，2 小时后可重复注射 1 次。催产素需早用，牛最好在产后 12 小时以内注射，超过 24～48 小时，效果不佳。此外，尚可应用麦角新碱，皮下注射。灌服羊水，也可引起子宫收缩，促使胎衣排出。

③促进胎儿胎盘与母体胎盘分离　在牛子宫内注入5%盐水，可促使胎儿胎盘缩小，与母体胎盘分离；高渗盐水还有促进子宫收缩的作用。但注入后须注意使盐水尽可能完全排出。

④防止胎衣腐败及子宫感染　等待胎衣排出时，可在子宫黏膜与胎衣之间放置粉剂土霉素或四环素，隔日1次，共用2～3次，效果良好。也可应用其他抗生素（青霉素、链霉素）或磺胺类药物。子宫内治疗可同时肌内注射催产素。

（2）手术疗法　即剥离胎衣。剥离胎衣时，容易剥离就坚持剥，否则不可强行剥离，以免损伤子宫，引起感染；尽可能将胎衣完全剥净，体温升高严重的病牛（40℃以上），说明子宫已有炎症，决定剥离应慎重，以免炎症扩散，加重病情。

胎衣剥离完毕后，子宫内要放置抗生素等消炎药物，如露它净等，隔日1次，连用3～5次，防止子宫感染。手术剥离后数日内，要注意检查病牛有无子宫炎及全身情况。一旦发现变化，要及时全身应用抗生素治疗。

胎衣不下的牛治愈后，配种可推迟1～2个发情周期，使子宫能有足够的时间恢复。

【预　防】　①妊娠母牛要饲喂含钙及维生素丰富的饲料；舍饲牛要适当增加运动时间，产前1周减少精饲料；补充维生素A、维生素D和微量元素。②分娩后让母牛自己舔干犊牛身上的黏液，尽可能灌服羊水，并尽早让犊牛吮乳或挤奶。分娩后立即注射葡萄糖酸钙注射液或饮益母草、当归煎剂或水浸液，亦有防止胎衣不下的效用。③如有条件的，分娩后注射催产素或内服中药产后康、生化汤等，可降低胎衣不下的发病率。

（五十九）子宫脱

母牛分娩后，子宫内翻脱出阴门外叫子宫脱。是奶牛常见病。病程急剧，救治不及时，常引起母牛死亡。

【治　疗】　子宫脱出，必须及早施行手术整复。脱出的时间愈长，整复愈困难，所受外界刺激愈严重，康复后的不妊率亦愈高。不能整复时，须进行子宫切除术。

【预　防】 ①加强妊娠期饲养管理；合理助产。②加强产后牛监控，发现努责等现象，及时检查处理。

（六十）子宫复位不全

又名子宫弛缓。是指分娩后子宫恢复至未孕状态的时间延长。母牛产后通常正常复位时间约40天。

【治　疗】 ①可注射催产素、雌激素、麦角制剂等。②用40℃盐水（或其他温防腐液）冲洗子宫，促进子宫收缩；所用冲洗液的数量可根据子宫大小确定，但不可过多；注入冲洗液时不可施加压力，以免冲洗液通过输卵管进入腹腔。③每次治疗，反复冲洗2～3次，待冲洗液完全排出后，在子宫内注入或放置抗生素。④中药益母生化散、西药律胎素等对此病有较好疗效。

【预　防】 ①难产经历时间久的病牛，排出胎儿后要应用促进子宫收缩的药物。②母牛正常产后子宫复位时间为1个月左右，故至产后1个月时应进行常规直肠检查，查明子宫复位情况。如复位不全，应及时治疗。子宫复位不全的病牛，要推迟1～2个发情周期配种。

（六十一）子宫内膜炎

子宫内膜炎是牛场最常见的疾病之一，也是不妊的主要原因。配种、助产和治疗产科疾病时消毒不严、处理不当，是本病发生的直接原因，母牛患布鲁氏菌病，也可继发感染。

【治　疗】 慢性子宫内膜炎的治疗在于恢复子宫的张力，增加子宫的血液供给，促进子宫内积聚的液体排出和抑制或消除子宫的感染。

第一，对隐性子宫内膜炎，一般不冲洗，发情时注入庆大霉素、青霉素、链霉素或促孕灌注液，可以提高受胎率。

第二，对慢性卡他性子宫内膜炎，用新宫得康1支/次、宫安清栓1枚/次（塞入或加热注射用水化开注入）或中药制剂子宫促孕灌注液，用直肠把握法投入子宫。对慢性脓性子宫内膜炎，一般建议应用碘仿磺胺＋液状石蜡或16%露它净1支（4毫升）加100毫升注射用水投入子宫。2日1次，连用3次为1个疗程。

第三，激素疗法。对子宫蓄脓或子宫积液的病例，首先应采用前列腺素制剂消除黄体的作用，便于子宫内容物排出；如一次无效，可第二次用药。

第四，慢性子宫内膜炎病牛如有全身症状，应采用抗生素及磺胺类药进行全身治疗。对患病已久、身体衰弱的病牛，可以静脉注射5%氯化钙注射液。钙剂具有全身壮补作用，可以兴奋肌肉和神经，增强子宫张力，促进子宫收缩。但用量切勿过大，注射切勿过快。

【预　防】 ①一般通过防治引起子宫内膜炎的传染病、产科病。②加强饲养管理、加快产后子宫复位、搞好卫生等措施来预防。

（六十二）卵巢功能不全

卵巢受不良因素的影响致使功能发生紊乱的一种临床症状。卵巢处于静止状态，不出现（周期）性活动；母牛表现发情，但排卵延迟或不排卵；卵泡发育正常，排卵能受胎，但不表现发情，称为安静发情。饲养管理不当，母牛年老瘦弱，或患有其他疾病，都可引发本病。

【治　疗】 首先必须了解母牛的全身状况及其生活条件，进行全面分析，找出主要原因，并按照具体情况，采取适当的措施，治疗才能取得满意的效果。

（1）改善饲养管理　注意日粮营养平衡，增加日粮中的蛋白质、维生素和矿物质的数量，增加放牧和日照时间，保证足够的运动。对患生殖器官或其他疾病（全身性疾病、传染病及寄生虫病）而伴发卵巢功能减退的母牛，须治疗原发病才能收效。

(2)利用公牛催情　公牛对于母牛的生殖功能是一种天然的刺激。在公牛的影响下，可以促进母牛发情或者使发情的征候增强，而且可以加速排卵。为此，可以在不妊牛群中放养1头公牛，作为催情之用。

(3)中药中医疗法

①中药内服　催情促孕散、促孕一剂灵、促孕升情（包头市瑞普大地产）等，每日1剂，3剂为1个疗程，用1～3个疗程。

②子宫内灌注　促孕灌注液，每日1次，1～2次为1个疗程。

③中医针灸　电针疗法治疗卵巢疾病，通常取肾俞穴。

(4)激素疗法

①促卵泡素(FSH)　每日或隔日1次。每注射1次后须做检查，如无效可连续应用2～3次，直至出现发情征象为止。

②血促性素(eCG)　隔1～2日重复1次。在牛，重复应用有时可能产生过敏反应，应加注意。

③雌激素或三合激素　这类药品对中枢神经及生殖道有直接兴奋作用，可以引起母牛表现明显的发情征象，但对卵巢无刺激作用，不能引起卵泡发育及排卵。

应当注意，在牛剂量过大或长期应用雌激素可以引起卵巢囊肿或慕雄狂，有时可以引起卵巢萎缩和发情周期停止，甚至使骨盆韧带及其周围组织松弛而导致阴道或直肠脱出。

(5)刺激生殖器官　按摩卵巢及子宫。由于这些方法简便，因此在没有条件采用其他方法时可以试用或辅助。通过直肠按摩卵巢及子宫，2日1次，3～5次可见效。

(6)维生素A疗法　10日1次，连用3次。

【预　防】 改善饲养管理。

(六十三)卵巢囊肿

因卵泡上皮发生变性，卵泡壁结缔组织增生、变厚，卵细胞死亡，卵泡液未被吸收或增多，使卵泡腔增大，形成卵巢囊肿。由于囊肿形成，牛的正常性周期破坏，表现出发情频繁或发情持续，配种不孕。

【治　疗】

(1)改善饲养管理条件　如不改善饲养管理方法，即使治愈之后，也易复发。对于舍饲的高产奶牛，可以增加运动，减少挤奶量。

(2)中药疗法　可用大七气汤（破血祛瘀、促进消散）：三棱、莪术、香附、藿香各30克，青皮、陈皮、桔梗、益智仁各25克，肉桂、甘草各15克。共为末，温开水一次冲服。每日1剂内服，3剂为1个疗程，可用1～3个疗程。

(3)激素疗法　应用激素治疗卵巢囊肿，主要是直接促使囊肿黄体化。现将效果比较可靠的几种疗法介绍于下。

①促黄体素(LH)制剂　常用于治疗卵巢囊肿的外源性促黄体素是人绒毛膜促性腺激素(hCG)及促黄体素，肌内注射。促黄体素是蛋白质激素，给病牛重复注射可引起过敏反应；而且应用多次之后，由于产生抗体而疗效降低，使用时应当注意。

②促性腺激素释放激素(GnRH)类似物　每千克体重5～10微克，肌内或静脉注射。

③前列腺素F_{2a}及其类似物　前列腺素F_{2a}对卵巢囊肿无直接治疗作用，而是继促性腺激素释放激素类似物之后应用可以提高效果，缩短从治疗至第一次发情的间隔时间。应用促性腺激素释放激素类似物后第九天再注射前列腺素F_{2a}，病牛的发情时间可从18～23天缩短至12天左右。

(4)手术疗法　包括挤破（牛）或穿刺囊肿及摘除囊肿。基层兽医较常用。

【预　防】　加强饲养管理，特别注意补充维生素A。

(六十四)持久黄体

又名黄体滞留、永久黄体。是指在分娩后或性周期排卵后，妊娠黄体或发情性周期黄体及其功能长期存在而不消失。特征是性周期停止，母牛不发情。本病常有发生。

【治　疗】 首先也应从改善饲养、管理，才能收到良好效果。前列腺素 $F_{2\alpha}$ 及其合成的类似物，是疗效确实的溶黄体剂，对患牛应用之后绝大多数可望于 3～5 天之内发情，有些配种后也能受胎。

【预　防】 加强饲养管理，及时防止子宫炎等疾病。

(六十五)不 妊 症

为奶牛常发病。由于不妊，母牛不能按期发情、配种，造成产期推迟、延长产犊间隔。有的牛长期不妊，最后被迫淘汰。

不妊症不是一种病，而是各种因素作用于机体的一种综合表现。一旦发生不妊，临床上也无特效药物治疗，故综合防治极为重要。

【治　疗】 是一大类疾病，根据具体病治疗。重在预防。

【预　防】 ①加强饲养管理，全价饲养，科学养牛。②建立完整的繁殖档案，加强发情监控，配种规范、卫生。③防治围产期产科疾病，如胎衣不下、难产等。④积极防治传染病与侵袭病。⑤不要滥用激素类药。⑥合理治疗子宫疾病，特别是子宫炎。⑦加强母牛产后监控，包括全身及生殖器官，定期检查。⑧加快产后子宫复位，有中药法、补钙法、激素法等。⑨及时淘汰没有治愈希望的母牛，防止扩散病原。

(六十六)蹄 变 形

指蹄的形状发生改变，影响生理功能。随着产奶量的提高蹄变形发生增多。当严重蹄变形时，可引发蹄病、四肢姿势异常。经对 443 头淘汰牛统计，因蹄变形、蹄病淘汰的占 22.5%。

【治　疗】 治疗方法是及时修蹄，剪掉多余部分，砂轮打磨成型。

【预　防】 ①配合日粮，充分重视蛋白质和矿物质的供应，并根据体况，随时加以调整。②加强管理，定期修蹄，每年修蹄1～2次。

(六十七)腐蹄病

又名传染性蹄皮炎、指(趾)间蜂窝织炎。为趾间皮肤及其深部组织的急性和亚急性炎症。表现蹄皮坏死、化脓，常伴发蹄冠、系部、球节炎症，还显跛行。各种牛都发本病，且发病率较高，占跛行的40%～60%。炎热潮湿季节比冬春干旱季节发病多；后肢多于前肢，成年高产牛更易发。

【治　疗】 ①当病牛体温升高、全身症状严重时，使用抗生素如青霉素、先锋霉素等治疗，肌内注射。②用高锰酸钾细粉和凡士林拌匀，做成软膏，蹄患部清洗后涂抹，打蹄绷带。③前肢抢风穴，后肢跖侧肌沟用镇跛敏或普鲁卡因青霉素封闭，每日1～2次。

【预　防】 定期蹄浴，用10%硫酸铜或10%硫酸锌溶液蹄浴，每周1次，可交替使用。

(六十八)蹄糜烂

指蹄底和球负面角质的糜烂。常因深部组织继发感染而呈现跛行。经统计，本病占蹄病总发生率的7%。

【治　疗】 将病蹄清理干净，削掉不正常的角质，扩开所有潜道，涂硫酸铜，再涂松馏油，包扎。

【预　防】 早期发现肢蹄疾病和其原因，减少肢蹄疾病，实施健康肢蹄管理，减轻蹄的负担；促进健全的角质形成，整理蹄的形状(修蹄)。

(六十九)指(趾)间赘生

又名指(趾)间增生性皮炎、指(趾)间皮肤增殖。是指(趾)间皮肤慢性增殖性疾病。本病多发在2～4胎的奶牛，7胎以后较少。后蹄比前蹄多发。

【治　疗】 有炎症期间，清蹄后涂防腐剂包扎；可暂时缓解，但不能根治。根治的方法是手术切除，方法是：侧卧保定，轻度全麻配合神经传导阻滞，常规消毒，沿增生物周围将其彻底切除。不碰破大血管，出血不多，止血后撒入消炎粉，根据情况缝合或不缝合。打蹄绷带，外装防水蹄套。

【预　防】 同其他蹄病，注意及时治疗其他蹄病，防止继发慢性增生。

(七十)蹄叶炎

为蹄真皮与角小叶的弥漫性、非化脓性的渗出性炎症。症状是：蹄角质软弱、疼痛、跛行。青年牛多发，主要是散发。

【治　疗】 除去致病或促发的因素，解除疼痛；改善循环，防止蹄骨转位，并促进角质发生。

(1)控制饲料，消除病因　如果是瘤胃酸中毒引起，应以清理胃肠道为主，投轻泻药，液状石蜡、植物油等。

(2)盐酸普鲁卡因—青霉素　封闭指(趾)神经或掌(趾)神经。

(3)放血疗法　蹄头放血50～100毫升。

(4)蹄浴　最初用冷蹄浴，以后温蹄浴(舒张小动脉，减轻痉挛及应激反应)。

(5)脱敏　用可的松，静脉注射，再用抗组胺药。

(6)其他药物　保泰松(止痛)，乙酰丙嗪(降压、止痛)，生理盐水，10%葡萄糖，10%维生素C，5%碳酸氢钠，30%乌洛托品，适量，一次静脉注射。

(7)中药内服　茵陈散(走伤)加减：茵陈、当归各45克，没药35克，甘草、桔梗、红花、青皮、陈皮、紫菀、杏仁(去皮)各30克，共研为末，温开水冲调，加入植物油120毫升，调匀灌服。注意妊娠母牛慎用。

红花散(料伤)加减：神曲、当归、炒麦芽各45克，红花、没药、川厚朴、陈皮、甘草各35克，桔梗、炒枳壳各30克，共研为末，温开水冲调灌服。

【预　防】 ①根据奶牛日粮组成适当添加缓冲盐，尽量减少奶牛瘤胃 pH 值的降低。②粗饲料不要铡得太短(2.5 厘米)，注意调整精、粗料比。③尽量减少母牛站立在硬地表面上的时间。

(七十一)关节炎

为关节滑膜层的炎症。当炎症为慢性浆液性关节炎时，关节因液体积聚，称为关节积液。

【治　疗】 ①急性浆液性炎时，可用 2%利多卡因注射液适量关节腔注射；或 0.5%利多卡因青霉素关节内注射。全身注射抗生素。②关节积液过多时，药物治疗无效，可穿刺抽液，利多卡因青霉素关节内注射，包扎压迫绷带。③对慢性关节炎用理疗法，如石蜡疗法、离子导入疗法等。可的松疗法效果较好，常用氢化可的松加青霉素关节内注射，隔日 1 次，用 3～4 次。

【预　防】 注意防止牛发生损伤。

(七十二)腕前黏液囊炎

腕前黏液囊炎又称腕部水瘤。为牛常见病。主要是由于腕关节背侧表面长期而又持续的遭受机械性损伤；其次是周围组织炎症的蔓延及病原微生物的转移、侵入，如牛布鲁氏菌病、结核病等与本病有关。

在急性浆液性黏液囊炎时，局部出现局限性、波动性肿胀，肿胀呈圆形或卵圆形，增温、疼痛。当炎症转为浆液纤维蛋白性时，肿胀初呈捏粉样，随着渗出液的增多，肿胀明显，具波动感，触诊肿胀处能听到捻发音，患肢功能障碍不显著。当发展为慢性浆液性黏液囊炎时，渗出物数量显著增加，囊壁紧张，渗出物大量积聚，腕前部出现如皮球大的隆起。当为纤维蛋白性时，囊壁因结缔组织增生而肥厚，肿胀变得硬固。触诊时疼痛，患肢出现跛行。穿刺时滑液透明，含有絮状纤维素等。由于黏液囊体积过于增大，在运动时皮肤经常遭受机械性刺激而发生硬化或角化。当感染时，也可能形成脓肿。

【治　疗】 ①发病初期或非化脓者，全身抗生素治疗。局部用庆大霉素黏液囊内注射，每日1次，处理3～5次。②化脓性的，按脓肿处理，在其下部穿刺，抽出脓液，然后用消毒防腐液反复冲洗，最后注入2%碘甘油，每2～3日处理1次，至痊愈。

【预　防】 牛运动场等牛卧的地方不能做成硬地，如砖地或水泥地，最好能有卧床。垫料沙子不能有太多的石子等突起物。

（七十三）氢氰酸中毒

氢氰酸中毒因牛采食或饲喂富含氰苷的植物如红三叶草、玉米苗、高粱苗等引起。临床表现：黏膜鲜红色、呼吸困难、全身震颤、痉挛和突死等。

【治　疗】 病牛应尽早应用特效解毒药，同时配合以排毒与对症、支持疗法。首选亚硝酸钠或大剂量美蓝与硫代硫酸钠进行特效配伍解毒：将亚硝酸钠溶解于5%葡萄糖注射液中并配成1%的亚硝酸注射液，静脉注射，随后再注射5%～10%硫代硫酸钠注射液；也可静脉注射1%～2%美蓝注射液。

【预　防】 对生长含有氰苷的植物较多的草场，尤其是处于萌发新嫩叶芽季节，以及收割后高粱、玉米等再生苗生长的耕地上严禁放牧。

对可疑含有氰苷的青嫩牧草或饲料，宜经过流水浸渍24小时以上，或漂洗加工后再用作饲草或饲料。当用亚麻籽饼作饲料时，必须经过煮沸加工工序后才能饲喂。

（七十四）硝酸盐和亚硝酸盐中毒

因采食了富含硝酸盐饲草或饲料引起。临床上以黏膜发绀、呼吸困难等急性贫血性缺氧为主要特征。

【治　疗】 发现中毒后，要立即使用特效解毒剂，常用的有美蓝、甲苯胺蓝。同时，配合应用维生素C和高渗葡萄糖注射液。

美蓝(亚甲蓝)是一种氧化还原剂，小剂量为还原剂，能迅速地将高铁血红蛋白还原为血红蛋白，大剂量美蓝为氧化剂，可使血红蛋白氧化成高铁血红蛋白，故使用时不可过量。甲苯胺蓝作用机制同美蓝，疗效比美蓝高，还原高铁血红蛋白的速度比美蓝快37%，且无副作用。可配成5%溶液，静脉或肌内注射。维生素C也具有使高铁血红蛋白还原成氧化血红蛋白的作用，但疗效不如美蓝。葡萄糖对亚硝酸盐中毒具有较好的辅助疗效，故多主张美蓝、维生素C和葡萄糖联合应用。

【预　防】 ①控制对青饲料施氮肥，并适当施用钼肥，以减少硝酸盐的蓄积和促进硝酸盐还原为氨。②青绿饲料或作物应在抽穗期后收割。③青绿饲料最好鲜喂，拟贮存的青绿饲料，最好进行青贮，或摊开晾干保存，不要堆积发热。禁止用腐烂变质的青饲料饲喂牛。④牛喂含硝酸盐的饲料时，要控制量，并要和谷物精饲料搭配饲喂。特别对患前胃疾病的牛，更要严加控制。⑤对已经产生亚硝酸盐的青饲料，可加碳酸氢铵去毒。

(七十五)淀粉渣(浆)中毒

由于长期过量饲喂淀粉渣(浆)，因其中所含亚硫酸盐的蓄积所致中毒。症状：消化功能紊乱、跛行、瘫痪。

【治　疗】 对病牛立即停喂粉渣，并喂给优质的青绿饲料、块根类饲料以及干草。症状轻的，停喂粉渣一段时间，症状即可自行康复。对于中毒较重的牛采用对症治疗的方法。

(1)补钙、输液　为提高血钙浓度，缓解低钙血症，可用3%～5%氯化钙，或者20%葡萄糖酸钙，静脉注射，每日1～2次。

(2)解毒保肝，防止脱水，提高抵抗力　可以静脉注射25%葡萄糖液，5%糖盐水；维生素C，一次性皮下注射。

(3)防止继发感染和胃肠炎　可使用氟苯尼考等广谱抗生素类药物进行静脉注射或肌内注射。

(4)中和瘤胃酸度　防止瘤胃 pH 值下降，可用碳酸氢钙灌服。

【预　防】 ①未经去毒处理的粉渣，严格控制粉渣的饲喂量。在饲喂过程中要充分保证优质干草的采食量。为防止中毒，最好在饲喂一段时间后停喂一段时间再喂。②日粮中补喂钙及胡萝卜素。③加强饲料调制。粗饲料如麦秸、玉米秸、干草可经碱化处理再喂，既可以增加饲料的适口性，提高采食量，又可以增加钙的补充。

(七十六)棉籽饼中毒

是由于有毒棉酚通过牛胃肠在肝、肾和心脏特别是肝脏中蓄积而发生中毒。症状：胃肠、肝、肾功能紊乱，矿物质代谢障碍。

【治　疗】 ①目前尚无特效解毒药物。发现中毒后应该立即停喂棉籽饼，增喂青绿饲料和胡萝卜，补充钙。②为了破坏尚未被吸收的棉酚，可灌服 0.3%～0.5%高锰酸钾、5%～10%碳酸氢钠溶液。③对胃肠炎尚不严重的病牛，可投服盐类泻剂，严重者可投服消炎药及收敛药，配合使用黏浆剂保护胃肠黏膜。④为了阻止渗出、改善心肌营养和加强解毒功能，可用 25%葡萄糖注射液及 10%氯化钙注射液静脉注射。注射维生素 A、维生素 C、维生素 D 有一定疗效，特别是对表现维生素 A 缺乏的病牛，更为重要。

【预　防】

(1)限制饲喂量　饲喂未经脱毒的棉籽饼，一定要严格限制其量，为了避免蓄积性中毒，应喂半个月停半个月。妊娠母牛与犊牛最好不要喂。

(2)加热减毒　榨油时最好能经过炒、蒸的过程，使游离的棉酚变为结合棉酚，生的棉籽皮、棉籽渣必须蒸煮 1 小时后再喂；棉叶必须晒干压碎，发酵后用清水洗净，再用 5%石灰水浸泡 10 小时后再喂。

(3)加铁去毒　据报道，用 1%或 2%的硫酸亚铁溶液浸泡棉籽饼，棉酚的破坏率可达 81%。

(4)合理调配日粮　日粮中的蛋白质、维生素、矿物质和青绿饲料，对预防棉籽饼中毒很有好处。

(七十七)酒糟中毒

酒糟(包括啤酒糟、高粱酒糟、玉米酒糟)质地柔软、具酒香味、适口性好，是养牛的好饲料。但也会因为长期饲喂或突然大量地饲喂而引起酒糟中毒。急性中毒病牛表现为腹痛、腹泻，心跳加快，脉搏微弱，四肢乏力，卧地不能起立，最终死于呼吸中枢麻痹。慢性中毒病牛表现为消化不良，食欲时好时差，瘤胃蠕动减弱，可视黏膜潮红或黄染等。

【治　疗】首先停喂酒糟，给予优质干草。药物治疗的原则是解除脱水、解毒、镇静，然后可针对病情采取相应措施，以消除循环障碍和呼吸衰竭等。①碳酸氢钠 50～100 克，溶解于常水 1 000～2 000 毫升中，一次性灌服，也可用 1%碳酸氢钠溶液冲洗口腔或灌肠，并肌内注射恩诺沙星注射液，每日 2 次，连用 3 天。②5%糖盐水 500～3 000 毫升，25%葡萄糖注射液 500 毫升，5%碳酸氢钠注射液 500～1 000 毫升，一次性静脉注射，必要时翌日再输注 1 次。当患牛脱水好转时，可用 10%葡萄糖酸钙注射液 500～1 000 毫升、20%葡萄糖注射液 500 毫升，一次性静脉注射，每日 1 次，连用 3 天。③有神经症状的病牛用 5%葡萄糖注射液与 20%安钠咖注射液，混合后静脉注射。④局部出现皮炎或疹块，可用明矾水或 0.1%高锰酸钾水洗净皮肤后再涂搽磺胺软膏。

【预　防】①夏季应用新鲜的酒糟喂牛，不能贮存过久，以防止发酵和酸败，用不完的酒糟应隔绝空气，并紧压在贮存窖中，冬天不能喂给牛带冰碴的酒糟。②日粮要平衡，用酒糟肥育时，开始不要多喂，逐渐增加，并与优质干草、青贮饲料搭配。喂时不可过凉或过热。随时检查酒糟质量，发现霉败的酒糟，坚决废弃，严禁饲喂，否则易引起食后呕吐甚至中毒。

(七十八)尿素或其他非蛋白氮中毒

由于饲喂的饲料中混加尿素或其他非蛋白氮化合物添加剂，在牛瘤胃内释放大量的氨所引起。症状：强直性痉挛、呼吸困难。实质是高氨血症，即氨中毒。

【治　疗】 ①灌服稀醋酸或食醋。常用1%～3%醋酸液1～3升，加适量的常水，一次灌服。若混加糖蜜适量，疗效更为理想。②5%硫代硫酸钠注射液100～200毫升，一次静脉注射。③对症疗法。强心、镇静可应用樟脑磺酸钠注射液10～20毫升，一次皮下或肌内注射；三溴合剂（溴化钾、溴化钠、溴化铵各3%水溶液）200～300毫升，一次灌服。对瘤胃臌气病牛，可行瘤胃穿刺术放气。继发上部呼吸道、肺感染病牛，应用抗生素治疗。

【预　防】 ①严格控制尿素的饲喂量，总量不能超过精饲料的3%。②掌握饲喂方法，不要单独溶水中喂，必须将尿素掺于少量精饲料中，充分混合，最好在饲喂尿素后，间隔30～60分钟再饮水。③妥善保管尿素，雨淋或潮解的尿素停止使用，尿素不宜与大豆、豆饼混用，以免尿素被破坏。④断奶前的犊牛，不应喂尿素。

(七十九)黄曲霉毒素中毒

由于牛长期、大量采食或饲喂被黄曲霉、寄生曲霉等污染的饲料所致的中毒。主征：消化功能紊乱，出现神经症状。剖检见肝变性、坏死等。

【治　疗】 ①对本病尚无特效疗法。发现牛中毒时，应立即停喂霉败饲料，改喂富含碳水化合物的青绿饲料和高蛋白饲料，减少或不喂含脂肪过多的饲料。②一般轻型病例，不用任何药物治疗，可逐渐康复。③重度病例，应及时投服泻剂如硫酸钠、人工盐等，加速胃肠道毒物的排出。同时，采用保肝和止血疗法，可用20%～50%葡萄糖注射液500～800毫升，维生素C 2～4克，或20%葡萄糖酸钙或10%氯化钙注射液500～1 000毫升，分别一次静脉注射。心脏衰弱时，皮下或肌内注射强心剂。为了防止继发感染，可应用抗生素，但严禁使用磺胺类药物。

【预　防】①防止饲草、饲料发霉。防霉是预防饲草、饲料被黄曲霉菌及其毒素污染的根本措施。②霉变饲料的去毒处理。霉变饲料不宜饲喂畜禽，若直接抛弃，则将造成经济上的很大浪费，因此，除去饲料中的毒素后仍可饲喂畜禽。常用的去毒方法有：连续水洗法、化学去毒法与物理吸附法。③定期监测饲料，严格实施饲料中黄曲霉毒素最高允许量标准。

（八十）霉麦芽根中毒

由于采食或饲喂霉麦芽根混合饲料所引起的真菌毒素而中毒的疾病。症状：肌肉震颤、共济失调、出血性胃肠炎等。

【治　疗】目前尚无特效疗法，只能采取对症治疗。

【预　防】应禁止用发霉麦芽根喂饲牛。麦芽根不宜成堆存放，以免因发热霉变。

（八十一）霉烂甘薯中毒

由于牛误食了一定量霉烂甘薯引起的真菌毒素中毒病。症状：急性肺水肿、间质性肺泡气肿及皮下气肿等。

【治　疗】无特效疗法。对急性中毒病牛，早期可用生理盐水反复洗胃，内服0.2%～0.4%高锰酸钾溶液或1%过氧化氢溶液等氧化剂，也可内服盐类泻剂。静脉注射10%硫代硫酸钠注射液和维生素C，也可用3%过氧化氢溶液与生理盐水或5%糖盐水混合，缓慢静脉注射，以缓解呼吸困难。并可根据情况，采取输糖保肝，纠正酸中毒等治疗措施。

【预　防】①首先应搞好甘薯的收获、保管和贮藏，不使甘薯霉烂。②已霉烂的甘薯和苗床废薯不能喂饲牛，也不要随地乱抛，应集中深埋，以免传播。

(八十二)霉稻草中毒

又名蹄腿肿烂病、烂蹄坏尾病、苇状羊茅草(酥油草)烂蹄病等。本病由于牛采食或饲喂了被多种镰刀菌污染的稻草和苇状羊茅草引起的真菌毒素中毒性疾病。症状:耳尖、肢端、尾梢干性坏死,蹄和腿肿烂,蹄匣和指(趾)骨腐烂脱落等。

【治　疗】 病目前尚无特效疗法。发病后停喂发霉稻草,加强营养,采取对症疗法。

【预　防】 在秋收时应晒好和贮好稻草,防止潮湿霉变,不喂霉败稻草。也不要用毒稻草作垫草。饲料应多样化,发病季节最好配合一定量青干草或青贮饲料。

(八十三)麦角中毒

因采食或饲喂大量麦角菌寄生的谷物糠和禾本科饲草时引起中毒。症状:中枢神经系统紊乱、小动脉收缩性痉挛、毛细血管损伤。

【治　疗】 ①应立即停止饲喂麦角菌污染的饲草和饲料,将病牛转移到温暖的厩舍中。②用0.2%～0.4%高锰酸钾溶液或1%鞣酸溶液灌服或洗胃,排除瘤胃内有毒的草料。③内服硫酸钠或硫酸镁等盐类溶剂,并大量饮水。④对病牛末梢皮肤干性坏死病灶,可用0.5%高锰酸钾溶液洗涤,然后涂搽磺胺软膏,以防止继发性感染。

【预　防】 在有麦角菌感染的地区或牧场,收获的谷物、麦类饲草料,在饲喂前必须严格检查,发现麦角菌立即清除掉,不要转移外地,也不要磨碎外卖。对可疑的粉料或切碎的饲草,应进行检验,如确认混有麦角菌时,应立即停喂。

(八十四)蕨 中 毒

牛采食或饲喂大量蕨类植物所引起的中毒病。症状:骨髓损伤、再生障碍性贫血。

牛急性蕨中毒有明显的全身出血、血汗、骨髓损伤等病变，故又分别称之为出血病、血汗病、再生障碍性贫血等病名；牛慢性蕨中毒有间歇性血尿伴发膀胱黏膜肿瘤或膀胱壁赘生物，特称为地方性血尿病。

【治　疗】 牛急性蕨中毒，为了兴奋骨髓造血功能，可用鲨肝醇，溶于橄榄油（或花生油）皮下注射，连续5天。症状减轻后，改用口服。由于白细胞减少，病牛易感染，为了预防继发感染，可用抗生素。对于重症病例，输血是较为满意的治疗方法。此外，尚可静脉注射葡萄糖，给予维生素B及调理胃肠等辅助治疗。

对慢性蕨中毒目前尚无有效治疗方法。

【预　防】 ①不要到密生蕨类而缺少牧草的地段放牧，尤其是在蕨叶滋生季节。②有计划地在有蕨和无蕨的牧场进行轮牧。③蕨类的地下根茎粗大、富含淀粉，可结合野生植物资源利用，于冬季挖取其地下根茎制作淀粉，连续几年，可建立无蕨牧场。

（八十五）栎树叶中毒

又名青冈树叶中毒、水肿病。牛由于采食或饲喂大量栎树叶而发病。主症：消化功能紊乱、体躯下部局限性水肿、胸腹腔积液、少尿、无尿等。属于危害较严重的牛病之一。

【治　疗】

（1）停止放牧　立即停止采食栎树叶，饲喂青草或青干草。

（2）缓泻　可用植物油（禁用液状石蜡）500～1 000毫升，1次灌服。为减少胃肠残留丹宁的水解，可投服蛋清，用1%～3%的食盐水瓣胃内注射。

（3）利尿　可用10%葡萄糖溶液和甘露醇或呋塞米注射液混合静脉注射，或口服双氢克尿塞。

（4）解毒　用10%硫代硫酸钠溶液静脉注射，每日1次，连续2～3次。

（5）支持疗法　可静脉注射5%糖盐水，复方氯化钠溶液，10%葡萄糖注射液及维生素C。为纠正酸中毒，可加入5%碳酸氢钠注射液。为改善血液循环，可用安钠咖注射液。

【预　防】①在发病季节，不要在栎林区放牧，也不要采集栎叶喂牛或垫牛圈。②如无法避免到栎林区放牧，应使牛日采食栎叶的量控制在日粮的40%以下。为此，需在放牧前先补饲正常饲草，并控制好放牧时间。在发病季节，每日归牧后用0.1%高锰酸钾溶液供牛饮用。

（八十六）有机磷中毒

有机磷杀虫剂中毒是指有机磷杀虫剂通过牛消化道和皮肤等途径进入机体组织所引起的中毒性疾病。临床上以呈现流涎、腹泻、腹痛和肌肉强直性痉挛等副交感神经系统兴奋为主征。

【治　疗】①尽快应用1%肥皂水或4%碳酸氢钠液（敌百虫中毒除外）洗涤体表，对误饮或误食有机磷杀虫剂而中毒的病牛，用2%～3%碳酸氢钠液或生理盐水洗胃。②应用解磷定（又名碘磷定、解磷毒、派姆等）。本复合剂除对敌百虫、乐果和敌敌畏等中毒疗效较差外，对其他有机磷杀虫剂中毒显效甚速，中毒初期的病牛，在静脉注射后数分钟即可出现效果。但其作用时间短暂，仅能维持1.5～2小时，故必须多次用药。解磷定的剂量：20～50毫克/千克体重，静脉注射。同时结合应用阿托品，效果更佳。③双解磷。首次用药剂量：3～6克，溶解于适量葡萄糖等渗液或生理盐水中，静脉或肌内注射，以后每隔2小时用药1次，但剂量减半。④硫酸阿托品。用量为0.5毫克/千克体重（约比正常剂量大1倍），以总剂量的1/4溶于5%糖盐水中，一次性静脉注射；其余的剂量分别肌内和皮下注射，经1～2小时后症状尚未减轻时，可减量重复应用。此后应每隔3～4小时皮下或肌内注射一般剂量的阿托品，以巩固疗效，直至痊愈。⑤对症疗法，如强心、利尿、补充电解质、营养制剂和肝脏解毒药物等。常应用5%糖盐水或复方氯化钠注射液2 000～3 000毫升、10%安钠咖注射液20毫升、维生素C注射液2毫升，一次性静脉注射。此外，还可应用维生素B_1、硫代硫酸钠液、葡萄糖酸钙液以及山梨醇、甘露醇脱水剂等，均有裨益。

【预　防】 要严禁饲喂和饮用有机磷杀虫剂污染的饲草，饲料和饮水。当应用有机磷杀虫剂防治牛体内、外寄生虫时，掌握好规定剂量，并按要求操作，防止滥用。对有机磷农药及其杀虫剂的保管、使用，要指定专人负责、监督。

(八十七)有机氯中毒

是指有机氯杀虫剂通过牛消化道和皮肤等途径进入机体所引起的中毒。主征：中枢神经功能紊乱。

【治　疗】 ①因外用中毒时，5%碱水或肥皂水彻底洗刷，再用清水冲洗擦干，以减少继续吸收。②通过消化道发生中毒时，内服5%碳酸氢铵，或3%石灰水上清液，以促进毒物分解；对危重病牛，可同时静脉注射5%碳酸氢钠注射液，隔6～12小时使用1次；还应静脉注射10%葡萄糖酸钙注射液。中晚期病例，用盐类泻药(禁用油类泻药)；禁用肾上腺素及交感神经兴奋剂。③对症疗法：解痉，镇静、护肝。

【预　防】 禁用有机氯类药物，严禁在喷洒过有机氯的地方放牧，或等喷洒有机氯类药物1个月后再去放牧。

(八十八)有机氟中毒

是指有机氟杀虫剂通过牛消化道进入机体所引起的中毒。主征：心室纤维性颤动、循环衰竭和神经系统高度兴奋。

【治　疗】

(1)去除毒源　脱离现场，更换饲料。

(2)用特效解毒剂　解氟灵(乙酰胺)。

(3)排除胃内毒物　先用0.1%高锰酸钾溶液洗胃，然后投服盐类泻药和保护胃肠黏膜的药物(蛋清、氢氧化铝)。

(4)*对症治疗* 兴奋不安用水合氯醛,呼吸急促用尼克刹米。

【预　防】 严加管理剧毒有机氟农药的生产与经销、保管和使用;喷洒过有机氟化合物的农作物,从施药到收割期必须经60日以上的残毒排除时间,方可作饲料用,禁止饲喂刚喷洒过农药的植物叶、瓜果以及被污染的饲草饲料;对可疑中毒的牛,加强饲养管理。

(八十九)慢性氟中毒

又名氟骨病。由于采食或饮用含氟量高的饲草料或饮水引起的牙齿和骨髓的特异性病变。主征:对称性斑釉齿、间歇性跛行。

【治　疗】 目前尚无完全恢复健康的治疗措施,最好的方法是脱离污染区,转移至安全牧场放牧。

【预　防】 含氟量高的地区,水中含氟量也高,要打深机井,找到含氟量低的水层供饮用水;与外地调剂饲料,互相交换,可避免本病发生;平时要在饲料中增加钙、磷的补充,骨粉效果较好,能提高牛对氟的耐受性。

(九十)铜 中 毒

由于摄食了大量铜盐,或长期摄入小量铜盐饲料添加剂以及含有肝毒性生物碱的植物,致使肝脏损伤的中毒性疾病。

【治　疗】 ①急性中毒,可用0.1%亚铁氰化钾溶液或硫代硫酸钠溶液洗胃,使铜形成不溶性亚铁氰化铜沉淀,而不被吸收,也可内服氧化镁、蛋清、牛奶、豆浆和药用炭以保护胃肠黏膜,减少铜的吸收。②对慢性中毒者可每日在饲料中加入钼酸铵和硫酸钠,连用10～15天。

【预　防】 ①在高铜草场上放牧的牛,可在精饲料中添加钼、锌及硫,可以预防铜中毒。②对某些肝毒性植物引起的铜中毒,应避免在这种草场上长期放牧,必要时可在饲料中补充适量的钼酸铵和硫酸钠。③不要用含铜量高的猪、鸡饲料喂牛，以免中毒。

(九十一)铅中毒

由于牛误食和误饮了含铅物质污染的饲料、饮水而引起的中毒性疾病。主征：外周神经变性的综合征和胃肠炎。

【治　疗】 ①对急性铅中毒病例，发现中毒后立即用10%硫代硫酸钠或硫酸镁溶液洗胃或内服，促使尚未吸收的铅形成不溶性的硫酸铅而被排出体外，亦可内服蛋清、牛奶、豆浆。同时，静脉注射10%葡萄糖酸钙，每日1～2次，连续2～3天，可促使血铅回到骨骼，或口服乳酸钙。②根据情况，进行强心、补液、镇静等对症治疗。

【预　防】 预防的根本措施是防止工业污染和舔食含铅物质。

(九十二)钼中毒

又名腹泻病、泥炭泻、地方性血尿病、白毛红皮综合征等。因牛摄食高钼低铜草料后引发的中毒性疾病。以继发性低铜血症、持续腹泻、被毛脱色和生长发育不良等为主征。

【治　疗】 补给铜制剂具有良好的防治效果，可内服硫酸铜，每日1次，连用3天，或用甘氨酸铜注射液皮下注射，均可奏效。

【预　防】 杜绝毒源，防止污染；改良土壤，减少饲料中钼的含量，是预防本病的根本措施。

(九十三)硒中毒

又名瞎闯病、碱病。因牛摄食了硒含量过高的草料或硒制剂用量过大而发的中毒性疾病。以胃肠炎和肺水肿为主征。

【治　疗】 ①急性硒中毒时，可试用新胂凡纳明，静脉注射，或使用其他有机砷制剂。②慢性硒中毒时，可用对氨基苯胂酸，加入饲料内饲喂，可减少硒的吸收，促进硒的排泄。③静脉注射10%～20%硫代硫酸钠注射液，有良好的解毒作用。

【预 防】 在牛日粮中加入0.01%～0.02%对氨基苯胂酸，或每日服对氨基苯胂酸，有一定预防作用。在日粮中加亚麻籽油能使这种预防作用得到增强。高蛋白饲料也有一般的预防作用。用硒制剂预防或治疗硒缺乏症时，应按规定剂量使用，严防超量引起中毒。

(九十四)肝片吸虫病

由寄生在肝和胆管内的片形属吸虫引起的急性和慢性的肝炎、胆管炎的寄生虫病。常有中毒和营养障碍的症状。

【治 疗】 ①硫氯酚(别丁)，一次性口服，主要对成虫有效。②硝氯酚(拜耳9015)，一次性口服，对成虫有效。③溴酚磷(蛭得净)，一次口服，对成虫、童虫均有效。④三氯苯咪唑(肝蛭净)，一次性口服，对成虫、童虫均有效。

【预 防】

(1)定期驱虫 在疫区，多年春、秋两季各驱虫1次。

(2)粪便发酵处理 及时处理粪便以杀死虫卵，对驱虫后排出的粪便尤应严格管理。

(3)消灭中间宿主 配合农田水利建设，填平低洼水泡子，消灭椎实螺，并尽量不到低湿和有椎实螺的地方去放牧。

(4)防止感染 经常注意饮水和饲草卫生，防止动物吞食囊蚴。

(九十五)泰勒虫病

由泰勒科泰勒虫属的环形泰勒虫、瑟氏泰勒虫寄生于牛网状内皮细胞和红细胞内所引起的寄生虫病。主征：发热、贫血、黄疸、迅速消瘦、产奶量下降等。

【治 疗】 ①贝尼尔或血虫净，临用时将粉剂用蒸馏水配成5%～7%注射液肌内注射，每日1次，连用3天。②硫酸喹啉脲(阿卡普林或叫抗焦虫药)，用注射水或生理盐水配成1%～2%的注射液，皮下注射。注射后可能有副作用，个别的甚至死亡，但多数在1～4小时内恢复。若配合注射阿托品，可预防或减轻副作用。③磷酸伯氨喹，每日口服1次，连服3次，杀虫效果较好，给药后24小时，即发生作用。

【预　防】 消灭圈舍内的残缘璃眼蜱是预防本病的重要措施。①通常用有机磷杀虫剂混于泥浆中，将墙缝中所有洞穴堵死，阻止蜱爬出外界活动。②用有机磷或拟除虫菊酯类农药喷洒牛体，在5～7月份灭杀牛体上的成蜱，在10～12月份灭杀牛体上的幼蜱或若蜱。③用贝尼尔作为预防药，肌内注射，有蜱的季节每隔15日1次。

(九十六)球虫病

是由艾美耳科艾美耳属的球虫寄生在牛肠道黏膜上皮细胞内引起的原虫病。主征：出血性肠炎。多发于犊牛。

【治　疗】 ①患病牛，可使用氨丙啉，犊牛20～25毫克/千克体重每日1次，连用5～6天。②重症犊牛，可使用磺胺二甲嘧啶，犊牛100毫克/千克体重，每日1次，连用2天。亦可配合使用酞酰胺噻唑(PST)，前者可抑制球虫的无性繁殖，后者可预防肠内细菌继发感染；犊牛用药时，还可配合内服碳酸氢钠；重泻的牛内服鞣酸蛋白，每日1次，连用2天。

【预　防】 ①加强饲养管理，圈舍保持干燥、通风，消除积水，勤于打扫，定期消毒。②饲料和饮水保持清洁，严防粪便污染。③犊牛与成年牛分开饲养，以免球虫卵囊污染犊牛饲料，哺乳母牛的乳房要经常擦洗。④及时发现、隔离、治疗病牛，认真做好牛的各项检疫、免疫以及其他寄生虫病的预防，增加牛体抵抗力。

(九十七)弓形虫病

是由龚地弓形虫寄生在细胞内所引起的人兽共患病。主征：高热、呼吸困难、神经症状、流产。剖检见实质器官灶性坏死、间质性肺炎、脑膜脑炎。

【治　疗】 治疗原则：去除病因，杀灭弓形虫病原体；增强体质，调节机体抗病功能。磺胺制剂对本病有较好的疗效，但由于口服磺胺药会对瘤胃微生态造成影响，故对已发病的牛用复方磺胺对甲氧嘧啶钠注射液治疗，肌内注射，首次用药加倍，每日 1～2 次，连续使用 2 周；高热不退的牛加用氨基比林注射液；体质较差的牛配合使用维生素 B_{12} 注射液、牲血素（右旋糖酐铁、钴、硒）注射液等抗贫血药肌内注射；有严重呼吸困难症状的牛，使用 3% 过氧化氢及 25% 葡萄糖注射液静脉注射，缓解症状。

【预　防】 ①已发生过弓形虫病的牛场，应定期地进行血清学检查，及时检出隐性感染牛，并进行严格控制，隔离饲养，用磺胺类药物连续治疗，直到完全康复为止。②坚持兽医防疫制度，保持牛舍、运动场的卫生，粪便经常清除，堆积发酵后才能在地里施用；开展灭鼠，禁止养猫。③已发生流行弓形虫病时，全群牛可考虑用药物预防。饲料内添喂磺胺嘧啶，连续 7 天，可防止卵囊感染。

（九十八）皮蝇蛆病

是由皮蝇科皮蝇属的牛皮蝇和纹皮蝇的幼虫，寄生于牛的皮下组织所引起的寄生虫病。主征：消瘦、产乳量降低、皮革质量受损；幼牛发育受到影响。

【治　疗】 ①用 10% 敌百虫皮下注射，或肌内注射倍硫磷。②用 0.1% 氰戊菊酯乳油、敌百虫、亚胺硫磷乳油洒于病牛背部皮肤，有良效。

【预　防】 ①成蝇活动季节，放牧应避开滩地，也可用驱避药预防。②在夏季成蝇产卵期间，每隔半个月给牛喷洒 2% 敌百虫 1 次，杀虫率达 90% 以上。③春季发生牛背部皮下寄生皮蝇幼虫，应及时进行药物驱杀。④严格检疫，严禁买入本病病牛。

（九十九）支气管肺炎

又名卡他性肺炎、小叶性肺炎。本病是由多种病因引起的肺部疾病。主征：弛张热、咳嗽、呼吸加快、异常呼吸音。犊牛、体弱牛多发。冬、春季寒冷季节多发。

【治　疗】　治疗原则是加强护理，抗菌消炎，祛痰止咳，制止渗出和促进渗出物吸收及对症治疗。

(1)加强饲养管理　首先应将病牛置于光线充足、空气清新、通风良好且温暖的牛舍内，供给营养丰富、易消化的饲草、料和清洁饮水。

(2)抗菌消炎　临床上主要应用抗生素和磺胺类药物进行治疗，常用的抗生素为青霉素、链霉素、红霉素、林可霉素，也可选用四环素等广谱抗生素。

(3)对症疗法　体温过高时，可用解热药，常用复方氨基比林或安痛定注射液；对体温过高、出汗过多引起脱水者，应适当补液，纠正水、电解质和酸碱平衡紊乱；输液量不宜过多，速度不宜过快，以免发生心力衰竭和肺水肿；对病情危重、全身毒血症严重的病牛，可短期(3～5 日)静脉注射氢化可的松或地塞米松等糖皮质激素。

【预　防】　①加强饲养管理，避免淋雨受寒、过度劳役等诱发因素。②供给全价日粮，健全完善免疫接种制度，减少应激因素的刺激，增强机体的抗病能力，及时治疗原发病。

(一〇〇)创伤性心包炎

是由来自网胃内尖锐异物如铁钉、铁丝、针等刺伤心包而引起的心包化脓性增生性的炎症，是创伤性网胃炎的继发症。主征：顽固性前胃疾病、体温升高、心搏过速、颈静脉怒张、颌下及胸垂水肿和心区异常音等。

【治　疗】　视动物的经济价值，一般应尽早淘汰。对种公牛或良种母牛可采用心包穿刺法或手术疗法。手术进行越早越好，并配合应用抗生素，但严重颌下、胸下水肿和明显心力衰竭的牛不宜手术。

【预　防】 加强饲养管理工作，防止饲料中混杂金属异物。对已确诊为创伤性网胃炎的病牛，宜尽早实施瘤胃切开术，取出异物，避免病程延长使病情恶化，刺伤心包。

(一〇一)中　暑

又名热衰竭、中暑衰竭、中暑虚脱。本病是指牛群在炎热季节遭受强烈日光、温热、潮湿等物理因子对机体的侵害，导致中枢神经系统功能严重紊乱(包括体温调节功能障碍)。基于病因的不同，分为日射病和热射病两类。

【治　疗】 ①加强护理，可将病牛置于阴凉通风处，头部放冰袋，用冷水泼身及灌肠，勤饮凉水。②药物降温，多次少量地用生理盐水和5%葡萄糖注射液，静脉注射。当体温降至39℃时即可停止降温，以防虚脱。③维护心肺功能，可先注射强心药，静脉放血，然后输注射复方氯化钠注射液或生理盐水或平衡液。④纠正酸中毒，可静脉注射5%碳酸氢钠注射液。⑤降低颅内压，可静脉注射20%甘露醇或25%山梨醇注射液，也可静脉注射50%葡萄糖注射液。

【预　防】 炎热季节厩舍内应保持通风凉爽，防止潮湿闷热和过分拥挤。大群运输，要事先做好防暑防热准备工作。

(一〇二)荨麻疹

由于某些刺激因素作用于牛的机体，致使真皮和表皮受损而引起的一种变态反应性疾病。主征:皮肤表面出现局限性扁平丘疹。

【防　治】 急性荨麻疹多于短期内自愈，无须治疗。慢性荨麻疹的治疗要点在于除去病因，解除过敏反应，避免不良因素的继续刺激和防止皮肤感染。

第一，除去病因。如为霉败或有毒饲料所引起的，应及时更换饲料，并给予泻剂及胃肠消毒药(萨罗、鱼石脂等)以清理胃肠、制止发酵。

第二，脱敏治疗。由于很多皮肤病与变态反应有关，根据临床特点选择相应药物。症状轻者不需治疗，可自愈。重者静脉注射10%氯化钙、维生素C、烟酸，皮下注射盐酸苯海拉明，内服扑尔敏。

第三，如发生咽喉部水肿引起呼吸困难时，应进行气管切开术。

第四，心脏衰弱时，用强心剂，如强尔心、安钠咖等。

二、补 充 病

新生犊牛（1～7日龄）病和造成母牛流产的传染病与寄生虫病防治。

b1 窒 息

新生犊牛产出时，呼吸微弱或无呼吸，但心脏仍保持跳动，称为新生犊牛窒息或假死。

【治　疗】 ①放低头部，抬举后躯，促使黏液及羊水从口鼻排出，并用毛巾擦拭，或提起后肢，略加甩动，使羊水排出。②必要时往鼻和气管中插胶管，接注射器抽出黏液，再徐徐送入空气（注意压力不要过大，以防发生肺气肿）。③做人工呼吸，有节律地按压腹部或将两前肢反复前后拉动，使胸腔交替扩张与缩小，以诱发呼吸。注意不要过早停止人工呼吸。④同时，可皮下或肌内（或静脉）注射1%山梗菜硷1～2毫升，或皮下注射25%尼克刹米1.5毫升；也可用樟脑磺酸钠等兴奋呼吸运动中枢的药物。⑤复活后数小时内应注意观察和护理。

b2 脐出血

脐带断端或脐孔出血。多是静脉出血。

【治　疗】 ①脐带长时，用消毒的细线结扎断端；脐带短时，可用消过毒的纱布或脱脂棉，撒上消炎粉等药，填塞脐孔，再用纱布绷带包扎以压迫止血。②若出血仍不停止,应该用止血钳将脐孔暂时闭合,再缝合脐孔,以彻底止血。③出血过多造成犊牛贫血时,可输母亲血液。

b3 孱　弱

足月产出的犊牛体小且衰弱无力,不能站或站不久,走路摇摆,不会自找乳头,吸乳反射弱或消失,常在生后1周内死亡。

【治疗与护理】 ①对不能站立的犊牛,应勤加翻动,防止发生褥疮,如不加强护理就会在1周内死亡。②若不能站立,每日应按时扶起,实行辅助运动,加强锻炼。③应把犊牛放在25℃～30℃的暖屋中,或覆盖好。④犊牛若不能自己吃奶,要实行人工哺喂初乳,若无吸乳动作,应经鼻投乳。为了帮助消化,可在乳中加入胃蛋白酶或乳酶生1～2克。⑤静脉注射10%葡萄糖注射液400毫升,3%过氧化氢溶液30～40毫升;或静脉注射10%～25%葡萄糖注射液250～400毫升,10%氯化钙注射液10毫升(注射钙剂速度要慢)。

【预　防】 加强对母牛的饲养管理,改善营养状态,可以预防本病的发生。

b4 先天失明

要尽早淘汰,免得浪费人力物力。

【预　防】 要更换配种公牛,改善母牛的饲养管理,特别要注意全价饲料的补给。

b5 脑积水

指脑室内积有多量的脑脊液,使脑萎缩。本病是犊牛偶尔发生的先天性疾病。

【治　疗】 有食欲者,可能成活;不会吃奶,预后不良;一旦发现,尽早淘汰。如要治疗,可试用25%葡萄糖注射液200毫升,

20%山梨醇注射液 200 毫升,一次性静脉注射,每日 1 次。

【预　防】 加强母牛饲管,使之获得各种必要的营养成分,饲料中注意钙、磷及胡萝卜素补充。配种时要防止近亲交配。

b6　便　秘

犊牛出生后 1 天仍不排粪,叫做新生犊牛便秘或叫胎粪停滞。

【治　疗】 ①用温肥皂水灌肠。②直肠灌注植物油或液状石蜡 300 毫升。③热敷及按摩腹部或用大毛巾等包扎腹部保暖,减轻腹痛,促进胃肠蠕动。

b7　锁　肛

新生犊牛无肛门称之为锁肛。除手术制作人工肛门外,别无他法。

b8　抽　搐

病因不详。多发于 2～7 日龄的新生犊牛。突然发病,病程短,死亡率高。特征是强直性痉挛-惊厥-知觉消失。

【治　疗】 ①10%氯化钙 20 毫升,25%硫酸镁 10 毫升,20%葡萄糖 20 毫升,混合后一次性静脉注射。静脉注射钙剂速度宜慢。②25%硫酸镁注射液 20 毫升,分 3～4 点肌内注射。10%氯化钙注射液 20～30 毫升,一次性静脉注射。③氯化钙 2～4 克,氯化镁1～2 克,葡萄糖 2～4 克,蒸馏水 20～30 毫升,溶解、过滤、煮沸灭菌,待温后一次性静脉注射。

【预　防】 对妊娠后期的母牛要用全价配合饲料饲养,注意补充矿物质及钙、磷平衡,多晒太阳和加强运动。

b9　脐　炎

脐(带)炎是因新生犊牛脐带断端细菌感染而发炎。

【治　疗】 ①脐部先剪毛消毒,后用普鲁卡因青霉素(60

万～80 万单位）注射液，在脐孔周围皮下分点注射，每日 2 次，连注 3～5 天。局部涂搽松馏油与 5%碘酊等量合剂。②如有脓肿、坏死，应排脓并清除坏死组织，用消毒液清洗，再撒上磺胺粉或呋喃西林粉或其他抗菌消炎药。③如果脐部形成瘘管时，可用高锰酸钾粉末或用 0.1%硝酸银进行腐蚀，或用烧烙术治疗。④用绷带将局部扎好。

【预　防】 ①产房和犊牛舍要清洁卫生，犊牛栏要用热碱水刷洗，垫草要用新鲜的并要勤换。②接产时尽量使脐带自然断下，断端要用 5%碘酊及时消毒。

b10　脐　瘘

因脐带断端脱落而形成的瘘管。

【治　疗】 一般采用外科手术疗法。保定：侧卧或半仰卧；术部术前处理：剪毛、清洗、消毒。手术用小弯针和缝线，围绕脐孔周围较深地刺入组织内，将脐孔连同周围组织一并扎紧，使之闭锁，也可实行荷包缝合法，将脐尿管及其周围组织扎紧。术部要涂碘酊或软膏等。术后为防止感染或已发生感染而有全身症状时，须及时使用抗生素。

一般术后 7～9 天，脐部创面干燥、结痂、形成上皮后，可以拆线。注意：缝针不要穿入腹腔，以免误伤肠管。

b11　大肠杆菌病

又名犊牛白痢，病原是致病性大肠杆菌，治疗不及时或不当，死亡率达 80%～100%。

【治　疗】 原则与胃肠炎相同。磺胺类药物对本病有良好效果。磺胺嘧啶：初次量 140 毫克/千克体重，内服，以后剂量减半并加等量碳酸氢钠。磺胺甲基苯吡唑或磺胺间二甲氧嘧啶，首次量 100 毫克/千克体重，维持量 70 毫克/千克，每日 1 次内服，连用 3～5 天。抗生素效果也较好，内服土霉素、链霉素、新霉素，初次量 30～50 毫克/千克体重，维持量减半，每日 3～4 次，连用 3～5 天。其中以新霉素效果最好。

每日补液量为 2 000～6 000 毫升或更多。补液同时可加注强心剂：强尔心注射液 5～10 毫升或 10%安钠咖 5～10 毫升或 10%樟脑磺酸钠注射液 5～10 毫升；补液时，添加碳酸氢钠或乳酸钠等，可预防酸中毒。为减少毒素吸收，内服次硝酸铋 5～10 克、白陶土 50～100 克药用炭 10～20 克等肠黏膜保护剂。

【护 理】 病犊哺乳量应比正常量减少 1/3～1/2，严重者可停止喂奶，饮给 37℃～39℃开水。

【预 防】 治疗的同时，要做好健康群的预防工作，避免疾病蔓延。①犊牛舍应保持卫生，温暖干燥，防止健犊接触被污染的褥草。每天更换垫草 1 次。犊牛栏须经常用热碱水洗刷。②喂奶要定时定量定温。新生犊每天喂奶中间应补饮清洁温水 2～3 次。③对妊娠母牛应加强后期的饲养管理，喂给全价饲料，喂给充足的蛋白质、维生素 A、微量元素及钙、磷等矿物质，以满足胎儿需要。

b12 衣原体病

衣原体病是人、兽、鸟类共患的传染病。病原体为鹦鹉热衣原体。病牛临床症状以流产、肺炎、肠炎、结膜炎、多发性关节炎和脑炎等为特征。

【治 疗】 四环素、强力霉素、红霉素、竹桃霉素均有良好的治疗和预防作用。最常用的是四环素或土霉素。

【预 防】 衣原体阳性牛场，污染物深埋、消毒，用四环素类抗生素进行预防。引种时要防止本病传入。

b13 病毒性腹泻

新生犊牛病毒性腹泻是由多种病毒引起的急性腹泻综合征。冠状病毒是主要病原。病牛、带毒牛及其排泄物是主要传染源。

经消化道和呼吸道传播。若发生疫情，常暴发流行，发病率高，死亡率低。冬季多发。

【防　治】 加强饲管、注意消毒、牛舍通风、阳光充足、喂足初乳。对症治疗，禁食1天，脱水者补液，口服收敛剂止泻。抗菌药防止继发感染。

b14　弯杆菌病

弯杆菌病曾称弧菌病，是常见的人兽共患传染病，牛弯杆菌病可表现为腹泻型和流产型。腹泻型主要发生于秋、冬季节，也称牛冬痢。病牛体温轻度升高，排出臭水样棕色稀便，带有血液。严重病例呈现精神委顿、食欲不振、弓背、寒战、虚弱等症状。

【治　疗】 可用四环素、链霉素、庆大霉素和红霉素等治疗，同时进行对症治疗。

b15　毛滴虫病

毛滴虫寄生在生殖器官引起的原虫病。其主要特征是不孕、早期流产和生殖系统的炎症，传播方式为交配感染。

【治　疗】 0.2%碘、1%钾肥皂、8%鱼石脂甘油、2%红汞、0.1%黄色素或1%大蒜酒精浸液，30分钟内可杀死脓液中虫体。5～6天内，用以上药物洗2～3次，为1个疗程。按5日间隔，进行2～3个疗程。

b16　新孢子虫病

本病广泛分布，对牛的危害最为严重，有的牛群血清抗体阳性率达80%，是引起牛流产的主要原因。

【治　疗】 病牛可用复方新诺明、四环素、磷酸克林霉素、球虫类离子载体抗生素，具有一定效果。

【预　防】 ①淘汰病牛和血清抗体呈阳性的牛。②切断传播途径，尽可能杜绝牛与犬类动物接触。

第四章　数学诊断学的理论基础与方法概要

数学就是这样一种东西：她提醒你有无形的灵魂，她赋予她所发现的真理以生命；她唤起心神，澄清智慧；她给我们的内心思想增添光辉；她涤尽我们有生以来的蒙昧与无知。

普罗克罗(Proclus)

钱学森说："要看得远，一定要有理论。"我认为理论还管举一反三。平时若说一个人"不懂道理"就是在骂他。我想向您说四条。

第一，你看我在前言和理论篇的开头都引用普罗克罗的语录，因为我读十几本数学读物，就是他对数学的认识全面而到位！数学是事物的灵魂，"灵魂"二字我也是新认识到。我原来说任何事物背后都藏有数学。你看人家说是"灵魂"多好。您看市场很平静，数学在起作用；突然打起来了，你去看看，那里准发生了数学不平衡的问题。以前，把数学神秘化了。其实并不神秘，矛盾呀，愉快呀，所有事情，数学都在起灵魂的作用。

第二，我写本章理论基础，主要含有两部分内容：一交代定义，我认为定义就是灵魂，而且初中以上的人都能看懂；二交代数学诊断学是怎么用的。穿插有故事，所以你可以像读闲书一样去读。力争让你在不知不觉中就懂得了现代科学原理。如果你能记住书中所引用的大学问家的一条语录，我就觉得你已经有了巨大收获！

第三，当然我希望你能记住20字用法，因为你记住20字，你就会使用智能卡诊断疾病。如果还能像读闲书一样，懂得了一些现代科学原理，不但我高兴，你自己恐怕也要蹦起来高兴一番。

第四，知识在百科全书可以查到，或在因特网百度窗口输几个关键字，就会出来一大堆供你选择。然而一种思想或方法、一门新学科，却不是容易表达或学到的。如果你要想有所创造，就必须认真钻一钻了。所谓创造，都是肯钻肯借鉴他人思想而琢磨出来新的东西。

一、诊断现状

我认为有必要将诊断的现状向读者做个交代。

（一）诊断混沌

古今中外，外行不会诊断，内行诊断不一，人们已经司空见惯，习以为常，我们称之为混沌。

1. 初诊混沌的证明

（1）社会证明　①约99%外行不会诊病。②约1%内行诊断不一。③尚未找到使之一致的办法。④随机可证。

（2）实例证明　①报载陈毅元帅重病半年，无病名，会诊是急性盲肠炎，剖腹是结肠癌。②央视《实话实说》报道老谢，6家诊断胰腺癌，花几万元未愈；第七家诊断是胆石症，几百元治好了。③刘菁在某学会换届大会上宣读1个病例，请大家帮助诊断，无人回答。④Chengde市进口几头种公牛病了，请国内8位专家诊断8个病名。送走专家牛死光。⑤我们课题组成员（教授）之间做过一次实验：读症状互考，结果没有一个人答对。

（3）学者证明　①蔡永敏主编《常见病中西医误诊误治分析与对策》的前言中这样写道："每一病被误诊的病种也相当广泛，多者甚至达到十几种、几十种，误诊的原因也多种多样。"②（美）Paul Cutler著《临床诊断的经验与教训》的前言："就像盲人摸象一样，学生、教师、专业人士和患者各自都以自己的方式看待医学……"（第一段）；"每一种都是对的。"（第二段）；"每一种又都是错的。"（第三段）。③戚仁铎主编《实用诊断学》1002页："医学是一种不确定的科学和什么都可能的艺术。”一位医师说:“我们是从正面理解的这句话。”

(4)猜硬币试验证明混沌 1角硬币有两面:“1角”字和花草图案。我借用有人已经做过的统计学实验:抛万次以上,猜对“1角”朝向的可能性接近50%。

我写一条专家语句:“如果一个人对一个病组内有几种病及其病名都不知道,那么他猜对的可能就只能接近0%”。不信,你就试试。这就是外行不会诊病的数学道理。

2. 老法初诊为什么混沌? ①古今凭症状记忆加经验,给患者诊病。但人脑“记不多、错位和遗忘”,这就注定了诊断混沌。②莎士比亚说:1千个人就有1千个哈姆雷特(观众观莎剧哈姆雷特感受不同);我说:学生描写老师的作文也不会有2人相同;国际生理学大会早就做过试验证明描述不一。③英文词典说:No two people think is a like.(没有两个人的想法是相同的)。

此处的①②③都是毫无疑义的现象。还可举出很多例子。关键在于找出解决诊断混沌的办法。

3. 老法初诊混沌的解决办法 科学史已经证明:“数学是解决多种混沌的核心”。因此,我们认为,“数学也是解决老法初诊混沌的核心”。本篇就是为此而写的。

(二)先进的医疗仪器设备与日俱增,但过度“辅检”的做法不可取

毋庸置疑,在应用先进的医疗设备之前,一定要对患者有个初诊病名,再开辅检单。这是正确的操作规程。先开单辅检,甚至过度“辅检”的做法,不可取。因为盲目做“辅检”不但增加了患者的负担,还有可能延误治疗时间,造成不必要的损失。

电脑诊病好用。“美国等先进国家1974年开始研究电脑诊病,结果证明好用,但是不用。阻力有三:医生怕影响地位和收入,患者觉得神秘不敢用,还有法律责任谁负”(李佩珊《20世纪科技史》)。

我们研制智能诊断卡在技术上是完全透明的,人人都可使用,

不神秘，也不存在法律责任问题。

(三)从权威人士的论述看医学动向

◇ 高强(原卫生部领导)2008年在全国政协会议上说："看病难看病贵目前尚无灵丹妙药。"

◇ 丹尼尔·卡拉汉："所有国家或早或迟都会发生一场医疗系统的危机。"

以上所述就是诊断的现状。

二、公 理

(一)公理定义

是经过人类长期反复实践的考验，不需要再加证明的句子(命题)。

(二)阐 释

中国科学院院士杨叔子说："科学知识是讲道理的，但是作为现代科学体系的公理化体系，其前提与基础就是'公理'，即所谓'不证自明'的知识，'不证自明'就是讲不出道理，也就是不讲道理，非承认不可"。

现代科学发展特别快。尤其是电脑的进步，日新月异。介绍电脑软件应用的书店，2个月不去，就有换茬之感。搞科研，尤其是搞电脑诊病的科研，不紧追赶不行。即使追赶，也是追不上。

1985年，大学里电脑也很少或没有。鉴定我们的第一个成果——马腹痛电脑诊疗系统时，有的鉴定委员说：那是个机器，还比我的脑袋好使？现在电脑应用普及率高了，没有人再怀疑它好使了。

这里仅摘录我们收集到的现代科学公理化体系中的一小部

分。目的是在说,你不要怀疑了,它们已经是公理了。这些公理,就是数学诊断的基础。

(三)映射数学诊断学的公理

◎ 伽利略说:“按照给出的方法与步骤,在同等实验条件下能得出同样结果的才能称之为科学。”

◎ 科学文明的显著特征之一是定量。

◎ 电脑能代替人脑的机械思维。

◎ 技术的发展趋势:手工操作→机械化→自动化→智能化。

◎ 马克思说:“一门科学只有在其中成功地运用了数学才是真正发展了的。”

◎ 康德:“在任何特定的理论中,只有其中包含数学的部分才是真正的科学。”

◎“一门科学从定性的描述到定量的分析与计算,是这门科学达到成熟阶段的标志。”

◎“数学既是表达辩证思想的一种语言或方式,又是进行辩证思维的辅助工具。”

◎ 只有按一定方式组织起来的数据才有意义。

◎ 不经过加工处理的数据只是一堆材料,对人类产生不了决策作用。

◎ 数据库是在计算机上,以一定的结构方式存储的数据集合能存取和处理。

◎ 数诊学成果可以代表不在现场的医生会诊,还可以实现远程诊疗。

◎“科学是最高意义的革命力量”,是社会物质文明与精神文明的基石。

◎ 科学技术是第一生产力!

◎ 创新就要反对权威;创新就要反对功利;创新就要反对封闭。

读者朋友，建议你记住伽利略的话，它是防骗的试金石。

三、数学是数学诊断学之魂

（一）数学之重要

古今中外诊病不用数学，故外行不会诊病，内行诊断不一。我们在学习前人和同辈数学论文的基础上，创立了数学诊断学，而且要让农民去诊病，推广阻力不言而喻。因此，我们只有拿伟人和科学大师们对数学的重要性的论述，来证明用数学诊病不是封建迷信，而是现代高科技。我相信农民朋友能理解。限于篇幅，仅摘录20余段，也未注引文出处，请作者谅解。

◎ 达·芬奇："数学是真理的标志"；"凡是不能用一门数学科学的地方，在那里科学也就没有任何可靠性。"

◎ 伽利略："自然之书以数学特征写成。"

◎ 钱学森："所谓科学理论，就是要把规律用数学的形式表达出来，最后要能上计算机去算"。

◎ 钱学森："定性定量相结合的综合集成方法却是真正的综合分析。"

◎ 霍维逊："数学是智能一种形式，利用这种形式，我们可以把现象世界的种种对象，置于数量概念的控制下"。

◎ 汤姆逊：实际上，数学正是常识的精微化。

◎ 德莫林斯·波尔达斯：既无哲学又无数学，则就不能认识任何事物。

◎ 科姆特："只有通过数学，我们才能彻底了解科学的精髓"。"任何问题最终都要归结到数的问题。"

◎ 黑尔巴特：把数学应用于心理学不仅是可能的，而且是必需的。理由在于没有任何工具能使我们达到思考最终目的——信服。

◎ 怀特:只有将数学应用于社会科学的研究之后,才能使得文明社会的发展成为可控制的现实。

◎ 怀特:"一门科学从定性的描述到定量的分析与计算,是这门科学达到成熟阶段的标志"。

◎ 那种不用数学为自己服务的人,将来会发现数学被别人用来反对自己。

◎ 恩格斯说,18 世纪对数学的应用等于"0";19 世纪,首先是物理,接着才是化学;20 世纪,才有心理学,相继应用了数学。

◎ 爱因斯坦说:"为什么数学比其他一切科学受到特殊尊重,一个理由是它的命题是绝对可靠的,无可争辩的,而其他一切科学的命题在某种程度上都是可争辩的,并且经常处于会被新发现的事实推翻的危险之中"。"数学之所以有较高声誉,还有另外一个理由,那就是数学给予精密自然科学以某种程度的可靠性,没有数学,这些科学是达不到这种可靠性的。"(爱因斯坦文集,商务印书馆,1977)。

◎ 张楚廷:"在现今这个技术发达的社会里,扫除'数学盲'的任务已经替代了昔日扫除'文盲'的任务而成为当今教育的重大目标。人们可以把数学对我们社会的贡献比喻为空气和食物对生命的作用。"

◎ (美)数学家格里森说:"数学是关于事物秩序的科学——它的目的就在于探索、描述并理解隐藏在复杂现象背后的秩序。"

◎ 笛卡尔:"一切问题都可以化成数学问题。"

◎有一位数学家预言:"只要文明不断进步,在下一个两千年里,人类思想中压倒一切的新事物,将是数学理智的统治。"

◎ 普罗克罗(Proclus):"数学就是这样一种东西:她提醒你有无形的灵魂,她赋予她所发现的真理以生命;她唤起心神,澄清智慧;她给我们的内心思想增添光辉;她涤尽我们有生以来的蒙昧与无知。"(方延明《数学文化》)

俗话不是说:"吃不穷、穿不穷,计算不到就受穷。"

算计就是在用数学。诊病不用数学，只能任人摆布，因病致贫，怨谁呢！

（二）初等数学

本来“数学无处不在”，但却有人将数学诊病与封建迷信的算命相提并论。我们认为，再陌生，初等数学是大家学过的，也是留有记忆的。所以，我们首先复习学过的初等数学，希望勾起回忆，也为学新东西，做好铺垫。当然，内容以点到为止，做个提醒。数诊学诞生不是空穴来风，它就是从你所熟知的初等数学中诞生的。

数诊所运用的初等数学的知识有：代数、函数、矩阵、合并同类项、提取公因式，等等。

1. 函数 有两个数 x 和 y，y 依赖于 x。如果对于 x 的每一个确定的值，按照某个对应关系 f，y 都有唯一的值和它对应，那么，y 就称为 x 的函数，x 称为自变量，y 称为应变量，记为 $y=f(x)$。

例：某国的总统选举，选票统计用数学公式表示就是 $Y=f(X)$。设 $X=\sum(x_1\cdots x_n)$，$x_1, x_2, x_3\cdots\cdots x_n$ 代表 1 至 n 个选票号。那么

$Y_i= x_1+x_2+x_3+\cdots\cdots+x_n$

设 Y_1＝候选人 A，设 Y_2＝候选人 B。

则：$Y_1= x_1+x_2+x_3+\cdots\cdots+x_{530}$

$Y_2= x_1+x_2+x_3+\cdots\cdots+x_{530}$（530 是选票数）

注意哪个选民投了哪个候选人，他的票号值就是 1，对于没投的候选人，就是 0。最后看 Y_1 和 Y_2 谁的选票多就选上了谁。选班组长也是同理。

如果用 $Y_1, Y_2, Y_3\cdots\cdots Y_n$ 代表疾病的序号，用 $x_1, x_2, x_3\cdots\cdots x_n$ 代表症状序号，利用多元函数就可计算出所患的病。所有的诊卡，都是算式，都是 $Y_i=x_1+x_2+x_3+\cdots\cdots+x_n$ 计算过程。

2. 矩阵 由 m×n 个数 ain 所排列的一个 m 行 n 列的表

$$A=\begin{cases} a_{11}\ a_{12}\cdots\cdots\ a_{1n} \\ a_{21}\ a_{22}\cdots\cdots\ a_{2n} \\ \cdots\cdots \\ a_{m1}\ a_{m2}\cdots\cdots\ a_{mn} \end{cases}$$

称为“m 行 n 列矩阵”。

教室、礼堂的座位就是矩阵。

用智卡诊病，是我们“发明”的矩阵表示法，纵的是列，代表疾病，横的是行，代表症状。因为与教科书上的矩阵加法不同，请注意“发明”是带引号的。

智卡表面看不出有数学，其实都是数学，而且是函数、是矩阵；每一项内容都是函数、矩阵中的因子。

3.“病组”的建立与症状分值的确定 详见本章五之(二)。

(三)模糊数学

对全新的模糊数学，我想多说几句，因为它是数诊学的最核心原理。

1. 精确数学遇到了麻烦

●把电视机调得更清楚一点。这对小孩子并不难，但要让计算机做就困难了；婴儿认妈也是同理。

●请给 1000 个小女孩的漂亮程度打分。二值逻辑(1,0)的精确数学，根本是无能为力的。

●诊病，精确数学至今没大量解决(论文有了)。因为复杂的东西和事物难以精确化，只能用模糊数学。

●模糊逻辑摒弃的不是精确，而是无意义的精确。

2. 模糊数学定义 模糊数学是对模糊事物求得精确数学解的一门数学。

3. 查德创立模糊数学 1965 年，(美)加利福尼亚大学教授，控制论专家查德写了一篇论文“模糊集”，开始用数学的观点来划分模糊事物，标志模糊数学的诞生。但是人们不理解，惹来麻烦，遭到嘲笑和攻击好多年。1974 英国工程师马丹尼却把它成功地应用到工业控制上。此控制，就似过去孩子调电视，左旋，右旋，就可以看了。而不是用精确数学——左旋多少度，再右旋多少度。自此以后，数学已经进入到模糊数学阶段。

4. 隶属度是模糊数学的核心 模糊逻辑是通过模仿人的思维方式来表示和分析不确定不精确信息的方法和工具。模糊数学用多值逻辑(1～0)表示。1 和 0 之间其实可含无穷多的数，所有隶属度的数都可以表示出来。

例 1，漂亮。即使有万名女孩，若要为她们的漂亮程度打分，1 个也不会有意见，因为都能恰如其分地表示出其漂亮程度。而精确数学做不到这一点。

例 2，年老。说某某“老”了(模糊)，容易对；说某某 72 岁(精确)，容易错。某某不说话，你怎么知道 72？

例 3，身高。可把 1.8 米定为高个子，把 1.69 米定为中等个子或平均身高。如果张三 1.74 米，就说：“张三个子比较高”。在二值逻辑中就无法表达像“比较高”这样的不精确的含糊信息；而在模糊逻辑中，则可说张三 46％属于高个子，54％属于中等个子。

例 4，说“小明是学生”。只容许是真(1)或假(0)。可是，说“小明的性格稳重”就模糊了，不能用 1 或 0 表示，只能用 0～1 之间的一个实数去度量它。这个数就叫“隶属度”，如 0.8(或 8)。请注意，0.8(8)，不是统计来的，是主观给定的；很精确吗？不精确。能行吗？肯定行。老师给学生评语，就用此法。

5. 模糊逻辑带来的好处 给出的是模糊概念，得到的却是精确的结果。

模糊逻辑本身并不模糊，并不是“模糊的”逻辑，而是用来对“模糊”进行处理以达到消除模糊的逻辑。

可以加快开发周期。模糊逻辑只需较少信息便可开发，并不断优化；模糊推理的各种成分都是独立的对函数进行处理，所以系统可以容易地修改，如可以不改变整体设计的情况下，增减规则和输入的数目。而对常规系统做同样的修改往往要对表格或者控制方程做完全的重新设计。用模糊逻辑去实现控制应用系统,只要关心功能目标而不是数学,那就有更多的时间去改进和更新系统,这样就可以加快产品上市。

我们相信读者能诊病就是基于对模糊数学的信任。模糊数学能使人花较少的精力而获得较大成绩。

钱学森说:"而思维科学与模糊数学有关。活就是模糊,模糊了才能活。要用模糊数学解决思维科学问题。"

(四)离散数学

1. 离散数学定义 是研究离散结构的数学。电脑对问题的描述局限于非连续性的范围。因此它对电脑特别重要。事实上它对外行诊病也非常重要。电脑现在还没有思维(像外行),接受信息,纯属机械动作——打点或不打点。但是,只有将症状离散之后,才可以做到这一点。

2. 将症状离散的好处之一 使症状信息明确。比如,某患者"皮肤上见有鲜红椭圆突起斑"。这是书上描述疾病最常见的症状句子。事实上,患者来诊,很少表现如书所写那样的症状。往往缺少1项或2项,用老办法或用电脑就不好利用这些症状了。这也是医生在临床上争论不休的问题。

但是,如果用离散数学的原理,将引号内的症状,分解成以下几个症状:皮肤有斑①;斑色:鲜红②;斑形:椭圆③;斑性:突起④。由原来的1个模糊不清的电脑(含外行)无法接受的症状;就变成了4个清楚的,人和电脑都能接受的症状,即使其中缺少1或2项,人和电脑也照判无误。这样处理之后,就谁都能准确诊病了。

我们认为,这样表达信息或知识,可能是解决"知识表达的瓶颈问题"(电脑诊病难点之一)的办法之一。

再如,甲病"头昏沉而胀痛";乙病"头昏沉"。如不离散,医生也懵懂;离散了,外行人都会取舍。

3. 将症状离散的好处之二 增加症状数。利用离散数学的原理，还可以解决聋哑人和动植物症状少的老大难问题，用离散数学处理症状后，就可以增加症状：

如有2症(a,b)可变成 $2^2=4$ 个症状。即，{Φ}，{a}，{b}，{ab} 4个症状；

如有3症(a,b,c)可以变成 $2^3=8$ 个症状，即，{Φ}，{a}，{b}，{c}，{ab}，{ac}，{bc}，{abc} 8个症状。

即，有几个症状，就可以变成几次方的症状。以此类推。

说明：①Φ为(空集，必有)，因为有了它，才可以构成几次方的公式；②a，b，c可以代表任意症状，如a可以代表体温升高，b代表精神沉郁，c可以代表食欲减少，{ab}代表{体温升高∧精神沉郁}，等等。

离散数学前一条好处是使症状表述清晰，这一条好处是增加症状个数，这对医学科技人员太重要了。

(五)逻辑代数

临床医生争论不休的还有一个问题，比如教科书写："某病有体温升高，精神沉郁，食欲废绝……"，现在患者只有其一或其二，怎么办呢？是不是该病呢，很无奈。1989年学了逻辑代数，才解决了此争论。

逻辑代数说："无论自变量的不同取值有多少种，对应的函数F的取值只有0和1两种。这是与普通函数大不相同的地方。"就是说逻辑代数只算两个数，1和0。

逻辑代数只有三个运算符"∨"、"∧"、"－"(分别读作或、与、非。也就是进行"或"、"与"、"非"运算)。

"∨"运算：体温升高∨精神沉郁，∨含意是：有前者打点，有后者也可以打点，两者都有还可以打点。

"∧"运算：体温升高∧精神沉郁，∧含意是：必须两症同时都有才可以打点，只有其一不能打点。

“—”运算：如表示“口不干”，要求在“口干”二字上边画一道杠杠“—”。这样做非常难看。我们遵从逻辑代数的含义，也遵从汉语表达习惯，而写成了“不口干”或“口不干”等形式。

我认为，用符号“∨”、“∧”、“—”表示症状之间的关系，显得十分清楚，不会引起争论。

这样表达症状信息，就克服了大长句子表达信息，到临床使用时的尴尬。因为长句子中，有的症状并不出现或不同时出现。即使出现，因为医生和患者接触时间短而不能观察到。

信息在系统中是有能量的。在特定系统里，每个信息都有自己的能量。比如在交通系统，红灯停、绿灯行，遵守它，交通秩序良好。不遵守就要出事故。实验室的各种设备，红灯行（加热），绿灯停（维持）。

某种生物的病症矩阵中，每个信息都有自己的能量。

（六）描述与矩阵

1. 描述 就是形象地叙述或描写。有人说，医学是描述的。显然症状更是描述。钱学森说，当今科学都是描述性的。

对诸多现代科学的学习和理解，使我认为，老法诊病依靠的是对症状描述的记忆，因为记不住，故诊断准确率低是必然的；因为能回忆起来的描述的症状信息量少。

如果用矩阵上证据性的症状做诊断，因为矩阵上的信息能量大，就必然导致诊断正确。

我琢磨了症状描述有五个专有名词：患者的描述叫主诉，医生的描述叫病志，参考书作者的描述叫编写，老师们集体描述的叫教材，研究者描述叫专著。明眼人一看就能知道这5个名词的利弊了。

难怪我们的第一个课题——马腹痛电脑诊疗系统研究，6病6人用4年——因为用的是主诉和病志；

难怪第二个课题——猪疾病电脑诊疗系统研究，127病12人用8年——因为用的是20本参考书。

教材应该是最好选择,但教材上讲的疾病不全,可症状描写比较真实。

只是到了2004年才认识到专著的优点——病全、真实、精炼。

理论的成熟+专著作素材=电脑诊病科研才走上了高速路。而描述不一致+不能计算+人记不住=导致了老法诊病容易混沌。

2. 矩阵 对诊病而言,矩阵是较好的工具。其原因是矩阵上病全、症全、交叉明确,是证据性的症状,摆在那里就是算式。将症状代入就可以计算,从而知道诊断结果。

四、九点发现与求证诊病原理

所谓发现,就是经过研究、探索等,看到或找到前人没有看到的事物或规律。而发明,则是创造新事物或方法。丘成栋说发现是在过程中。

34年电脑诊病科研,我们也有9点发现。在这9点中,有4点是发现;有3点是发明;有2点不是我们的发现或发明,如数学模型、矩阵,我们只是将它们运用于数学智能卡诊断中。下面分别介绍。

(一)关于九点发现

1. 发现症状=现象=属性=判点=1 本质与现象的关系认为事物的质是内在的,是看不到摸不着的。事物的质是通过事物的属性来表现的。人感到的是事物的属性,并通过属性来认识和把握事物的质。所谓属性就是一个事物与其他事物联系时表现出来的质。属性从“某一”方面表现事物,而质则给予我们整个事物的观念。如,黄色、延性、展性和金的其他属性,均是金的属性而不是金的质;而金的质则是由这些属性的总和规定的。

疾病是本质,症状是现象。疾病=疾病名称=症状属性之和。

多年认为的看得见摸得着的病理变化是本质，实际是不对的。

上边引文是（马克思主义）哲学常识，但是在没有电脑之前，引文中标注下画线的“某一”与“总和”，绝对与数学、与数字、与“1”联系不起来。因此，也就不能用数学、电脑或智能卡计算事物、计算疾病。现在将它们联系起来了，就能计算了。

引入了“1”，就引入数学。这个“1”特别重要：既表示定性，又表示定量。

“1”表示定性。点名时念张三，答：到。到＝有＝在＝1；若未到，则：未到＝无＝不在＝0（二值逻辑）。

症状的有无也是同理。动物发热，发热＝有＝1。定性的“1”表示有。

发热＝有＝1，“1”表示定量。但发热还有程度的差异，发热＝0.7；或发热＝7。因为有了定性的“1”，才可以进一步定量，变成0.7或7。“1”是定性和定量两者的媒介。

每一种疾病（事物）都要顽强地表现它自己，因此它的属性个数（症状数，即判点数），就必然要多于类似疾病（事物）的属性个数。统计判点数的根据就在于此。在统计时，分值个数或说位置算作1个判点。

统计判点数是定性，求判点的分值和，是定量。定性定量结合诊病，才是真正的综合分析，当然更准。

这一点发现非同凡响。它可使临床诊断的初诊由经验升华为数学诊断。同理，有些自然科学和社会科学尚没有量化的理论都可以借鉴，从而就能走向数学化。须知，不能数学化的理论是难以服人的。

2. 发现临时信宿 宇宙有三大属性：物质、能量和信息。任何信息都有信源、信道和信宿（三信），而且相通。

症状作为疾病信息，也有信源、信道和信宿，且相通。信源是患者，收集症状手段是信道，人脑是（最终的）信宿。浩如烟海、错综复杂的诊病知识，仅凭“记不多、错位、遗忘”的人脑分析，难免误诊。

用电脑和智卡，作诊断时，矩阵上的症状和分值是信道，矩阵的上表头病名是信宿。因为三信相通，故结论正确。不这样做，而将患者的症状，直接交给人脑信宿去分析，因为1人1脑（装的知识不同），必将导致诊断错误。

3. 发现用智卡矩阵是表达病组内疾病与症状的最好形式 用矩阵表达病组内的病—症信息，不但病全、症全，而且具有追溯和预测症状的功能；还能实现正向（由症开始）和逆向（由病开始）的双向推理诊病。

4. 发现收集症状必须用“携检表” 购买电脑智能卡软件的，要将智卡左侧的症状单独打印出来即为“携检表”。秦伯益院士说：“将来凭证据，就不会你诊断出来，他诊断不出来”。用“携检表”收集症状，其症状是证据性的症状。购买本书的，则不用携检表。可根据症状找病组，打点，进行正逆向推断。

5. 发现症状面前病病平等 不少人主张采用高信息量分值，即一个症状出现在多种疾病上，他们主张给各个疾病打不同的分，而且分值差距越大越好。但是，在老年人185病502症状的特大矩阵上，回顾性验证发生了24例错误。参考在法律面前人人平等的原则，对疾病所表现的每个症状，也一律平等对待，即每个症状都作为1个判点，就纠正了24例错误，达到100%正确。

6. 发现诊病的数学模型 传统诊断误诊的根本原因是未用数学。我们用公式$Y=f(X)$的多元函数作为数学模型，解决了误诊问题。用数学处理事物，做到了由笼统的定性分析转变为系统的量化分析。

7. 发现把关方法 以往诊断没有定量的把关方法。用数学诊病，必然要设定量的把关方法。20个字用法中“找大”就是定量的把关方法。即，在“统计”的基础上，依据判点多少，做出一至五诊断的病名，判点数最多的病（尤其当第一诊断比第二诊断多2个以上的判点时）就应该是患者所患的疾病。

8. 发现回顾验证症状呈常态分布 如果不是故意搞错（如，

诊甲病，却故意说乙病的症状），那么，正确的症状在诊断中，充分发挥作用，表现坐标轴上的判点数或分值和的柱子就高——正态分布；而不正确症状却呈离散分布，即，不正确症状，分散到其他几个病上。

9. 发现传统诊断法收集症状缺少近半内容 尤其是医患的初次接触，患者凭"主观"、"感觉"诉说症状，认识论上缺少了一半——"客观"、"未觉"的症状；医生凭"直观"、"直觉"收集症状，缺少"间观"、"间觉"才能收集到的症状。法律断案时1个证据不实就可能导致错案。诊病时，缺症近半，后果肯定有很大出入。故初步确定病名后，我们强调用"逆诊法"收集症状，以防止误诊。

(二)求证诊病原理

如果按系统将疾病的病名和症状等信息制成用分值相连接的矩阵，那么具有初中以上学历的人们通过打点和定性定量地计算，就可做出初步诊断。如果给这条原理起个名字，可以叫做疾病求证数学诊断原理。

五、问　答

(一)常识部分

1. 何谓疾病？ 疾病就是病。植物上叫病害。

2. 何谓症状？ "症"是病的意思，"状"是状态的意思。"症状"就是病的状态。病的状态，实际上大家是知道或了解的，如咳嗽、腹泻、体温升高、疼痛等。

3. 何谓诊断？ 用(美)A. M. 哈维定义：当"诊断"一词前面没有形容词时，其含义是：通过对疾病表现的分析来识别疾病。

近年，有人撰文，按把握程度将诊断分四等：100％把握叫确诊，75％把握叫初诊，50％把握叫疑诊，25％把握叫待除外诊断。

哈维就是模糊叫的“诊断”。本书讲的初诊，也是说辅检之前应该有个诊断，以便为辅检提供根据和方向。我在大学就是这么教的。而且叮嘱学生必须有这个初诊，否则，人家化验室和物理检验室根本就无法给你做辅检。现在为了赚辅检钱，不惜把基本程序搞乱。世界卫生组织（WHO）认为，70％的辅检，都是不必要做的。

4. 何谓经验诊断（老法诊断、传统诊断）？有何特点？ 自古至今沿用的诊断，叫传统诊断或经验诊断或老法诊断。特点如下。

（1）*诊断方便* 对于极常见疾病的诊断是便捷的。

（2）*收集症状不全* 问诊时，患者凭“感觉”、“主观”诉说症状，在认识论上是有漏洞的，缺少了“未觉”、“客观”的症状；医生凭“直观”、“直觉”收集症状，缺少了“间观”、“间觉”的症状，加上疾病与症状联系的扭曲，严重影响诊断的正确性。

（3）*凭经验凭记忆诊病* 患者愿意找老大夫，因为他们经验丰富。可是，大脑“记不多、错位和遗忘”是无法克服的。所以，对一起病例，即使症状是共识的，几个人诊断，结论也不一致；甚至同一医生，在不同的时间地点，诊断结论也不一致。总之，老法诊病，外行不会，内行不一。

5. 为什么叫智能诊卡或智卡？ 所谓智能诊卡是申报专利时起的名字。实际上，等同于诊卡、智卡、矩阵、表等名字。相当于同物异名，本质无任何区别，只是称呼上不同。

应当说，时至今天，电脑的全部智慧，都是人输进去的。叫智卡，是因为它也有智慧。

第一，诊卡是将某组的全部疾病及其全部症状（个别除外）用分值联系起来排成了矩阵。纵向看是文章，即每种病都有哪些症状，横向看也是文章，即每种症状都有哪些疾病。并用分值（表示症状对诊断意义的大小）将疾病与症状联系起来。这样组织诊病资料，就解决了动物医生亘古至今存在的：想病名难和鉴别难的两难问题。

第二，从头至尾问症状，是对该卡内疾病，实行恰到好处、不多不少的症状检查,这比空泛地要求“全面检查”,要具体而有针对性。

第三,诊卡具有正向推理与逆向推理的功能。医生和患者初次接触的诊断活动,是正向推理(由症状推断病名);有了病名,再问该病名的未打点的症状,就属于逆向推理,一起病例只有经过“正向与逆向”双向推理,才能使诊断更趋近正确。这符合人工智能的双向推理过程。诊卡暗含这种道理,局外人是无法知道的。

第四,诊卡中暗含许多专家系统的“如果……那么……”语句;不用告诉,用者也在用。

第五,诊卡利用了电脑的基本特征,记忆量大且精确,不会错位和遗忘。

第六,用诊卡诊病,恰似顺藤摸瓜。

第七,使用者在自觉不自觉中使用数学模型。

第八,诊卡中含有许多公理,及现代科学中的许多原理。

6. 数学诊断卡与唯物辩证法有什么关系? 诊断卡是唯物的。因为诊断卡是人类诊断疾病知识的真实记录;说它是辩证的,因为它符合辩证法。辩证法有两个核心,普遍联系和永恒运动。某项症状,它的横向看(普遍联系)是有这种症状的病名;而病名下的所有分值,是该病的全部症状,包含早期、中期和晚期的全部症状(病的“永恒运动”),通过诊卡都可了解到。一位本科医生如果没有长期的临床经验,仅靠大脑记忆进行思维,要达到智卡诊断的水平是较难的。

7. 数学诊断与临床诊断学有何关系? 临床诊断学是医生的必修课。但因是鸿篇巨著,内容丰富,应用时存在想不起、记不住的问题。数学诊断学将其中描写的症状量化、系统化和矩阵智能卡化,既可应用计算机,也可应用智卡诊断疾病。克服了人脑记不住、容易遗忘的不足。

8. 数学诊病有自觉和不自觉之分吗? 数学无处不在而且是每个事物的灵魂。即使婴儿认识妈妈,也是有“几个”条件符合他的想象,他才认。这“几个”的组合就是数学。符合,他欢迎微笑；不符合，他就哭闹。雪花飘，量子动，“灵魂”是数学。平时说“谢谢”，“别客气”就是数学。总之，办对事是数学；办错事也是数学。对错都是数学。聪明的人主动用数学将事办好。

诊病几千年，诊对和诊错，也都用了数学，只是有自觉和不自觉之分。

不信，问他不过3个问题，他就得承认是在运用数学。比如肺炎和气管炎的鉴别：①问，咳嗽声音二病有何区别？他会说，肺炎咳嗽声音低，气管炎不低；②问，体温有没有区别？他会说，肺炎体温高，气管炎不高。这两个问答，表面看，没有数学。其实，数学就在其中：咳嗽声音低是1，不低是0；体温高是1，不高是0。他为什么诊断为肺炎而不诊断为气管炎呢？因为他认为肺炎有这两个症状，而气管炎没有这两项症状。他的话用数学表达，就是：肺炎=1+1=2，气管炎=0+0=0，2>0。这就是他内心的根据。哑巴吃饺子，心里有数。他自觉不自觉地应用了数学。

9. 为什么以前叫数值诊断，现在叫数学诊断或数学诊断学？

1997年，我们曾将电脑诊病文档整理出版了几本书，称《数值诊断》。因为当时研究者们都这样叫。

后期，学了许多知识，发现叫数值诊断欠妥。因为数值就是数字1，2，3……没有别的含义。

而数学的定义“是研究现实世界的空间形式和数量关系的科学。”现在连小学生、学前班孩子们的课本也都叫数学了。

病症矩阵就是疾病与症状的关系，而且用隶属度分值表示这种关系。显然，应该叫数学诊断。叫一门学科，大致有如下几点理由：

第一，笛卡儿说：“世上一切问题都是数学问题”。别人不信，他首先将力学变成数学，以后才是物理学、化学。

第二，因为该法诊病的“前、中、后”都在用数学。前，研究阶段用数学；中，公式和算式等你代入数据；后，用数据报告诊断结果。此诊断活动处处、时时都用了数学，还不可以叫数学诊断学吗！

第三，医学里有诊断学。现在，诊病用上了数学，自然也应该叫数学诊断学。

第四，李宏伟说：我国古代发明了火药却没有化学，发明了指南针却没有磁学。强于“术”而弱于“学”。吴大猷指出：“一般言之，我们民族的传统，是偏重于实用的。我们有发明、有技术，而没有科学。”

我们有四大发明，但没有上升到“学”的高度。西方是升到了“学”的高度才有工业化，才强大。我们没到升“学”，就受欺。

我们研究马腹痛 6 病 6 人花 4 年，研究猪 127 病 12 人花 8 年，都获得了大奖。但都是探索，没有升到“学”的高度。2004 年总结提高升华叫《数学诊断学》了，2 个人 60 天将姚乃礼主编的《中医症状鉴别诊断学》623 病组 2481 种病研究完了。并用 2 年时间研究完成含千病的《美国医学专家临床会诊》和含 3700 多病的《临床症状鉴别诊断学》。不升华到“学”的认识高度，是根本做不到的。

10. 描述诊断与证据诊断的区别？ 诊病＝断案。断案凭证据，诊病也必须凭证据。近年来，产生了循证医学、证据医学、替代医疗，但还未普及。

自古至今，大家知道的都是描述性的症状，难学、难记、诊病时遗忘或联系扭曲，往往还是要查书。

矩阵上内容，都是证据性的症状，没有描述。有人在证据医学中说“芝麻大的证据可以抱来大西瓜”。

院士秦伯益说：“在疾病诊断上，过去是以经验为基础，今后将以证据为基础。过去凭经验，老中医一看就明白，你就看不明白。”“诊断凭客观证据，谁都可以诊断，就不会你看不出来，他看得出来”。

我们认为秦院士的观点非常正确。不过，秦院士所指的证据是 CT(计算机 X 线断层摄影)，B 超(B 型超声图像诊断多普勒仪)，MR(核磁共振)之类，而不是指症状证据。

我们认为，证据不但包括 CT、B 超、MR、血清学反应、基因缺陷等等，症状也是证据，比如出血、骨折、沉郁等等，都是证据。

以前，人们在竭力查找和记忆具有特异症状(证据)来诊病。遗憾的是这样的症状只有几个。然而用矩阵表示症状就不同了。可以说，凡是“统”字下的1，都表示此症状只有1种病才出现。

11. 关于“1症诊病” 应从数学和诊断学两个角度回答。数学答题有几得几，传统诊断无法以1症诊病。用病组的病症矩阵回答，应该是题中之意，稍加解释如下。

(1)*“1症诊病”含义之一是“1症始诊”* 患者给1个症状，就以此症到目录中去找病组，开始为他做诊断，这是16字用法的前提。如果他告诉两个以上的症状，反而要权衡比较应该选择进哪组了。现在他就告诉1个症状，直接找组取卡诊断就是了。问诊肯定能问出较多症状来。

(2)*俗话说“无病无症状，有病必有症状”* 有症就能做诊断，这是病症矩阵的特点。

(3)*比喻解释* 在家庭里，1个信息如“穿童鞋”就可以定是某人；在诊卡里也是这样。

12. 何谓三“神”保佑？ 世上无“神”、也无“灵魂”，只是比喻。我这里所说三“神”是指哲学、数学、系统学。

很显然，一门科学如果没有这三“神”做灵魂，很难说明已经成熟了。

数学诊断学的实体和灵魂就是这三“神”的体现。

(二)实践部分

13.“病组”是怎么建的？ 在电脑上，因为Excel 2007功能非常强大，横向可容6万多病，纵向可容100多万行。人类的1.8万种疾病，全都可以装下。我们已经建立6个大或特大矩阵，使用非常方便。但是还有许多农民尚无电脑，还得用纸作载体，特别要求用大32开本的书作载体。这样，就得分病组了。

大多数生物病少，1卡能容下就不必分组；少数生物病多，1张卡容不下，需要分成若干病组。病组的建法：①按症状建组；②按年龄建组；③按身体部位建组。用电脑建立病症矩阵，分病组，研制智卡等，所有操作都是十分快捷。

14. 症状的分值是怎样确定的？ 34 年电脑诊病科研，近1/2的时间在琢磨给每个病的症状评分打分，即将症状对诊病意义的大小用分值表示谓之症状量化，以便于人和电脑计算。

将症状量化的方法很多，仅模糊数学的权数确定方法就有 6 种：专家估测法、频数统计法、指标值法、层次分析法、因子分析法、模糊逆方程法。离散数学写了 7 种：例证法、统计法、可变模型法、相对选择法、子集比较法、蕴含解析法和滤波函数法。其中例证法讲了几页，我将其概括为 1 行：如身高，真定 1，大致真 0.75，似真又假 0.5，大致假 0.25，假 0。也可以灵活改成：

真定 10，大致真 8，似真又假 5，大致假 3，假 0。心算都很快。

本书我们创立“四等 5 分法”，即 0，5，10，15，四等；每个分又都与 5 有关。

(1)根据之一　依据权威专著所写症状前边的形容词、副词和数词等等修饰词或修饰语，如“常常”、“多数”、“有时”、“偶尔”、“个别”、“特别重要”给不同的分。

0 分，就是无分，空白单元格，就是 0 分；

10 分，就是有肯定。如口干，前后没有形容词、副词等修饰语；

5 分，就是有弱化“口干”的形容词或副词；如有时口干、少数口干等；

15 分，就是有强化“口干”的形容词或副词；如“以口干为特征”，甚或可以确定诊断时，也可以评 35 分。

(注：15 是权值，就是特别重要的症状，给以加权 15 分；而对示病症状，还可加权给 35 分或 50 分)。

(2)根据之二　5 分制 1，2，3，4，5；四级制甲乙丙丁制；优、良、及格、不及格制；A，B，C，D 制。

“四等 5 分法”的优点：①包容，就是打分不够准确，也不影响诊断结果，因为有判点数把关；②明朗、易理解和好掌握，分值间距大，四等5分制与人脑潜在的四等法不谋而合。

15. 怎么快速找到智卡？找错了诊卡怎么办？ 在目录中按患病牛症状找。多读几遍目录，找卡不困难。如果熟悉病组像熟悉钥匙板那样找卡更快。

找卡遵照原则：①主要症状与次要症状；②多数症状与少数症状；③发病中期症状与早、晚期症状；④固有症状与偶然症状。均以前者去找，这是各内科书都提到的。我又给加了1条，特殊症状与一般症状，也以前者去找。

卡找对了，诊病既准又快。找错了也没关系，再找就是了。关键是怎么知道找错了卡？对比1诊病名与2诊病名的判点拉不拉开档次。统计判点后，病名以判点的多少排序，如果1诊病名的判点数与2诊病名的判点数相差2以上，就算拉开了档次，如果1诊病名与2诊病名判点都不高，或者拉不开档次，比如"打点"8个，而1诊病名、2诊病名判点才是3或4，就属于判点不高；1诊病名与2诊病名判点相等，或仅差1，属于拉不开档次。另找就是了。

16. 症状少或不明显怎么办？ 数学诊断有一个特点——1症诊病，包括1症"始"诊。患者告诉的1症，说明是主要症状。就按此1症在目录找病组，然后开始问诊。有了较多的症状，诊断就可以步步逼近"是"了。"是"是正确诊断，逼近"是"就是逼近了正确诊断。

如果问到最后还是只有1症，那就看此1症所对应的疾病数，即"统"下边的数字。如果此1症"统"字下是3，就应该对3病进行逆诊。如果"统"下只有"1"，那就找到"1"所对应的病，它就是该做出的诊断病名。把握不大的诊断，习惯做法是隔离观察，待症状出现的多些后，再做诊断；如果病畜的主人坚决要求治疗，就可以进行"治疗性试验"或"诊断性治疗"。请注意"1"症诊病是理论问题，世上不存在只有"1"症的病。我分析了1万多种病，只有肥胖症只写2个症状，这是最少的。

17. 为何1诊病名与2诊病名诊断判点拉不开档次？ 如果1诊病名和2诊病名判点数相差2以上，就算拉开了档次。而且1诊病名往往就是以后正确的诊断。如果相差0或1，就算拉不开档次。拉不开档次的原因有：①疾病初期症状不明显或症状太少；②如果症状明显或症状较多，还是拉不开档次，但判点都较多，那是同时合并或并发两病或多病，或是疾病后期症状复杂化的结果；③笔者的体会，未用“携检表”收集症状，往往拉不开档次。所以特别强调必须用“携检表”收集症状。

18. 老师，为什么对读者诊病有那么大的信心？ 其实，这个问题是颠倒个的。许多读者来信，说如何好使，如何诊对了。说本意，笔者当初是为基层技术人员研究的。可是他们爱面子不用，而那些外行读者，反正也没有包袱，他们就拿出卡来对准动物进行诊断，对了，直至今天无一反例。这个事实的背后就不简单了。本课题组的研究者多是教授，求实地说，如果凭个人经验和记忆诊病，他们自己也信心不足。可是如果用数学诊断法诊病，就一点也不担心了。因为矩阵上病全症全，分值联系紧密，就不会诊错了。其灵魂就是哲学、数学和系统学这“三神”。灵魂是比喻，是起指导和决定作用的因素。

附录　牛病症状的判定标准

一、一般检查

(一)营养状况

营养状况是根据肌肉的丰满程度而判定,可分为营养良好、营养不良、营养中等和恶病质。

1. **营养良好**　表现为肌肉丰满,特别是胸、腿部肌肉轮廓丰圆,骨不显露,被毛光滑。

2. **营养不良**　表现为骨骼显露,特别是胸骨轮廓突出呈刀状,被毛粗糙无光。

3. **营养中等**　介于上述两者之间。

4. **恶病质**　体重严重损耗,呈皮包骨状。

(二)发育情况

1. **正常(或良好)**　身高体重符合品种标准要求,全身各部结构匀称,肌肉结实,表现健康活泼。

2. **生长缓慢(或不良)**　体格发育不良身体矮小,体高、体重均低于品种标准,表现虚弱无力,精神差。

3. **消瘦**　由营养不良或发病引起。可分为急剧消瘦(多见于高热性传染病和剧烈腹泻等)和缓慢消瘦(多见于长期饲料不足、营养不足和慢性消耗性疾病)。

(三)体温热型

按体温曲线分型。可分为稽留热、间歇热、弛张热、不定型热。

1. 稽留热 高热持续3天以上或更长，每日的温差在1℃以内。

2. 间歇热 以短的发热期与无热期交替出现为其特点。

3. 弛张热 体温在一昼夜内变动1℃～2℃，或2℃以上，而又不下降到正常体温为其特点。

4. 不定型热 热曲线的波形没有上述三种那样规则，发热的持续时间不定，变动也无规律，而且体温的日差有时极其有限，有时则出现大的波动。

(五)呼吸情况

检查呼吸数须在安静或适当休息后进行，观察胸腹部起伏运动。胸腹壁的一起一伏，即为一次呼吸。牛正常呼吸次数为每分钟10～30次。

(六)脉搏次数

检查脉搏次数须在安静状态下进行，借助听诊器听诊心脏的方法来代替。先计算半分钟的心跳次数，然后乘以2，即为1分钟的脉搏数。

二、消化系统检查

(一)采　食

1. 采食困难 吃食时由口流出，吞咽时摇头伸颈，表现出吃不进。

2. 食欲减少(不振) 吃食量明显减少。

3. 食欲废绝 食欲完全丧失，拒绝采食。

4. 异嗜 采食平常不吃的物体，如煤渣、垫草等。

5. 饮欲减少或拒饮 饮水量少或拒绝饮水。

6. 口渴 饮欲旺盛，饮水量多。

7. 剧渴 饮水不止，见水即饮。

8. 流涎 从口角流出黏性或白色泡沫样液体。

(二)口腔变化情况

1. 口腔有伪膜 指口腔黏膜上有干酪样物质。

2. 口腔溃疡 口腔黏膜有损伤并有炎性变化。

3. 舌苔 舌面上有苔样物质。

(三)粪便情况

1. 减少 指排粪次数少，粪量也少，粪上常覆多量黏液。

2. 停止 不见排粪。

3. 增加 排粪次数增多，不断排出粥样液状或水样稀便。

4. 带色稀便 粪呈粥状，有的呈白色，有的呈黄绿色等。

5. 水样稀粪 粪稀如水。

6. 粪中带血 粪呈褐色或暗红色或有鲜红色血。

7. 粪带黏液 粪表面被覆有黏液。

8. 粪带气泡 粪稀薄并含有气泡。

9. 粪便气味 恶臭腥臭，有令人非常不愉快的气味。次于恶臭为稍臭。

三、呼吸系统检查

(一)呼吸节律

1. 浅表 呼吸浅而快。

2. 促迫 呼吸加快，并出现呼吸困难。

3. 加深 呼吸深而长，并出现呼气延长或吸气延长或断续性呼吸。呼气延长即呼气时间长；吸气延长即吸气的时间长；断续性呼吸即在呼气和吸气过程中，出现多次短的间断。

4. 呼吸困难 张口进行呼吸，呼吸动作加强，次数改变，有时呼吸节律与呼吸式也发生变化。

5. 吸气性呼吸困难 呼吸时，吸气用力，时间延长，常听到类似口哨声的狭窄音。

6. 呼气性呼吸困难 呼吸时，呼气用力，时间延长。

7. 混合性呼吸困难 在呼气和吸气时几乎表现出同等程度的困难，常伴有呼吸次数增加。

8. 咳嗽 这是一种保护性反射动作。咳嗽能将积聚在呼吸道内的炎性产物和异物（痰、尘埃、细菌、分泌物等）排出体外。

9. 干咳 咳嗽的声音干而短，是呼吸道内无渗出液或有少量黏稠渗出液时所发生的咳嗽。

10. 湿嗽 咳嗽的声音湿而长，是呼吸道内有大量的稀薄渗出液时所发生的咳嗽。

11. 单咳 单声咳嗽。

12. 连咳（频咳） 连续性的咳嗽。

13. 痛咳 咳嗽的声音短而弱，咳嗽时伸颈摇头；表现有疼痛。

14. 痰咳 咳嗽时咳出黏液。

（二）肺部听诊

1. 干啰音 类似笛声或咝咝声或鼾声，呼气与吸气时都能听到。

2. 湿啰音（水泡音） 类似含漱、沸腾或水泡破裂的声音。

（三）口鼻分泌物

1. 浆液性物 无色透明水样。

2. 黏性物 为灰白色半透明的黏液。

3. 脓性物 为灰白色或黄白色不透明的脓性黏液。

4. 泡沫物 口鼻分泌物中含有泡沫。

5. 带血物 口鼻分泌物呈红色或含血。

四、眼的检查

（一）结膜和眼睑检查

1. 结膜出血点 结膜上有小点状出血。

2. 结膜出血斑 结膜上有块状出血。

3. 眼睑肿胀 单侧或双侧眼睑充盈变厚、突出，上下眼睑闭合不易张开，结膜潮红，可能有分泌物。

（二）眼分泌物、瞳孔和视力检查

1. 眼分泌物 可分为浆性、黏性和脓性。浆性即无色透明水样；黏性即呈灰白色半透明黏液；脓性即呈灰白色或黄白色不透明的脓黏物。

2. 瞳孔 由助手用手指将上下眼睑打开，用手电筒照射瞳孔，观察其大小、颜色、边缘整齐度。

3. 眼盲 单侧或两侧视力极弱或完全失明，对眼前刺激无反应。眼盲往往伴有某些病变。

五、运动系统检查

（一）运动情况

1. 跛行 患肢提举困难或落地负重时出现异常或功能障碍。

2. 步态不稳 指站立或行走期间姿势不稳。

3. 步态蹒跚 运步不稳，摇晃不定，方向不准。

4. 运动失调 站立时头部摇晃，体躯偏斜，容易跌倒。运步时，步样不稳，肢高抬，着地用力，如涉水状动作。

5. 腿麻痹 腿部肌肉和腱的运动功能减退或丧失。运步时患腿出现关节过度伸展、屈曲或偏斜等异常表现,局部或全部腿知觉迟钝或丧失,针刺痛觉减弱或消失,腱反射减退等,并出现肌肉萎缩现象。

(二)站立情况

1. 不愿站 能站而不站,强行驱赶时能短时间站立。

2. 不能站 想站而站不起来,强行驱赶时也站不起来。

3. 关节肿 关节局部增大,有的触之有热痛,强迫运动时有疼痛反应,站立时关节屈曲,运动时出现跛行。

六、皮毛系统检查

(一)被毛情况

1. 正常 被毛平滑、干净有光泽,生长牢固。

2. 粗糙无光 被毛粗乱、蓬松、逆立,带有污物,缺乏光泽。

3. 易脱 非换毛期大片或成块脱毛。

(二)皮肤状况

1. 水疱 多在无毛部皮肤长出内含透明液体的小疱,因内容物性质不同,可呈淡黄色、淡红色或褐色。

2. 出血斑(点) 是弥散性皮肤充血和出血的结果,表现在皮肤上有大小不等形状不整的红色、暗红色、紫色斑(点)。指压褪色者为充血,不褪色为出血。

3. 痂皮 皮肤变厚变硬,触之坚实,局部知觉迟钝。

4. 发痒 表现患部脱毛、皮厚、啃咬或摩擦患部,有时引起出血。

(三)其　他

1. 虚脱　由于血管张力(原发性的)突然降低或心脏功能的急剧减弱,引起机体一切功能迅速降低。

2. 坏死　机体内局部细胞、组织死亡。

3. 坏疽　坏死加腐败。

4. 溃疡　坏死组织与健康组织分离后,局部留下一较大而深的创面。

5. 糜烂　坏死组织脱落后,在局部留下较小而浅的创面。

6. 卡他性炎症　以黏膜渗出和黏膜上皮细胞变性为主的炎症。

7. 纤维素性炎症　以纤维蛋白渗出为主的炎症。

8. 炎症　红肿热痛,功能障碍。

七、肌肉和神经系统检查

(一)肌肉反应

1. 痉挛(抽搐)　肌肉不随意的急剧收缩。强直性痉挛即指持续性痉挛。

2. 震颤　肌肉连续性且是小的阵挛性地迅速收缩。

3. 麻痹　骨骼肌的随意运动障碍,即发生麻痹。表现知觉迟钝或丧失,如针刺感觉消失,出现肌肉萎缩。

4. 角弓反张　由于肌肉痉挛性收缩,致使动物头向后仰,四肢伸直。

(二)神经反应

1. 正常　动作敏锐,反应灵活。

2. 迟钝　低头,眼半闭,不注意周围事物。

3. 敏感 对轻微的刺激即表现出强烈的反应。

4. 癫痫 脑病症状之一。突然发作的大脑功能紊乱，表现意识丧失和抽动。

5. 意识障碍 指视力减退且流涎，对外界刺激无反应等精神异常。

6. 圆圈运动 按一定方向做圆圈运动，圆圈的直径不变或逐渐缩小。

7. 叫声 嘶哑、尖叫是指发出不正常的声音，如刺耳的沙哑声，响亮而高的尖叫声。

8. 应激 受不利因素刺激引起的应答性反应。

八、流行病学调查

（一）发病情况

1. 发病时间 指从牛发病到就诊这段时间。

2. 病程 指牛从发病至痊愈或死亡的这段时间。

3. 发病率 疫情调查时疫病在牛群中散播程度的一种统计方法，用百分率表示。

$$发病率=\frac{发病牛数}{同群总牛数}\times 100\%$$

$$死亡率=\frac{死亡牛数}{同群总牛数}\times 100\%$$

（二）直接死亡原因（方式）

1. 衰竭而死 是指心肺功能不全，致心、肺衰弱而引起的死亡。

2. 抽搐而死 是指大脑皮质受刺激而过度兴奋引起死亡，表现肌肉不随意的急剧收缩。

3. 窒息而死 是指呼吸中枢衰竭,致使呼吸停止而引起的死亡。

4. 昏迷而死 病牛倒地,昏迷不醒,意识完全丧失,反射消失,心肺功能失常,而导致死亡。

5. 败血而死 是由病毒细菌感染,造成机体严重全身中毒而引起的死亡。

6. 突然而死 死前未见任何症状,突然死去。

(三)流行方式

1. 个别发生 在牛群中长时间内仅有个别发病。

2. 散发 发病数量不多,在较长时间内,只有零星地散在发生。

3. 暴发 是指在某一地区,或某一单位,或某一大牛群,在较短时间内突然发生很多病例。

4. 地方性流行 发病数量较多,传播范围局限于一定区域内。

5. 大流行(广泛流行) 发病数量很大,传播范围很广,可传播一国或数国甚至全球。

参考文献

兽医类

[1] 肖定汉.奶牛疾病防治[M].北京:金盾出版社,2007.

[2] 肖定汉.牛病防治[M].北京:中国农业大学出版社,2004.

[3] 张信,马衍忠.动物疾病数学诊断与防治[M].北京:中国农业出版社,2008.

[4] 王仲兵,岳文斌,高广建.现代牛场兽医手册[M].北京:中国农业出版社,2008.

[5] 艾地云.实用牛病诊疗新技术[M].北京:中国农业出版社,2006.

[6] 李德昌,杨亮宇,王生奎.奶牛常见疾病诊疗手册[M].北京:中国农业出版社,2009.

[7] 孔繁瑶.家畜寄生虫学.第二版[M].北京:中国农业大学出版社,2008.

[8] 齐长明.奶牛疾病学[M].北京:中国农业科学技术出版社,2006.

[9] 李雁龙,张淑琴.奶牛疾病防治手册[M].北京:科学技术文献出版社,2006.

[10] 魏彦明.犊牛疾病防治[M].北京:金盾出版社,2005.

[11] 巴开明.奶牛疾病学[M].呼和浩特:内蒙古人民出版社,2005.

医学类

[12] 赵建成.奇法诊病[M].郑州:中原农民出版社,1997.

[13] [美]罗伯特,等,柳叶刀译．医学的证据[M]．青岛：青岛出版社,1999.

[14] 康晓东．计算机在医疗方面的最新应用．电子工业出版社,1999.

[15] [日]服部光南,赵志刚译．疾病自我诊疗手册[M]．郑州:河南科技出版社,2002.

[16] 卢建华,等．医学科研思维与创新(21世纪高等医学院校教材)[M]．北京:科学出版社,2002.

[17] 郭成英．中医数学病理学[M]．上海:上海科学普及出版社,1998.

[18] 张莹．怎样打医疗官司[M]．上海:第二军医大学出版社,2006.

现 科 类

[19] 魏继周,蒋白桦．医学信息计算机方法[M]．长春:吉林科学技术出版社,1986.

人 文 类

[20] 窦振中．模糊逻辑控制技术及其应用[M]．北京:北京航空航天大学出版社,1995.

[21] 十万个为什么丛书编辑委员会．人工智能[M]．北京:清华大学出版社,1998.

[22] 十万个为什么丛书编辑委员会．数据库与信息检索[M]．北京:清华大学出版社,1998.

[23] 成思危．复杂性科学探索[M]．北京:民主与建设出版社,1999.

[24] 王万森．人工智能原理及其应用[M]．北京:电子工业出版社,2000.

[25] 高春梅．创造力开发[M]．北京:中国社会科学出版社,2001.

[26] 李佩珊．20世纪科学技术史[M]．北京:科学出版社,

2002.
[27] 王续琨．交叉科学结构论[M]．大连:大连理工大学出版社,2003.
[28] 杨叔子．科学人文不同而和．CETV1 学术报告厅,2003.
[29] 蔡自兴．人工智能控制[M]．北京:化学工业出版社,2005.
[30] 钱学森．智慧的钥匙——论系统科学[M]．上海:上海交通大学出版社,2005.
[31] 钱学森．创建系统学[M]．上海:上海交通大学出版社,2007.
[32] 钱学森．钱学森讲谈录[M]．北京:九州出版社,2009.
数学—哲学类
[33] 陈幼松．数字化浪潮[M]．北京:中国青年出版社,1999.
[34] 王树和．数学志异．科学出版社,2008.
[35] 陆善功．马克思主义哲学基础知识[M]．北京:中央广播电视大学出版社,1989.
[36] 陶涛．离散数学[M]．北京:北京理工大学出版社,1989.
[37] 段新生．证据决策[M]．北京:经济科学出版社,1996.
[38] [美]克莱因．数学:确定性的丧失[M]．长沙:湖南科学技术出版社,1997.
[39] 郑毓信．数学教育哲学[M]．成都:四川教育出版社,2001.
[40] 林夏水．数学哲学[M]．北京:商务印书馆,2003.
[41] 蒋泽军．模糊数学教程[M]．北京:国防工业出版社,

2004.

［42］ 武杰，周玉萍．创新、创造与思维方法［M］．北京：兵器工业出版社，2004.

［43］ 吴伯田．科学哲学问题新探［M］．北京：知识产权出版社，2005.

［44］ 张楚廷．数学与创造［M］．大连：大连理工大学出版社，2008.

［45］ 徐宗本．从大学数学走向现代数学［M］．北京：科学出版社，2007.

［46］ 王兆文，刘金来．经济数学基础［M］．北京：清华大学出版社，2006.

［47］ 高隆昌．社会度量学原理［M］．成都：西南交通大学出版社，2000.

跋

科学有5000多年的历史了，近代科学300年，现代科学还不到100年。

古代巫、医连属并称。现代汉语词典也有这个“毉”字。直至今日，人们还称诊断为经验诊断。

钱学森在《钱学森讲谈录》71页说过这样一句话：“研究学问就是一个人认识客观事物的过程。”研究数学更是一个人苦钻的过程。而研究数学诊病却是由许多同行共同参与完成的。特别是赵国防教授，她主持的果树病害的数学诊断就获得天津市两个二等奖。

用数学诊病，诊对了，本也无话可说。就像1+2+3+4+5+6+7+8+9=45，没什么好解释的。然而，如果和“≠45”，却需要很多很多解释。

不需要解释的，却洋洋洒洒写了3万余字的理论基础。何故？张楚廷说：“在现今这个技术发达的社会里，扫除‘数学盲’的任务已经替代了昔日扫除‘文盲’的任务而成为当今教育的重大目标。人们可以把数学对我们社会的贡献比喻为空气和食物对生命的作用。”

事实上，每个人都学了许多数学，所用时间仅比语文少些。但如果对人说教用数学方法能够诊断疾病，人们就很难接受。因此，不得不花大气力反复说明：我们是怎么往数学上想的，数学是怎样起作用的……

34年的功夫没有白费。我的研究成果由金盾出版社出版发行，距离老百姓对常见病可自己诊断的日子不会太远了。也窃喜，李时珍没有看到《本草纲目》,笔者却看到了数学诊断法要进农户了。虽然知道美国一位数学家预言,下两千年才是数学理智的统治时期。

联合国教科文组织指出:“没有科学知识的传播就不会有经济的持续发展”。知识差距是穷富差距的原因。但是“承认真理比发现真理还要难”。

世界卫生组织2010年11月22日发布报告,每年超过1亿人因病致贫。我国公民也受着看病难看病贵和因病致贫的困扰。采用数诊学诊病,做到自病自诊,既能诊治及时,又能减少可观的医疗费用。

我经过34年的研究,今天有这样的自信:全国每村有1套数学诊断学丛书(或1台电脑)加1位热心为民的高中或大专毕业生,就可以做到人和动物常见病的诊断与治疗不出村。

为了便于读者联系,我的手机为15002287069,电子信箱为zx193781@163.com。

张　信

2012年9月于天津